이 책을 지난 35년간 나를 따뜻하게 품어주었던
동 · 서 · 남해 바다와 크고 작은 섬들에게 바친다.

동아시아 미 · 중 해양패권 쟁탈전
– 미 · 중 해양력 세력전이와 천안함 피격사건을 중심으로

2012년 4월 5일 초판 인쇄
2012년 4월 10일 초판 발행

지은이 | 차도회
펴낸이 | 이찬규
펴낸곳 | 북코리아
등록번호 | 제03-01240호
주소 | 462-807 경기도 성남시 중원구 상대원동 146-8
우림2차 A동 1007호
전화 | 02-704-7840
팩스 | 02-704-7848
이메일 | sunhaksa@korea.com
홈페이지 | www.bookorea.co.kr
ISBN | 978-89-6324-178-4 (93390)

값 | 17,000원

* 이 도서의 국립중앙도서관 출판시도서목록(CIP)은 e-CIP홈페이지(http://www.nl.go.kr/ecip)와
국가자료공동목록시스템(http://www.nl.go.kr/kolisnet)에서 이용하실 수 있습니다.
(CIP제어번호: CIP2012001583)

동아시아 미·중
해양패권 쟁탈전

미 · 중 해양력 세력전이와 천안함 피격사건을 중심으로

차도회 지음

프롤로그

미국과 중국의 동아시아 해양패권 전쟁은 이미 시작되었다

오늘날 해양은 국가안보를 위한 최전선의 역할을 하고 있으며, 국민의 생존번영을 위해 에너지와 광물 및 어족자원 등을 확보하기 위한 치열한 경쟁 무대로 진행되고 있다. 그 실례로 2010년 천안함 피격사건 시 중국은 서해 한 · 미 연합해상훈련에 대해 억지 주장을 펼치며 훈련 중단을 요구한 바 있으며, 서해와 동해상에 중국 어선 수백여 척이 우리 조업구역 근해로 몰려와 어족자원을 위협하고 있다. 최근에는 수십여 척의 중국 어선들이 제주도 근해로 몰려와 제주도 청정해역을 오염시키고, 어족자원을 남획하고 있다. 2011년에는 날로 증가하는 중국 불법어선들을 단속하다가 정갑수 군산해양경찰서장과 인천해양경찰서 이청호 경장이 순직하였다. 이 와중에 중국은 이어도가 중국 관할권 안에 있으며, 총포가 구비된 순시선과 항공기의 순찰구역이라고 억지 궤변을 토해내고 있다.

그런가 하면 일본은 독도를 분쟁화하기 위하여 수시로 역사를 왜곡하고 정기적으로 순시선을 파견하고 있다. 그리고 동아시아 전체로 볼 때 중국과 일본의 센카쿠 열도 분쟁문제, 남중국해상에서의 중국과 베트남, 필리핀 등 여러 국가 간 도서영유권 분쟁들이 치열하게 전개되고 있다.

이처럼 한국을 포함한 동아시아 해역에서 일어나는 일련의 사건들은 미국과 중국의 동아시아 해역에 대한 해양패권 경쟁과 깊은 관계가 있다. 왜냐하면 중국은 제2차 세계대전 이후 미국이 동아시아 해역에 구축해 놓은 국제정치경제질서에 대해 강하게 불만을 품고 있기 때문이다.

중국에 있어 동아시아는 역사 · 문화적으로 중요한 의미를 갖는 지역일 뿐만 아니라 정치 · 경제 · 안보적 측면에서도 중국의 국가이익과 긴밀한 관계가 있는 지역이다. 이 지역에서 중국은 2만 2,000km의 육지경계선과 3만 2,000km의 해양경계선을 지니고 있으며 15개 국가와 국경을 접하고 있다. 그러므로 중국은 동아시아 해역을 중국 본토의 안전과 경제발전에 있어 가장 우선순위가 높고 중요한 지역으로 인식하고 있다.

중국 전략가들은 현재의 국제체계는 2차 세계대전 이후 미국과 서방이 설정해 놓은 불공정한 체계이므로 중국이 이를 따를 필요가 없다고 주장하고 있다. 조지프 나이(Joseph S. Nye, Jr.)는 미국과 중국은 동아시아 해역에서 에너지 확보와 해상교통로 보호, 도서 영토 문제 등 제반 해양패권 문제들이 항상 도사리고 있기 때문에 가까운 미래에 해양전쟁이 일어날 수도 있다고 밝히고 있다. 최근 미국은 유럽과 본토의 병력과 무기장비를 감축하고 아시아·태평양 지역을 강화할 것이라고 밝힌 바 있다.

중국과 미국의 해양패권 경쟁은 한국, 타이완, 일본 그리고 동남아시아 여러 국가들에게 정치·경제·군사적 영향을 주고 있으며, 동아시아 국가들의 해양력 강화와 해양동맹 구축에 영향을 주는 요인으로 작용하고 있다.

미국과 중국의 해양패권 경쟁을 유발시키는 요인들에는 타이완 문제, 동아시아 해역에 산재해 있는 도서 영토주권, 에너지 및 어족자원과 관련되어 있는 배타적 경제수역(EEZ), 해상교통로 안전 확보 문제 등이 있다. 향후 양 국가의 경제발전과 안보 측면에서 동아시아는 핵심적인 위치에 있기 때문에 이 지역에서의 해상통제권 확보가 그 어느 때보다 절실하다. 중국은 미국의 세계 패권에 대해서는 적극적으로 도전하지는 않고 있지만 동북아 및 동남아 지역에서의 미국의 해양패권에 대해 대단히 단호하고 공세적인 모습을 보이고 있다. 특히 사활적 이익이 걸려 있는 영토분쟁과 해상교통로 확보 등의 사안에서는 군사적 충돌까지 각오하는 듯하다.

이러한 상황에서 중국의 경제발전 속도는 미국을 훨씬 앞지르고 있고, 이로 인해 미·중 국력의 격차가 좁혀지면서 세력전이가 일어나고 있다. 최근 미국의 오바마 정부는 대규모 국방예산 삭감 조치와 2개의 전쟁에서 동시에 승리를 보장하는 윈-윈(Win-Win) 전략을 포기한다고 밝힌 바 있다. 세력전이의 실례로 미국은 동아시아 해역에서 해양패권을 유지하기 위해 타이완을 전략적 주요 지점으로 생각하고, 타이완을 통해 중국의 원해진출을 봉쇄하는 전략을 추구하고 있다. 미국은 이를 위해 오랜 기간 타이완에 최신예 무기들을 판매해 왔다. 그러나 최근 미국은 중국의 압력에 굴복하여 자국의 최신예 F-16 C/D를 타이완에 판매하지 않고, 현재 타이완이 보유 운영하고 있는 F-16 A/B의 성능 향상 프로그램을 제공하기로 결정했다. 그 이유는 미국이 중국의 타이완 무기수출 반대를 받아들여 중국과의 관계를 원만히 유지하기 위한 정책 때문이다.

이 외에도 최근 동아시아 해역에서 미 · 중 세력전이의 대표적인 군사 충돌 사건을 주요 해역별로 보면 다음과 같다. 먼저 남중국해에서는 중국이 2001년 4월 하이난다오(海南島) 근해 해역에서 미 해군의 EP-3 정찰기가 중국 전투기와 충돌한 사건에 대해 모든 책임이 미국에 있다고 주장한 바 있다. 그리고 2009년에는 하이난다오 외해에서 중국의 어선과 해군함정들이 미국 해양관측선의 활동을 저지하였다. 당시 중국은 미 해양관측선을 미 정보함으로 인식하고, 미 해양관측선이 중국의 배타적 경제수역 안으로 침범했다고 주장하면서 미 해양관측선 전방 27m까지 접근, 차단 기동을 시도했다.

다음으로 일본과 영토문제를 일으키고 있는 센카쿠 열도와 한국 이어도가 있는 동중국해에서 중국은 미국이 센카쿠 열도 문제에 대해 개입하는 것을 적극적으로 저지하고 있다. 중국은 이에 대응하여 미국과 일본이 설정하고 있는 해양안보선을 통과하는 원해 해상훈련을 강화하고 있다. 또한 중국은 한국의 이어도 관할권을 인정하지 않고, 자신들의 관공선 및 해상초계기를 이어도 근해 및 상공으로 출격시키고 있다.

2010년 서해상에서 발생한 천안함 피격사건 시 중국은 한국 정부가 천안함 문제를 해결하는 데 있어 비협조적으로 일관했다. 특히 서해상에서 한 · 미 연합해상훈련을 실시하는 데 대해 서해상 관할권을 억지 주장하면서 미국의 항공모함 진입을 강력히 반대하였다. 이처럼 중국이 동아시아 해역에서 미국과 정치 · 군사적으로 충돌하고 있는 이유는 동아시아 해역이 자국의 국가이익을 극대화함에 있어 대단히 중요한 해역이기 때문이다.

동아시아 해역에서 미국과 중국의 해양패권 경쟁을 분석하기 위해서는 미 · 중 해양패권 경쟁의 외양성과 강도를 세력전이 측면에서 분석할 필요가 있다. 그리고 이를 토대로 향후 미국과 중국이 동아시아 해역에서 자국의 국가이익을 위해 국지전을 포함한 전쟁의 가능성이 있는가를 전망하는 것이 필요하다.

본 연구에서 주장하는 바는 다음과 같다. 첫째, 동아시아 해역에서 중국의 해양력은 급속도의 경제발전을 토대로 미국과의 해양력 격차가 현저히 좁혀져 대등한 수준으로 발전하고 있다는 것이다. 둘째, 동아시아 해역에서 중국은 미국과의 해양력 격차가 좁혀짐으로써 도서 영유권과 자원에 대한 관할권에 있어 일본, 한국, 베트남 등 여러 국가들에 대해 강경한 태도를 취할 것이며, 또 미국의 개입에 대해서 강도 높은 정치 · 군사적 대응을 취할 것이다. 셋째, 미 · 중 세력전이 진행과정 속에서 중국의 적극적인 해양전략과 미국의 근접봉쇄전략이 상충됨으로써 향후 미국과 중국은 동아시아 해역에서 자국의 사활적 국가이익을 수호하기 위해 국지전도 불사할 것이다. 중국의 한 안보전문가는 미국이 중국의 군사활동에 과도하게 대응 시 중국도 이에 적극적으로 대응함으로써 또 다른 냉전으로 발전될 수 있음을 경고했다.

미 · 중 해양패권 경쟁을 세력전이 측면에서 분석하기 위한 국제정치이론으로 오간스키와 쿠글러 · 제이거의 세력전이이론과 렘키의 다중위계체제이론을 설정하였다. 그리고 지리적으로 연구범위를 동아시아 해역으로 한정했다. 역사적으로 해양패권 경쟁은 도전국 해역을 통제하고 있는 지배국과 도전국이 근접해 있는 해역에서부터 발생하였다. 따라서 현재 미국이 주도하고 있는 동아시아 해역과 이 해역에 대해 중국이 도전하고 있는 양상을 고려하여 미 · 중 해양패권 경쟁의 지리적 범위를 동아시아 해역으로 제한했다. 동아시아 해역은 해양역사와 도서주권 문제, 경제적 가치, 군사적 중요성 등에 의해 남중국해와 동중국해 그리고 서해 3개 해역으로 나뉜다. 따라서 동아시아 해역을 3개 해역으로 구분하여 개별적으로 연구하고, 나아가서 3개 해역 간의 해양패권 경쟁 공통점들을 유기적으로 연결하여 통합적 분석을 했다. 한편 국가발전의 핵심요소가 되는 에너지 확보와 에너지 해상교통로에 대해서는 동아시아 해역뿐만 아니라 전 세계 해양과 에너지 관련 국가들을 포함하여 연구범위로 삼았다.

미 · 중 해양패권의 세력전이를 구체적으로 분석하기 위하여 정량적 분석과 정성적 분석을 위해 연구범위를 정했다. 먼저 정량적 연구범위로는 미국과 중국의 연대별 해군력(해군인력, 수상전투함, 상륙함, 잠수함, 미사일)과 국방예산을 연구범위로 삼았다. 그리고 정성적 분석을 위해서 해양전략, 해군력 운영, 정치지도자들의 의지, 국민여론 등을 연구범위로 선정했다.

그리고 시간적 범위는 중국이 미국에 대해 패권적 도전을 할 수 없었던 1970년대부터 도전의 강도가 높아진 2010년까지 기간으로 설정하였다. 특히, 미 · 중 해양패권 경쟁이 치열하게 전개되는 1990년대 이후를 집중적인 연구범위로 설정하여 분석하였다.

미 · 중 해양패권의 세력전이와 해상충돌 가능성을 입증하기 위하여 학술적 차원에서 연구된 기존의 연구서 및 논문, 그리고 해외세미나 자료 및 국내외 언론보도 자료들을 분석, 활용하였다. 특히 미 · 중 국방비와 해군력 비교분석을 위해 외국간행물과 해군 무기체계의 기본서인 제인함선(Jain's Fighting Ship)의 데이터를 적극 활용하였다. 또한 현재 시점에서 미 · 중 간 해양충돌의 큰 비중을 차지하고 있는 에너지 확보와 에너지 해상교통로 확보를 비교분석하기 위해 정치 · 경제 · 군사적 측면에서 에너지에 대해 연구한 기존 연구결과물과 국내외 인터넷 자료를 적극 활용하였다. 남중국해와 동중국해, 서해상에서의 미 · 중 해양력 경쟁을 비교분석하기 위하여 해양법과 해양주권 관련 기존 연구결과물과 외국자료들을 활용하였으며, 특히 최근 해양갈등을 분석하기 위하여 국내외 언론자료와 인터넷 간행물들을 적극적으로 활용하였다.

이와 같은 연구방법에 따라 본 연구는 모두 5개의 장으로 구성하였다. 제1장에서는 미 · 중 해양패권 경쟁을 분석하는 데 기초가 되는 패권이론과 힘의 요소들에 대해 살펴보고, 특히 오간스키와 쿠글러 · 제이거의 세력전이이론과 렘키의 다중위계체제론을 집중적으로 고찰하여 분석 틀을 제시하였다.

제2장에서는 세력전이이론을 기준으로 해양력 힘의 구성요소들 중 해양전략과 해군력에 대해 미국과 중국의 시대적 세력전이의 모

습을 분석하였다. 제3장에서는 미래에 세력전이의 핵심요소로 작용할 에너지 확보와 해상교통로를 중심으로 미국과 중국의 해양패권 경쟁이 어떻게 이루어지고 있는지를 제시하였다.

제4장에서는 동아시아 해역을 정치 · 경제 · 안보적 특성을 고려하여 남중국해와 동중국해 그리고 서해 3개 해역으로 구분하여 미 · 중 해양패권 경쟁을 분석하였다. 각 해역별로 양국 정부의 의지, 해양전략 특성, 해군력의 증강과 운영의 방향, 국민들의 인식, 영토주권적 특성 등을 기준으로 미국이 구축하고 있는 해상통제권에 대해 중국이 어떻게, 그리고 어느 수준으로 도전하고 있는지를 분석하였다. 특히 중국이 천안함 피격사건 이전과 이후에 어떻게 달라지고 있는지에 대해 집중적으로 연구하였다. 제5장에서는 이를 종합하여 동아시아에서 미 · 중 해양패권 경쟁과 세력전이에 대한 결론을 도출하였다.

본 연구서가 나오기까지 학문적 지도와 격려를 아껴주시지 않은 한남대 국방전략대학원장 김종하 교수님께 감사의 말씀을 올린다. 그리고 어려운 여건 속에서도 기꺼이 책 발간을 허락해 주신 북코리아 이찬규 대표님과 관계자 여러분께 진심으로 감사드린다. 아무쪼록 본 연구가 천안함 피격사건 이후 전개되는 한국 해양안보 상황을 헤쳐 나가는 데 큰 도움이 되어, 동아시아 해역에서 강한 해양국가를 실현시킬 수 있는 토대가 되기를 소망한다.

2012년 2월

차 도 회

CONTENTS

CONTENTS

제 1 장
해양패권 경쟁의 이론적 고찰

패권 경쟁에 대한 고찰

해양패권 경쟁을 연구하기 위한 이론적 고찰은 크게 2가지로 분류할 수 있다. 첫째는 패권에 대한 국제정치 학자들의 정의와 패권적 힘의 요소들을 살펴보는 것이다. 둘째는 패권 경쟁에 대한 경험적 이론의 비평적 분석을 통해 해양패권 경쟁에 가장 적시성이 높은 이론을 선택하는 것이다.

해양패권은 국제정치이론에서 언급하고 있는 일반적 패권의 정의와 매우 밀접하게 연계되어 있다. 왜냐하면 해양이라는 특수한 환경은 국가 간 패권 경쟁 무대의 일부분이기 때문이다. 역사적으로 볼 때 패권을 주도하고 있는 국가와 패권에 도전하는 국가들은 육지와 해상에서 패권 경쟁을 다투어 왔다. 물론 2차 세계대전 시에는 공중 영역을 통해 패권의 힘이 펼쳐진 경우도 있다. 그러나 전반적으로 전쟁과 관련된 패권 경쟁의 무대는 주로 육지와 해상에서 일어났다. 국제정치학자들의 패권에 대한 정의를 토대로 해양패권의 정의와 힘의 요소를 연계해 본다.

1. 패권에 대한 고찰

1970년대 국제정치경제(IPE: International Political Economy) 차원에서 패권에 관하여 국제정치이론을 제시한 사람은 킨들버거(Charles P. Kindleberger)이다. 킨들버거는 패권에 있어 경제적 힘과 군사적 힘을 강조하였으며, 국제경제체제를 안정되게 유지하기 위해서 패권국가가 반드시 필요함을 역설하고 있다. 먼저 그는 국가가 영예(prestige), 소위 패권을 얻으려면 경제적 힘을 갖고 있어야 한다고 강조하고 있다. 여기에서 경제적 힘은 다른 국가를 통제하는 중요한 힘으로서 국민소득(national income) 또는 국민총생산(GNP)과 같은 객관적인 경제적 힘의 규모뿐만 아니라, 그 힘을 도구화하여 사용함으로써 타 국가가 패권국의 영향을 받도록 하는 것이 중요하다고 설명하고 있다.[1)]

킨들버거는 군사적 힘을 패권국이 가지고 있어야 할 힘으로 보고 있다. 미국과 소련의 핵무기 생산 확대, 프랑스와 중국의 핵 개발 등을 언급하면서 패권국은 핵에만 의존해서는 안 되며 무기, 탄약, 함정, 항공기 등 재래식 군사력을 생산할 수 있어야 함을 강조하고 있

---

1) Charles P. Kindleberger, *Power and Money/The Economics of International Politics and the Politics of International Economics* (New York: Basic Books, 1970), pp. 2-17.

다. 이 외에도 킨들버거는 과학기술의 힘을 제시하고 있다. 그는 경제·군사적으로 우위의 힘을 보유하기 위해서는 산업과 군사 등 전 분야에 걸쳐 상대적으로 높은 과학기술력을 갖고 있어야 한다고 주장한다. 또한 그는 스위스와 스웨덴은 정교한 과학기술력은 있었으나 그 범위가 한정되어 강국이 되지 못하였고, 미국과 소련은 전 분야에 걸쳐 우수한 과학기술력을 보유했기 때문에 강대국이 될 수 있었다는 점을 주장하고 있다.[2] 한마디로 킨들버거는 세계경제질서를 위해 패권국가가 필요함을 강조하고 있으며, 패권적 힘의 요소로 경제력, 군사력, 과학기술력, 힘의 도구화 능력 등을 제시하고 있다.

국제관계에서 국가의 힘은 시대적 상황과 패권을 유지하는 힘의 구성요소에 따라 의미를 달리해 왔다. 냉전시대에는 군사력이 패권적 힘을 이루는 중요한 요소로 작용했지만, 탈냉전 이후 힘의 구성요소와 우선순위가 군사적인 수단뿐만 아니라 비군사적인 수단으로 확대되고 있는 추세에 있다. 즉 유형적인 힘뿐만 아니라 무형적인 힘도 중요하다고 보는 것이 오늘날 힘에 관한 정의의 대세다.

시대적으로 패권적 힘의 구성요소 중 가장 중요하게 대두된 힘의 자원을 살펴보면, 우선 18세기 유럽의 농경체제에서는 '인구'가 세금과 병력의 원천으로서 결정적인 힘의 원천이었다. 그러나 19세기에는 신속한 이동을 가능하게 하는 산업과 철도시스템이 힘의 가장 중요한 자원으로 부각되었다. 일례로 1860년대 비스마르크가 이끄는 독일이 속전속결로 전쟁을 수행하기 위해 철도를 통해 병력과 군수

---

2) *Ibid.*, pp. 55-63.

물자를 이동시킨 것을 들 수 있다. 1914년에 독일이 러시아의 부상을 두려워한 이유는 20세기 초 러시아 서부에 철도부설이 확대되었기 때문이었다. 1945년에는 핵무기 등장과 함께 선진 과학기술이 결정적인 힘의 자원으로 자리 잡았다. 탈냉전 이후에는 직접적인 수단으로서 경성권력(hard power)과 함께 간접적 수단으로서의 연성권력(soft power)이 등장하고 있다.[3)]

역사 시기별로 주요 국가의 권력자원을 도표로 제시하면 〈표 1-1〉과 같다. 중국이 독자적인 과학기술력으로 지휘통제체계를 개발하고 사이버전 능력을 향상시키는 등 중국적 군사혁신을 단행하고 있는 것은 하드 파워 분야와 함께 소프트 파워 분야를 중시하고 있는 것이다. 이는 21세기 미국이 추진하고 있는 패권적 힘의 방향과 그 맥을 같이하고 있다.

〈표 1-1〉 주도국가와 주요 권력자원

시기	주도국가	주요 권력자원
16세기	스페인	금괴, 식민지무역, 용병, 왕가의 혈통
17세기	네덜란드	무역, 자본시장, 해군
18세기	프랑스	인구, 농경사업, 공공행정, 육군, 문화, 소프트 파워
19세기	영국	산업, 정치적 단결, 금융과 신용, 해군, 자유주의적 규범, 지리
20세기	미국	경제, 과학기술, 지도력, 군사력, 동맹, 보편적 문화, 자유주의
21세기	미국	기술지도국, 군사력과 경제규모, 초국가적 커뮤니케이션

출처: 조지프 나이 지음, 양준희 · 이종삼 옮김, 『국제분쟁의 이해』(서울: 한울, 2009), p. 115.

3) 조지프 나이 지음, 양준희 · 이종삼 옮김, 『국제분쟁의 이해: 이론과 역사』(서울: 한울, 2009), pp. 112-114.

이처럼 패권의 힘에 대한 정의는 국제정치 학자가 현실세계를 어떻게 보느냐에 따라 개념적 차이를 보이고 있다. 해양패권의 힘의 요소를 추출하기 위해 전쟁의 원인을 연구해온 유명한 학자들의 패권 개념과 힘의 구성요소를 살펴보면 다음과 같다.

코헨(Robert O. Keohane)은 경제적 힘과 군사적 힘을 강조하고 있다. 그는 19세기 영국과 미국이 세계질서를 주도할 수 있었던 것은 경제적 힘과 군사적 힘이 타 국가 또는 이념을 달리하는 동맹세력보다 절대적으로 우세했기 때문이라고 주장하고 있다. 그는 경제적 힘의 구성요소로 원자재(raw materials), 자본, 시장, 공공재의 생산을 들고 있다. 특히 원자재에서 석유는 전략적 자원으로서 패권국가가 반드시 통제해야 할 요소로 보고 있다. 자본과 시장은 국가의 부를 축적하고 패권국의 힘을 유지하는 데 있어 중요한 요소로 자국에게 유리하게 자본과 시장을 통제함으로써 압도적인 경제적 힘을 유지할 수 있다고 설명하고 있다.[4] 군사적 힘은 경제적 세계질서를 유지하는 데 있어 사용되어야 할 수단으로서 경제적 힘을 보호하는 필수적인 요소이다. 경제적 힘은 국가이익과 연계되어 있어 국가안보와 결코 떼어 놓을 수 없는 것이기 때문에 반드시 지켜내야만 하고, 또 패권국의 영예(prestige)를 유지해야 하므로 군사적 힘이 필요하다는 것이다. 그는 이런 주장을 역사적 사례를 들어 다음과 같이 설명하고 있다. 1941년 일본이 산업발전에 필요한 석유를 안전하게 확보하기 위해 동남아로 확대정책을 펼치는 데 대해 미국이 제동을 건 사실이다. 일본은

4) Rovert O. Keohane, *After Hegemony* (Princeton: Princeton University Press, 1984), pp. 31-39.

미국의 군사적 힘에 의해 경제발전에 필요한 자원을 획득하지 못하여 전쟁에서 패배했다. 이처럼 패권국의 군사력은 경제와 깊이 연계되어 있으며, 도전국이 경제적으로 중요한 지역에 접근할 때 이를 충분히 차단할 수 있는 힘을 가지고 있어야 한다.[5)]

코헨과 나이(Joseph S. Nye)는 도전국이 패권국가가 의도하는 바에 따라오게 하려면 패권국은 비대칭적 상호의존성(asymmetrical interdependence)이라 불리는 군사적 힘을 보유하고 있어야 한다고 주장하고 있다.[6)]

길핀(Robert Gilpin)은 미국과 영국의 패권유지와 쇠락에 대해 주로 연구를 수행하는데, 영국이 전 세계적으로 패권을 확보 및 유지할 수 있었던 것은 산업혁명 이후 선도적 산업기술력을 토대로 세계경제를 이끌어갈 수 있었기 때문이라고 주장하고 있다. 산업혁명 이후 타국과 비교가 안 되는 기술적 우위를 통해 세계경제의 흐름을 주도하고 세계금융을 통제할 수 있었으며, 유럽뿐만 아니라 전 세계적으로 영국을 중심으로 한 국제질서를 유지함으로써 패권적 지위를 획득할 수 있었다고 보고 있다. 그리고 그는 영국이 세계 최강의 해군력을 보유하여 전 세계 해역에서 해상통제권을 실현시킬 수 있었기 때문에 패권적 지위를 유지할 수 있었음을 특별히 강조하고 있어 경제적 힘과 함께 군사적 힘도 강조하고 있는 것이다. 이와 더불어 길핀은 제2차 세계대전 이후 미국이 영국처럼 미국 중심의 자유무역주

---

5) *Ibid.*, pp. 39-41.

6) Robert O. Keohane, Joseph S. Nye, *Power and Interdependence* (Boston: Little, Brown and Company, 1977), p. 11.

의, 시장경제, 세계금융기구에서 중심적 역할을 수행하는 패권적 지위를 가질 수 있었던 것은 전 세계적인 차원의 해상통제권을 장악해 세계경제질서를 보호할 수 있었기 때문이었다고 주장하고 있다.[7] 따라서 길핀은 패권적 힘을 정의함에 있어 경제와 해양력을 특별히 강조하고 있다.

라고스(Gutavo Lagos)는 국제관계에서 특정국가가 얻을 수 있는 국제적 지위는 주로 3가지 영역에 의해 결정된다고 주장한다. 즉 경제위계(economic status), 국력위계(power status), 영예(prestige)이다. 경제위계는 그 나라의 경제 및 기술의 발전정도, GNP로 측정되는 경제역량, 사회발전의 정도(평균생활 수준으로 측정) 등 변수로 측정한 국가의 경제지표이다. 국력위계는 기술의 성숙도, GNP에서 국방비가 차지하는 비율, 국방비 중 군비경쟁의 기술요소에 투자하는 경비의 비례 등으로 측정되는 것으로 과학기술력과 군사력이다. 영예는 국가가 경제와 과학기술력 그리고 군사력을 통해 국제체제에서 얻는 지위로서 패권국은 가장 큰 영예를 누리게 되는 것이다.[8]

그리고 세력전이이론을 주창한 오간스키(A.F.K. Organski)는 패권의 힘이 전이되는 과정을 통해 패권적 힘에 대한 정의를 내리고 있다. 오간스키는 전쟁의 원인을 국제정치경제질서에서 가장 상부에 위치하고 있는 지배국(패권국)과 그 밑에 위치하고 있는 강대국(도전국) 간의 힘의 격차가 좁혀지는 가운데, 지배국이 유지하고 있는 국제정치

7) Robert Gilpin, *U.S. Power and the Multinational Corporation* (New York: Basic Books, 1975), pp. 45-190.

8) 이상우, 『국제관계이론』(서울: 박영사, 1999), pp. 282-283.

경제질서에 불만을 품은 강대국이 지배국에 도전하면서 마찰이 일어나게 되고 이로 인해 결국 전쟁이 일어난다고 주장하고 있다. 그는 국가 간 상대적인 힘의 요소로 영토 크기, 인구의 수, 경제적 부, 자원, 군사력, 정부의 효율성, 국민의 애국심 등을 들고 있다. 그리고 물질적인 힘의 상대적 크기도 중요하지만 무엇보다도 그 힘을 도구화하여 사용함으로써 상대국에게 실질적인 영향력을 주어야 패권적 힘으로 인정될 수 있다고 주장하고 있다. 또한 보이는 힘과 보이지 않는 힘의 총체적 발휘를 강조하고 있으며, 경제적 부를 보호할 수 없는 상태라면 그 힘은 진정한 힘이 될 수 없으므로 군사력의 확보를 지배국이 되기 위한 중요한 요소로 보고 있다.[9] 이런 오간스키의 주장이 내포하고 있는 함의는 미국의 객관적인 힘이 중국에 비해 우세하더라도 힘을 도구화할 수 있는 정부와 국민의 의지가 상대적으로 약하다면 그 힘은 우세한 것은 아니라고 볼 수 있는 것이다.

코탐(Richard Cottam)은 국가 간의 협상에 있어 중요한 것은 국가 이미지(National Image)라고 주장하고 있다. 여기에는 국가 간 협상위치를 결정하는 국가의 능력과 지위, 영향력 등이 포함된다. 패권을 차지하기 위해서는 자국의 의도대로 타국을 유도할 수 있는 힘을 가지고 있어야 하는데 국가 이미지는 패권과 관련한 국가의 능력과 영향력을 구성요소로 하고 있다. 코탐은 A국가 자신의 이미지는 기본적으로 A국가가 가지고 있는 힘의 잠재기반(Power Potential Base)과 그 힘의 잠재능력을 도구화할 수 있는 힘의 수단기반(Power Instrument Base)에 의해서 형

9) A.F.K. Organski, *World Politics* (New York: Alfred A. Knopf, Inc., 1968), pp. 102-111.

성되는데, 힘의 잠재능력은 국가가 보유하고 있는 자원기반(Resource Base)과 동원기반(Mobilization Base)으로 구분된다. 코탐은 힘의 자원기반을 자본과 산업기반, 인구, 자연자원기반, 기술기반, 국내시장기반, 초국가적 자원기반으로 구분하고 있다. 이를 세부적으로 보면, 첫째 자본과 산업기반은 국가의 경제적 위치와 동원능력을 결정하는 것으로 GNP, 강철 및 전자, 특수 분야의 산업 등이다. 둘째, 인구는 국가의 목표를 달성할 수 있는 노동력을 제공하는 인력, 교육훈련의 정도, 중등교육 이상의 교육과정 수료자 등을 제시하고 있다. 셋째, 자연자원기반은 천연 및 농업자원, 경작지 비율, 광물 및 비광물 자원, 전략적 천연 및 광물자원, 천연자원의 대외의존도 등이다. 넷째, 기술기반은 통계적으로 측정하기 어려운 분야인데 여기에는 GNP 대비 연구개발 투자비의 비율, 선진국에서 교육 받고 있는 유학생의 수, 세계적으로 통용되는 기술체제의 수 등을 제시하고 있다. 다섯째, 국내시장기반으로 경제적 자립도를 제시하고 있으며, 마지막으로 초국가적 자원으로 경제·외교적 차원의 다국적 협력 능력을 들고 있다.[10]

코탐은 상기의 자원기반이 약하면 국가의 영향력을 발휘할 수 있는 이미지를 충분히 만들어 내지 못한다고 하면서 자원기반을 어떻게 하면 의도된 효과를 창출해낼 수 있도록 만들어 내느냐가 중요하다고 역설하였다. 즉, 그는 국가의 영향력을 위해 자원들을 도구화하는 동원기반을 또 다른 힘의 구성요소로 보았다. 이는 효과적인 영향력을 창출하여 국가의 협상 위치를 유리하게 가져가는 것이 중요하

10) Richard Cottam and Gerald Gallucci, *The Rehabilitation of Power in International Relations* (University of Pittsburgh: University Center for International Studies, 1978), pp. 10-14.

다는 것으로 볼 수 있다. 또한 그는 동원기반에는 국가를 위해 자발적으로 희생할 수 있는 국민들의 능력을 의미하는 국가적 도덕성과 국가들 간의 문화적 특성, 국가의 자원들을 효과적으로 도구화할 수 있는 정부 관료와 행적조직, 리더십 능력, 외교 능력, 정부의 체계 유형 등이 있다고 주장했다. 미국과 중국의 동아시아 해양패권 경쟁에서도 코탐의 국가이미지론은 적용될 수 있다. 현재 동아시아 해역에서 미국과 중국의 해양 군사 충돌을 보면 중국이 미국을 보는 시각과 미국이 중국을 보는 시각이 다른 것을 인식할 수 있다.

조지프 나이도 국제정치질서 체계를 주도할 수 있는 힘의 근원을 경제와 군사 분야에서 찾고 있다. 리처드 아미티지와 나이는 스마트파워에서 힘은 원하는 결과를 얻기 위해 다른 사람들의 행동에 영향을 미치는 능력이라고 정의하고 있다. 그리고 그 힘은 역사적으로 인구 규모, 영토, 천연자원, 경제력, 군사력, 그리고 사회 안정 등의 기준으로 평가되어 왔다고 주장하고 있다.[11] 이들은 미국이 지도국으로서의 역할을 다하기 위해서는 세계적 공공재를 위한 관리자(agent)로서의 미국의 영예를 지속시키고 보존하는 것이 되어야 한다고 주장하고 있다. 또한 세계 차원의 과제를 다룰 토대를 형성하기 위한 동맹과 파트너십, 공공외교, 무역이익 증진을 위한 경제통합, 기술과 혁신도 중요한 힘을 형성하는 요소라고 주장하고 있다. 다른 학자와 달리 나이는 '경성권력(hard power)'과 '연성권력(soft power)'을 통해 국제정치질서를 유지할 수 있다고 주장하고 있다. 여기에서 경성권력이

11) 처드 아미티지 · 조지프 나이 지음, 홍순식 옮김, 『스마트 파워』(서울: 삼인, 2009), pp. 28-37.

란 자원과 상품, 금융, 자본 등 물질적인 경제요소를 동원하여 타 국가를 통제하고 영향력을 행사하는 것이다. 그리고 연성권력은 물질적인 것을 통한 영향력 행사가 아니라 미국이 추진하고 있는 정책에 대해 타 국가가 매혹되어 자발적으로 미국의 정책에 참여하는 것을 말한다. 나이는 경제와 군사적인 분야에서 경성권력이 최근 다소 약해졌지만 연성권력 차원에서 아직은 미국이 세계적 차원의 패권을 유지하고 있다고 평가하고 있다.[12] 지금까지 위에서 논의한 국제정치 학자들이 주장하고 있는 패권적 힘의 구성요소와 특징들을 도식화하면 〈표 1-2〉와 같다.

〈표 1-2〉 패권적 힘의 구성요소와 특징

학 자	패권적 힘의 구성요소	특 징
코헨	원자재, 자본, 시장, 공공재, 군사력	• 경제 중심의 패권, 군사력은 필수 • 패권국은 비대칭적 상호의존성을 가지고 있어야 유리함
길핀	자유무역주의, 시장경제, 세계금융, 군사력	• 경제질서를 보호하기 위한 해상통제력 필요
라고스	경제력, 사회발전, 군사력, 국방비, 국방과학기술	• 경제 및 국력위계, 영예(prestige)
오간스키	영토, 인구, 경제적 부, 자원, 군사력, 정부의 효율성	• 객관적인 힘의 크기와 그 힘을 도구화한 영향력 중요 • 힘의 격차 중요
코탐	자본, 산업기반, 인구, 자원, 기술, 시장, 군사력	• 힘의 영향력과 국가의 이미지 • 이미지 형성, 유리한 협상 위치 선점
나이	인구, 영토, 천연자원, 경제적 부, 군사력	• 경성권력(hard power) 및 연성권력(soft power) 강조

출처: 학자들의 패권 개념을 요약하여 재구성.

12) Joseph S. Nye, Jr., "U.S. Security Policy: Challenges for the 21st Century", *UAIA Electronic Journals 3*(3), July 1998, p. 20.

패권에 대한 학자들의 개념을 종합해 보면 패권은 국가의 힘을 통해 현실화되고, 국가의 힘은 학자들이 처해 있던 시대적 상황을 토대로 힘의 구성요소와 우선순위가 정해지고 있다고 볼 수 있다. 이로인해 힘의 구성요소와 패권에 대한 개념에서 다소 차이가 있지만, 공통적인 주장은 패권적 힘을 확보하기 위해서는 국가의 힘 일부만을 확보해서는 안 되며 종합적인 힘을 확고하게 보유하고 있어야 한다는 것이다. 패권국이 유지하고자 하는 국제정치경제질서를 위해 자국 내의 경제, 군사, 정치의 안정 등 힘의 요소를 극대화하여 도전국들과 차이가 큰 힘을 유지하는 것과 동맹을 활용하여 그 힘을 증대시키는 것도 중요하다고 공통적으로 논하고 있는 것이다.

패권에 대한 힘은 현대로 오면서 경성적인 힘에서 연성적인 힘이 더 강조되고 있는 추세로 발전하고 있으며, 그 힘을 어떻게 동원 또는 도구화해서 상대국에게 더 효과적인 영향력을 발휘할 수 있겠는가 하는 소위 힘의 운영 측면이 점점 더 강하게 부각되는 추세로 가고 있는 것이다.

패권에 대한 국제정치학자들의 이론을 종합해 보면 패권은 패권국가가 주도하고 있는 국제정치경제질서를 유지하기 위해 정치 · 경제 · 군사적 수단을 이용하는 것을 말한다. 패권이론에서 가장 중요하게 언급하는 것은 경제이다. 패권국은 자국에게 유리한 경제질서를 조성하기 위해 패권적 힘을 동원하고 운영하면서 세계 국가들에게 영향력을 행사하고 있다. 국제정치학자들은 모두가 패권구도가 일정하게 유지될 수 있는 것이 아니라 국가의 힘에 의해 변화될 수 있음을 강조하고 있다. 따라서 1950년대 오간스키가 제시한 힘의 사용과 운영에 따른 영향력 측면의 연구가 더욱 활기를 되찾고 있다는 사실이 증명되고 있는 것이다.

지금까지 패권에 대한 정의와 힘의 요소들이 왜 중요한가를 살펴보았는데 이를 기준으로 해양패권에 대해 구체적으로 고찰해 보기로 한다.

해양패권에 대한 고찰

1. 해양패권의 의미와 국제정치경제질서와의 관계

5세기 경 그리스 아테네 사람들은 '민주주의(Democracy)'와 '제해권(Thalassocracy)'이라는 용어를 많이 사용했다. 제해권은 오늘날 해양패권의 의미와 같다. 당시 페르시아에 대항했던 그리스인들은 국가의 생존과 번영을 위해 반드시 페르시아의 힘을 차단 패퇴시켜야만 했는데 이를 위한 결정적인 힘은 해군력과 통상력에 있었다. 밀레토스 출신의 역사학자 헤가테우스는 페르시아에 대항하기 위해 제해권이 아닌 '해상통제권(control of sea)'이라는 용어를 사용하였다. 당시 지중해에서 해양력을 통해 패권을 달성하는 자체가 국가 지도자의 리더십이었으며, 이는 패권국가의 이익을 유지하는 것과 직결되었다. 투키디데스가 기록한 펠로폰네소스 전쟁의 역사는 제해권의 중요성을 다루고 있는데 투키디데스는 여기에서 아테네의 페리클래스가 제해권에 대해 언급한 것을 다음과 같이 기록하고 있다.

> 우리의 세계는 크게 육지와 해양으로 나뉘어 있다. 육지와 해양은 우리에게 모두 필수적인 영역들이다. 현재 우리는 해양을 완벽하게 통제하고 있으므로 우리는 언제 어디라도 우리가 원하는 곳으로 달려 나가 그 지역을 통제할 수 있다. 현재의 해군력이 있는 한 세계의 어느 세력도 — 페르시아의 왕과 태양 아래 어느 민족들도 — 우리의 항해를 막을 수 없다.[13)]

18세기 경 영국은 투키디데스의 역사서를 옥스퍼드대학과 캠브리지대학에서 국가의 지도자와 일반인을 대상으로 교육시켜 대영제국의 패권을 형성하는 기준서로 삼은 적이 있다. 이 때문에 그리스 시대에 해양력이 지중해에서 패권국이 되는 정치경제질서의 중심이 된 것처럼 대영제국에 있어 해양력을 이해하는 것은 영국의 정치체계를 이해하는 본질적인 요소라고 볼 수 있다.[14)] 이후 근대에 들어와서 미 해군대학 총장을 역임한 마한(Alfred T. Mahan)은 『해양력이 역사에 미치는 영향』에서 해상통제권(control of sea)보다 제해권(command of sea)을 많이 사용하고 있다. 그리고 소련의 해군 참모총장을 역임한 고르시코프(Sergei G. Gorsikov)와 영국의 해군정책관을 역임한 줄리안 콜

13) Thucydides, *The Peloponnesian War*, Trans by Rex Warner (Haranomols: Penguin Books, 1954), p. 253.

14) George Modelski & William R. Thompson, *Seapower in Global Politics, 1494-1993* (Plymouth: The Macmillan Press, 1988), pp. 1-8.

벳 경(Sir Julian Corbett)은 제해권보다 해상통제권을 더 많이 사용하고 있다. 제해권과 해상통제권은 의미상 다소 차이가 있으나 모두 해양패권을 추구한다는 의미를 가지고 있다.

역사적으로 패권국들은 대륙에서뿐만 아니라 해양에서도 패권적 힘을 확장해 영향력을 발휘해 왔다. 이 때문에 해양을 지배하는 국가가 진정한 패권국가가 되었다는 것은 의심할 바 없는 사실이다. 지정학자 라첼(Friedrich Ratzel)은 세계적으로 명성을 얻고자 하는 국가는 반드시 해양을 지배해야만 한다고 주장했다. 또 독일의 경제학자 리스트는 해양은 패권을 위한 새로운 부(富)와 자원을 얻을 수 있는 중요한 보고(寶庫)라고 주장하였다.[15] 맥킨더는 세계적으로 정치 · 경제적 세력균형을 이루기 위해 해양을 잘 관리해야 하며, 육지와 해양을 잘 결합하는 국가가 세계 제국을 건설할 수 있다고 주장했다. 또한 멕킨더는 동유럽을 지배하는 자가 심장지역(the Heartland)을 지배하고, 심장지역을 지배하는 자는 세계 섬(the world-island)을 지배하고, 세계 섬을 지배하는 자가 세계를 지배할 것이라고 주장하여 해양과 대륙의 연관성을 언급하였다.[16] 맥킨더의 주장과 달리 스파이크만(Nicholas J. Spykman)은 주변지역(the Rimland)을 장악하는 자가 유라시아 심장부를 장악하여 세계의 운명을 지배한다고 말했다.[17] 스파이크가 주변지역을 먼저 거론한 것은 유럽의 지정학적 구도를 해양 중심적으로 보았기 때문이다. 그는 유라시아 국가들이 대륙에서 패권을 향한 힘을 키

15) 전웅 편역, 『지정학과 해양세력이론』(서울: 한국해양전략연구소, 1999), p. 15.

16) 위의 책, pp. 56-75.

17) 위의 책, p. 202.

우더라도 지중해와 발틱해 등 유라시아 심장부를 둘러싸고 있는 해양패권 없이는 패권국가가 될 수 없다고 보고 있는 것이다. 그 이유는 심장부 국가 내에서 생산한 농산물, 산업공산품 등의 이동이 육지 경계선으로 상호 차단되어 있는 데 반하여, 대륙을 에워싸고 있는 해양은 국가의 생산물과 상품들을 신속하게 이동시켜 경제적 이득을 취하게 할 수 있고, 정치 · 군사적으로 타국에 대해 영향력을 행사할 수 있다고 보았기 때문이다. 특히 국내에 한정되어 있는 석유자원과 천연광물자원을 확보하기 위해서 해양으로 구성되어 있는 주변지역이 더 중요하다고 강조하고 있다.[18)]

따라서 패권국가가 되기 위해서는 대륙에서만 패권의 힘을 장악해서는 안 되고, 대륙과 해양 모두에서 패권적 힘을 가지고 있어야 한다는 것이다. 모델스키(George Modelski)는 500년간 세계 강대국들의 흥망성쇠를 연구한 결과 해양력이 정치 · 경제적으로 세계체제와 깊은 관계가 있어 왔으며 이는 현재에도 깊은 연관성을 갖고 있다고 주장했다.

역사적으로 패권국들은 자국에게 유리한 국제정치경제질서를 구축하기 위하여 정치경제 상황을 고려하여 해양정책을 추진했다. 일례로 16~17세기 영국, 독일, 이탈리아 등 세계 열강들은 국가의 부를 축적하기 위하여 유럽으로부터 극동아시아, 동남아시아, 인도, 아프리카에 이르는 통상무역을 강화했다. 그리고 이를 보호하기 위하

18) Nicholas John Spykman, *The Geography of the Peace* (New York: Harcourt & Brace, 1944); Roger E. Kasperson and Julian Minghi(eds), *The Struture of Political Geography* (Chicago: Aldine, 1969), pp. 170-182.

여 상선대와 해군을 증강하고 항해술과 전술을 개발하였다.[19] 이는 지배국이 없는 상황에서 국가이익을 최대한 확보하기 위해 국가들이 해양으로 진출한 사례이다. 이후 18세기 영국은 경제발전과 안보를 위해 유럽의 대륙세력을 견제하고자 해상통제권을 행사하였다. 영국은 이미 산업혁명을 계기로 세계경제질서 체계를 확고히 유지하기 위해 외부의 도전을 감시하는 해상통제력에 초점을 맞춘 국가정책에 중점을 두고 있었다. 영국이 해상통제권을 강화한 것은 외부의 도전을 원거리에서 감시하고 즉각적인 대응을 통해 최소의 비용으로 세계 정치경제체제를 유지하기 위함이었으며, 국가이익을 창출할 수 있는 새로운 기회를 찾기 위함이었다. 그리고 18세기 미국은 경제와 안보의 중요성을 고려하여 해외기지 개척에 중점을 둔 해양정책을 적극적으로 전개했다.[20] 이와 같이 미국과 영국은 국가의 경제를 뒷받침할 수 있는 해양력을 유지하기 위한 해양패권을 중시한 국가들이었다.

해양은 대륙과 마찬가지로 국가의 힘이 작용하고 있는 또 다른 공간적 영역이다. 육지와 달리 고정된 경계선이 설치되어 있지 않은 해양은 국가의 힘이 커질수록 대외적으로 확장되는 패권 경쟁의 무대이다. 19세기 제국주의 시대에서 범세계적 힘을 가진 국가가 되기 위해서는 육지에서만 힘의 기반을 구축해서는 부족하였고, 해양으로 국가의 영향력을 확장해야만 가능했다. 그리고 패권국들은 해양의

19) E. B. Porter, *Sea Power* (Annapolis: Naval Institute Press, 1987), pp. 11-22.

20) Andrew Gordon, *The Admiralty and Imperial Overstretch* (Annapolis: Naval Institute Press, 1987), pp. 63-83.

배타적 지배를 강화하기 위하여 다른 국가의 해양 사용을 허용하지 않고 제거하는 정책을 추진했다. 이로 인해 패권국가는 자신이 정한 세계질서를 확고히 하기 위하여 해양질서 체계를 중요시하고, 도전국이 해양을 통해 경제적 부를 도모하거나 정치적 역량을 확대시키는 정책을 지연시키거나 차단하는 정책을 추진했다.

미 해군대학 총장을 역임한 알프레드 마한(Alfred T. Mahan)[21]은 해양력을 국가의 정책과 국제관계 측면에서 보았다. 마한은 해양력의 역사는 대부분 국가 간의 경쟁이나 분쟁 또는 전쟁으로까지 발전하는 투쟁의 역사라고 정의하고 있다. 그리고 해양력은 국제사회에서 경제적 이익 이외에도 정치 · 군사적으로 결정적인 역할을 수행해 왔다고 주장했다.[22] 그는 상선단과 해군의 활동은 국가정책과 연계되어 있으며 국가와 국가 간의 정치 · 경제 · 군사 측면과 유기적인 관계를 이루고 있다고 주장하고 있다. 그리고 해군은 육군과 달리 전시뿐만 아니라 평시에도 국가의 정책을 지원하기 위해 자주 운용되는 전력으로 국가가 강력한 힘을 발휘하는 데 큰 영향력을 갖고 있다고 주장하고 있다.[23] 또한 그는 해군전략의 원칙을 해군에 국한된 관점

---

21) 1840년 미 육군사관학교 토목공학과 공병학 교수의 아들로 태어난 알프레드 세이어 마한은 세계에서 가장 영향력 있는 해양전략가로서 19세기 미국을 해양 강대국으로 만드는 데 혁혁한 공을 세운 인물이다. 마한은 미국의 지도자와 국민을 대상으로 해양력에 대한 중요성을 강조하고 해양력의 구성요소들에 대해 설득했다. 마한은 안보에 대한 미국인의 사고방식을 바꾸려고 했으며, 미국이 강력하고 적대적인 해군 국가들에 둘러싸인 해양국이라는 점을 깨달아야 한다고 주장했다.

22) 알프레드 세이어 마한 지음, 김주식 옮김, 『해양력이 역사에 미치는 영향』(서울: 책세상, 1999), p. 35.

23) 위의 책, p. 64.

보다 국가정책과 국제관계 측면으로 확대 해석하고 있다.[24] 그리고 그는 해양력이 단지 국가와 국가 사이의 해상전투만을 뜻하는 것이 아니라 국가이익과 국가목표를 위한 활동으로 보았다. 그러므로 만약 적대국에 의해 국가이익이 훼손되는 경우가 오면 국가는 첫 번째로 무역과 국가의 경제이익 질서를 유지하기 위해 해양정책을 강화하게 되므로 상대국과 해양 마찰이 잦아지면서 분쟁으로 이어지고, 마침내 전쟁으로까지 확대된다는 것이다. 이에 따라 그는 해양력이 패권적 힘과 직결된다고 주장했다.[25] 이와 같이 마한은 해양력이 국가이익과 국가목표를 달성하기 위한 필수적인 힘으로 규정하고 있으며, 미국의 대외팽창 정책의 핵심으로 해양력의 확보를 주장했던 것이다. 따라서 마한의 해양력 개념은 오늘날 미국이 유지하고 있는 국제정치경제질서의 핵심 개념이라고 해도 과언이 아니다.

마한이 해양력을 국가정책과 국제정치경제질서 체제와 연계하여 분석한 반면 소련의 고르시코프(Sergei G. Gorsikov)[26]는 해양력을 미국과의 패권적 구도에서 분석하고 있다. 즉 고르시코프는 미국을 비롯한 나토 유럽 국가군들과의 패권적 경쟁 구도 속에서 해양력이 국가의 전체적인 이익 측면에서 어떻게 기여하느냐에 중점을 두고 분석하

24) Jhon. B. Hattendorf, *Classics of Sea Power* (Annapolis: Naval Institute Press, 1991), p. ix.

25) *Ibid.*, pp. 1-2.

26) 1944년에 소련 해군 흑해함대 사령관을 역임하고, 1956년 흐루시초프 시대부터 소련 해군 총사령관을 지낸 세르게이 고르시코프는 소련 해군 현대화의 선구자로서 해양패권적 입장에서 소련의 해양력을 국민들에게 홍보하고, 대륙국가 소련을 해양 지향적 국가로 변모시키는데 혁혁한 공을 세운 인물이다. 고르시코프는 1962년 쿠바 미사일 위기 시 미국의 쿠바에 대한 해상 봉쇄작전에서 패배를 경험하였으며, 세계 대양을 지배하고 있는 국가의 해양력(The Sea Power of The state)을 집필하여 소련 해양력의 발전을 도모하였다.

고 있다. 고르시코프는 소련이 공산주의 국제질서를 만들기 위해서는 반드시 우방국들과 정치 · 경제 · 군사적으로 연결선을 구축해야 하며, 미국을 중심으로 한 자유민주주의에 대응해야 한다고 역설하면서 패권적 수준의 해양력을 건설해야 한다고 주장했다.[27)]

탈냉전 이후 국제체제의 기본구조가 변하면서 전 세계의 안보환경이 급변하고 있으며, 초강대국의 세계질서에 대한 지속적인 지배가 더 이상 인정을 받지 못하고 있다. 이는 세계질서를 지탱하는 힘이 누수되고, 초국가적 이익이 확장되고 있기 때문이다. 이에 따라 과거 적대적 관계를 유지했던 국가들이 새로운 협력의 동반 국가로 바뀌고 있으며, 반대로 전통적인 동맹과 우방 국가들의 일부가 적대적 관계로 변하고 있다. 이러한 국제관계 변화의 주요인은 전 세계적으로 산업화가 널리 퍼지고 있고, 과거 산업화 속도가 느린 국가들의 산업화 속도가 빨라졌기 때문이다. 각국은 산업화의 빠른 속도로 인해 새로운 경제 · 정치 · 안보의 국가목표를 달성하기 위해 해양질서를 자국에 유리하게 만들고자 해양정책 확장을 꾀하고 있다. 특히 해양에 기반을 둔 영토주권과 석유, 가스, 어업권은 미래 국가들에게 있어 정치 · 경제적 이익을 추구하는 데 중요한 요소이기 때문에 해양력을 확대하고 있는 것이다.[28)] 현재 동남아시아, 동북아시아, 인도양, 아덴 만 등 해역에서 발생하고 있는 영토주권 문제, 자원 경쟁, 국가의 영향력 문제들은 그 자체에 분쟁의 불씨를 갖고 있어 미국의 해

---

27) 세르게이 고르시코프 지음, 임인수 옮김, 『국가의 해양력』(서울: 책세상, 1999), pp. 24-32.

28) Geoffrey Till, "Maritime Strategy and the Twenty-First Century", *Seapower Theory and Practice*, Vol. 17, Issue 1(Portland: Frank Cass & Co. Ltd, 1994), pp. 176-197.

양패권에 위협요인이 되고 있다.

한 국가가 지역적 패권을 쟁취하기 위해서 국가정책을 추진한다면 그 국가는 반드시 인접해 있는 해양에서 국가이익과 목표를 달성할 수 있는 전략적 지점과 동맹을 확보해야 한다. 미국은 탈냉전 이후 국제정치경제질서를 자국 주도하에서 유지되기를 바라고 있다. 그러므로 미국은 자국의 이익이 훼손되는 국제정치경제질서를 허용하지 않을 것이며, 그 어떠한 도전도 강력하게 대응할 것이다. 이를 위해 미국은 원하는 시간과 장소에 개입할 수 있는 해군력을 지속적으로 유지하고 있다.[29] 국가이익과 목표를 달성하는 해양에서의 제반 활동들은 전 · 평시에 모두 적용되는 것이므로 정치 · 경제 · 군사적 국제 체제의 변화는 곧바로 해양에서 힘의 대결과 직결된다. 또한 국가 간 정치 · 경제 · 군사 상황의 변화에 따라 해양에서 전략적 지점의 선택과 힘의 동원이 달라진다.

역사적으로 해양패권을 영원히 한 국가가 장악하여 유지하는 사례는 없었다. 해양에서 패권은 성장과 쇠락을 반복하는 주기를 가지고 있다. 이는 역사적으로 유럽 또는 전 세계적으로 전쟁의 결과가 어느 한 국가의 지속된 승리로 끝난 것이 아니라는 점과 일맥상통한다. 마한은 유럽의 전쟁을 분석하면서 전쟁의 승패가 지상전략보다 해양전략에 의해 많이 판가름 났다고 주장하고 있다. 이를 좀 더 보완한 학자는 모델스키(George Modelski)이다. 모델스키는 세계체제의 장주기론(Long-cycle approach)에서 세계 강대국들의 전쟁을 분석한 결과 패

29) Norman Friedman, *Seapower as Strategy* (Annapolis: Naval Institute Press, 2001), pp. 24-25.

권은 장주기적으로 반복되는 형태를 보여주고 있으며, 해양력이 상대적으로 강한 국가가 패권국으로 등장했다고 주장했다. 장주기론에서 순차적으로 패권국이 된 국가는 1540년 포르투갈, 1640년 네덜란드, 1740년 영국, 1850년 영국, 1950년 미국으로 약 100년 단위로 패권국과 도전국의 전쟁이 있었으며 모두 해양력이 우월한 국가가 전쟁에서 승리했다.[30] 즉 그는 세계 패권국가는 궁극적으로 쇠락할 수밖에 없으며 해군력의 비중이 장주기와 관련성이 있다고 주장한다.

해양패권 경쟁이 대륙패권 경쟁과 다른 점은 육지에서 패권적 경쟁을 하는 것보다 해양에서 패권 경쟁을 하는 것이 다양한 유형의 경쟁을 가능하게 할 수 있고, 패권 경쟁의 강도 면에서도 약한 경쟁부터 강한 경쟁에 이르기까지 여러 종류의 강도를 가진 패권 경쟁을 가능하게 할 수 있다는 것이다.

지금까지 살펴본 바와 같이 해양패권은 패권국과 도전국 간의 패권 경쟁의 한 분야로 국제정치경제질서 체제와 국가정책 차원에서 매우 중요한 분야이다. 패권이란 패권국의 의도대로 상대국을 순응하게 만드는 영향력을 발휘하는 것처럼 해양패권도 전체적인 국제정치경제질서 체제를 유지하기 위하여 패권적 해양질서를 도모하는 것이다. 해양에서 일어나는 모든 활동 — 상선들의 상품 운송, 해군에 의한 정치 · 군사 활동, 해양관측 활동, 해적 퇴치 활동 등 — 들은 국가이익과 국가목표를 위한 국가정책과 깊이 연계되어 있으며, 국제체제에 대한 보호 또는 도전과 상관관계가 있다. 결론적으로 해양

30) 김종헌, 『해양과 국제정치』(서울: 부산외국어대학교 출판부, 2004), pp. 67-75.

패권은 코헨, 킨들버거, 길핀, 오간스키, 코탐, 나이 등 국제정치학자가 주장하는 패권의 개념과 동일한 개념을 갖고 있다. 따라서 해양패권을 중심으로 미국과 중국의 패권 경쟁을 분석하는 것은 적지 않은 의미가 있다고 판단된다. 해양패권 경쟁을 연구하기 위해서 먼저 해양패권적 힘의 구성요소들로 어떤 것들이 있는지를 살펴볼 필요가 있다.

2. 해양패권적 힘의 구성요소

정치경제 국제학자들이 제시한 여러 패권적 힘의 요소들을 패권에 대한 고찰에서 살펴보았다. 국제정치학자들이 제시한 패권적 힘의 요소들은 국가라는 총체적 힘의 요소로 제시된 것이다. 그 힘은 육지와 해양 그리고 공중영역에서 창출되고 행사되는 것이다. 해양은 육지와 상이한 지리정치적 환경을 갖고 있다. 육지와 달리 고정된 영토 경계선이 설치되어 있지 않고, 공유 면적이 커서 대부분의 국가들이 국가이익을 위해 쉽게 접근할 수 있다. 최근에는 석유와 천연가스, 광물자원들이 다량 매장되어 있는 해저가 많이 발견되면서 해양에 대한 지리정치적 가치가 증가하고 있다. 또한 각국을 대표하는 많은 상선과 어선 그리고 해군, 해경 함선들이 국가의 정치 · 경제 · 안보 측면에서 서로 마찰하는 경우의 수가 증가 추세에 있어 국제정치경제질서에 미치는 영향력이 증대되고 있는 추세이다. 이처럼 해양은 육지와 다른 환경을 갖고 있기 때문에 해양력의 구성요소도 다르다. 해양패권에 있어 힘의 구성요소를 국가정책과 국제정치경제질서 차원에서 제시한 이론가는 마한과 고르시코프이다. 마한은 미국이 세계를 주도하기 위하여 해양력을 어떻게 발전시킬 것인가에 대해 제시하였고, 고르시코프는 미국의 패권적 해양력을 어떻게 방어하고 대응할 것인가에 대해 연구했다. 따라서 이들의 해양력 구성요소들이 해양패권적 힘을 분석하는 기준이 될 수 있다.

(1) 마한의 해양력 구성요소

① 해상교통로

마한은 역사 이래로 인류가 육로보다 해로를 더 많이 사용한 것은 육로가 고정된 소유의 개념인 데 반하여 해로는 고정적이지 않은 공도(公道)의 개념으로 누구나가 쉽게 접근할 수 있는 장점을 가지고 있고, 육로에 비해 수송비용이 저렴하기 때문이라고 주장한다.[31] 또한 그는 국가의 번영과 생존은 해상교통로를 어떻게 안전하게 유지하느냐에 달려 있다고 주장한다. 오늘날과 같은 글로벌 시대를 맞이하여 해상교통로는 평시 통상무역을 더욱 긴밀히 연결시키고 있으며, 전시에는 전쟁물자와 병력들을 신속히 이동시키는 전략적 수송로 역할

31) Professor Ji Guoxing, "SLOC Security in the Asia Pacific," *Center Occasional Paper*, Honolulu: Asia-Pacific Center For Security Studies, February 2000, p. 2.

을 수행하고 있다. 현재 미국이 전 세계를 대상으로 경제와 정치질서를 자국에게 유리하게 이끌어갈 수 있는 것은 세계의 해상교통로들을 안전하게 유지할 수 있기 때문이다. 따라서 패권국가가 국제정치 경제질서를 유지하기 위해 해상교통로는 중요한 요소라고 평가된다.

② 해군력

마한은 안전한 해상교통로 확보를 위하여 해군력은 필수적인 요소라고 주장했다. 해군은 상선이 존재하면서부터 시작되었고, 또 그것과 더불어 사라진다고 이야기할 수 있다.[32] 역사적으로 볼 때 국가의 번영은 선박에 의한 통상에 달려 있었고 또한 교역량이 제한될 때 경쟁과 마찰이 일어났으며, 이러한 이유로 교역을 보호하기 위한 해군의 필요성이 제기되고, 군비경쟁으로 이어져 왔다.[33] 해군력은 해양패권 경쟁에서 가장 중요한 물리적 힘으로서 해상교통로를 확보하고 국가의 해양정책을 구현하는 실질적인 힘이다.

③ 국가경제발전을 위한 해상무역과 해운업

마한은 국가 경제력에 중점을 두고 해운업과 해운 활동을 안전하게 지원하고 확대해주는 식민지 확보를 강조했다.[34] 19세기에 마한

---

32) 알프레드 세이어 마한, 『해양력이 역사에 미치는 영향 1』, p. 73.

33) 조지 W. 베어 지음, 김주식 옮김, 『미국해군 100년사』(서울: 한국해양전략연구소, 2005), p. 19.

34) 알프레드 세이어 마한, 『해양력이 역사에 미치는 영향 1』, p. 75.

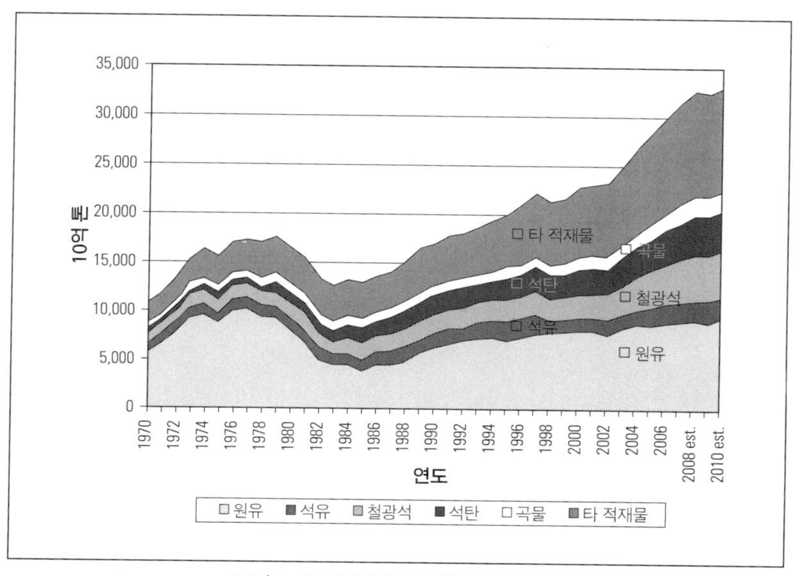

〈그림 1-1〉 세계 해상무역량(1970-2010)

출처: Shipping and World Trade, Value of volume of world trade by sea, http://www.marisec.org/shippingfacts.

이 주장한 해운업과 해상무역은 현대에 와서 그 의미가 크게 변하지 않았음을 알 수 있다. 대륙국가이건 해양국가이건 해상무역은 국가의 생존과 경제적 번영을 위한 필수적 요소로 그 의미가 더욱 중요하게 자리 잡고 있으며, 그 가치가 더욱 중요하게 되어가고 있다. 특히 고부가 물품과 에너지 운반의 해운업은 선진국가로 진입하는 데 있어 없어서는 안 될 중요한 수단이 되고 있다. 1969년부터 2010년까지 해상무역의 증가추세를 보면 〈그림 1-1〉과 같다.

④ 지리적 위치

마한은 해양력에 미치는 영향요소로 지리적 위치를 제일 먼저 강조하고 있다. 유럽의 해양역사를 볼 때 영국이 프랑스에 비해 강력한 해군력을 유지할 수 있었던 것은 영국이 육상 경계선에 대한 위협이 없고, 오로지 해양에만 몰두할 수 있는 시기가 많았기 때문이라고 평가하고 있다. 마한은 한 국가의 지리적 위치는 병력 집중에 유리하게 작용할 뿐만 아니라 가상의 적에 대해 작전을 할 수 있는 훌륭한 기지를 제공하는 전략적 이점을 제공해줄 수 있다고[35] 평가하면서 19세기 당시 파나마 운하의 개통에 대한 미국의 해양안보에 대한 우려를 제시하고 있다. 즉, 파나마 운하가 개통이 되면 영국, 프랑스, 스페인 등 유럽 해양 강대국들의 함선과 상선대가 미국의 남부해역을 위협할 수 있다는 주장을 하면서 미시시피 강 유역에 함선이 정박할 수 있는 항구를 설치하고, 파나마 운하까지의 거리를 고려하여 카리브해 근해에 해외기지를 갖추고 있어야 한다고 주장했다. 따라서 미국은 동맹국들의 항구가 절대적으로 필요하며, 미국의 군사 · 경제적 활동을 고려해 유리한 기지와 항구를 필히 갖추고 있어야 한다고 주장하고 있다. 마한은 '만약 어떤 한 국가가 대양으로 쉽게 나아갈 수 있으며, 세계 교통로 요지 가운데 한 곳을 통제할 수 있는 지리적 이점을 갖고 있다면, 그 국가는 전략적인 면에서 대단한 가치를 지니게 된다.'[36]고 하면서 자국의 지리적 위치와 해외기지의 중요성에 대해

---

35) 위의 책, p. 78.

36) 위의 책, p. 80.

강조하고 있다. 이러한 측면에서 볼 때 중국에 대한 미국의 근접해상 봉쇄의 목적도 동아시아 해역의 전략적 위치 선점 문제와 연결되어 있다고 볼 수 있다.

⑤ 자연조건

마한은 해안선이란 국가가 유지하고 있는 국경의 일부로 안보와 경제적 측면에서 매우 중요하다고 인식하고 있다. 국가는 국민의 생존과 번영을 위해 해안선으로부터 멀리 진출할 필요가 있으며, 긴 해안선을 갖고 있음에도 불구하고 적절한 항구를 보유하고 있지 못하면 역으로 타국으로부터의 위협에 취약해질 우려가 있다고 주장하고 있다. 그러므로 반드시 국가의 경제와 안보를 위하여 해안선을 보호해야 하고 적합한 항구를 갖고 있어야 한다는 것이다. 또한 마한은 해외 의존도가 높은 국가일수록 해양에 대해 관심과 노력을 경주해야만 국가이익과 국가목표를 달성할 수 있고 외부의 위협으로부터 안전하게 된다고 주장했다.[37] 중국은 긴 해안선을 갖고 있으며, 많은 산업도시가 해안지역에 분포되어 있다. 대표적인 산업도시로는 황해와 동중국해 해안에 있는 베이징, 청도, 선양, 다롄이 있으며 남중국해에 상하이, 항저우, 광저우, 난닝 등이 있다.

37) 위의 책, p. 92.

⑥ 영토의 크기

영토의 크기는 단순히 국가 면적의 비교가 아니라 국가가 가지고 있는 해안선과 항구의 특성을 말한다. 미국 남북전쟁 당시 남군은 플로리다 반도의 긴 해안선을 제대로 방어하지 못함으로써 북부군에게 전략적 위치를 빼앗기게 되어, 남부에 경제적 지원을 해주던 무역을 지탱할 수 없게 되어 패배했다.[38] 영토의 크기는 해양패권에 있어 해양 중심으로 해석되고 있다. 그러나 오간스키는 지배국에 도전할 수 있는 국가는 영토의 크기와 인구가 상대적으로 대등하거나 우세해야 함을 강조하고 있다.

⑦ 인구

마한은 국가의 총인구 수도 중요하지만 해양력과 관계가 있는 인구 — 국가의 해양정책을 수립할 수 있는 전문인력, 선박과 군함에 종사하는 인구의 수, 유사시 투입 가능한 예비병력, 선박 건조와 정비 기술을 가진 인구의 수 등 — 가 중요하다고 주장했다. 마한은 프랑스가 영국에 대해 적극적인 해양 국가의 이미지를 보이지 못한 것은 국가의 해양정책에도 문제가 있었지만 경험 있는 해양 전문인력이 부족했다는 점을 강조하고 있다. 다음으로 마한이 인구에서 강조하는 것은 국민의 해양정신이다. 마한은 영국이 유럽에서 해양력을

38) 위의 책, p. 95.

확대시킬 수 있었던 것은 진취적인 해양정신이 있었기 때문이라고 주장했다. 네덜란드의 저명 정치가인 위트(De Witt)는 네덜란드가 해양 강국이 되지 못한 것은 해양에 대한 진취적 사고가 없었기 때문이라고 말했다.[39]

⑧ 국민성

마한은 여러 해양력 구성요소들을 설명하고 있는데, 그중에서도 국민성을 매우 높게 평가하고 있다. 마한은 해양에 대한 국민의 정신과 태도가 국가의 해양력에 크게 작용한다고 주장한다. 프랑스가 해양에서 영국에게 밀리게 된 주원인은 영국 국민들에 비하여 해양 개척정신이 부족하고 해양에 종사하는 사람에 대한 대우가 낮았기 때문이라고 설명하고 있다. 그러므로 국민의 정신과 태도는 국가의 해양력에 깊은 영향을 미치고 있으므로 미래 국가이익을 위해 국민의 여론과 해양정신 고취가 중요하다는 것이다. 최근 중국 국민들이 해양 영토주권과 관할권 문제에 있어 민족주의를 앞세워 정부의 적극 대응을 요구하고, 중국 정부가 이를 홍보 전략으로 삼는 이유가 바로 마한이 언급한 해양진취적인 국민성을 구축하기 위한 일환이라고 평가할 수 있다.

---

39) 위의 책, p. 101.

⑨ 정부의 성격

마한은 정부의 성격에서 정부의 형태, 제도 그리고 통치자의 성격과 의지에 대해 언급하고 있다. 위의 3가지는 강력한 통상과 해군력을 건설하고 유지하는 데 있어 매우 밀접한 관계에 있는 것으로 해양지향적인 국민성과 더불어 반드시 갖추어야 할 해양력 구성요소로 간주하고 있다. 정부의 특수한 형태에서 마한은 자유주의 정부와 전제주의 정부에서 통상과 해군력 건설에 어느 쪽이 유리한가를 결론내리지 않고 장단점을 거론하고 있다. 따라서 위의 3가지 요소는 국가가 추구하는 해양전략의 이미지 형성에 주도적인 역할을 하고 있다.

(2) 세르게이 고르시코프의 해양력 구성요소

① 해상교통로

고르시코프는 소련의 경제와 안보를 위해 해상교통로 장악이 얼마나 중요한가를 설명하고 있다. 고르시코프는 세계의 주 무역로는 대륙과 대륙을 연결하고, 국가와 국민들을 연결시키며 정치적 상황들과 직접적으로 연계되어 있다고 주장했다.[40] 고르시코프는 마한과 달리 해상교통로를 철광석, 석유, 석탄 등 국가 전략적 자원을 중심

40) 세르게이 고르시코프 지음, 임인수 옮김, 『국가의 해양력』(서울: 책세상, 1999), p. 39.

으로 자세히 분석함으로써 해상교통로를 강조하고 있다. 고르시코프는 미국이 대서양, 태평양, 인도양 등 주요 해양에서 주 무역로의 중요 해역을 통제하고 군사력을 투사함으로써 소련의 안보에 위협을 가하고 있다고 기술하였다. 특히 고르시코프는 태평양 해상교통로가 매우 중요하다고 주장했다. 고르시코프는 한국전쟁 3년 동안 100만 명 이상의 인원과 37만 톤의 화물이 미국에서 한국과 일본, 그리고 그 반대 방향으로 수송되었던 점을 제시했다.[41]

② 해양자원

고르시코프는 미래 국가경제의 수요가 증가함에 따라 해양자원의 소요가 증가하게 되어 있음으로 해양자원을 개발할 수 있는 정책과 수단을 보유하고 있어야 한다고 언급하고 있다. 그는 선진 자본주의 국가들(주로 미국, 영국, 프랑스, 일본, 서독, 캐나다 등)이 해양 탐사에 많은 예산을 투입하고 과학연구 센터, 개별 회사들과 공장, 연구단체들이 서로 협조하고 있는 것에 대해 소련도 이에 대응해야 한다고 주장했다.[42] 오늘날 에너지 자원을 확보하기 위해 선진국들과 개발도상국들이 해양에 매장되어 있는 자원에 집중하는 것은 고르시코프가 예상한 시나리오라고 평가할 수 있다.

41) 위의 책, p. 45.

42) 위의 책, p. 48.

③ 상선대와 어선단

고르시코프는 해양 수송을 담당하는 상선대와 어선단을 경제 · 군사적으로 중요시했다. 그는 향후 세계의 경제가 활성화되고 국가들 간의 무역량이 증가되면서 상선대의 역할이 증가하게 될 것이라고 주장했다. 그러므로 자국의 생산물을 자유자재로 수송하고 타국의 물품과 자원을 구입하기 위하여 충분한 상선대를 보유하고 있어야 한다는 것이다. 또한 그는 전시 상선의 군사적 사용 전환을 고려하여 조선시설과 상선의 성능 발전을 도모해야 한다고 강조하면서 적극적인 상선대 개발을 독촉했다. 따라서 고르시코프는 상선대를 전 · 평시에 있어서 가장 중요한 역할을 하는 국가 해양력의 보편적인 구성요소라고 주장했다.[43]

또한 고르시코프는 세계 각국들이 해양 수송의 경제성을 제고하기 위하여 상선대의 엔진 성능을 개선하고, 선박의 형태를 개조하고 있는 상황을 군사적인 측면과 연계하여 분석했다.[44] 한편 그는 미래 해양 생물자원의 안정적인 확보를 위하여 원양어선단을 강조하고 있다. 어선단 역시 전시에는 연안전투와 방어 작전에 효과적으로 운용할 수 있음을 설명하면서 미래 소련 국민의 자급자족과 전시 군사적 활용을 위해 어선단을 강조했다.

43) 위의 책, p. 69.

44) 위의 책, p. 87.

④ 해양법

고르시코프는 미국의 세계 해양력 확대를 견제하는 차원에서 국제해양법을 거론했다. 1980년대 각 국가들이 자국의 정치적 목적을 달성하기 위하여 함대세력을 모기지로부터 멀리 떨어져 있는 원해에 배치하고, 상선대와 어선대의 급격한 증가로 인해 통항의 자유에 대한 기회가 증대됨을 고려하여 해양법의 기준 설정에 대해 언급하고 있다. 특히 미국을 비롯한 유럽 국가들의 압박전략과 공해상에서의 탐사 등을 고려하여 해양법의 제정을 촉구했다.[45] 고르시코프는 영해의 경우 강대국들이 연안 기국의 영해 사용 폭을 축소하도록 유도하여 많은 해양을 사용하고자 하는 경향이 있으며, 연안국들은 그들의 영해 내의 주권을 강화하고자 하기 때문에 갈등이 일어난다고 주장하고, 대륙붕의 경우 에너지, 광물 등 자원의 소유권과 탐사 등에 대한 이견으로 인해 관련 국가들이 해양을 둘러싸고 갈등을 일으켜 국제해양법적 마찰을 야기시키고 있다고 주장했다.

⑤ 해군력

고르시코프는 국가의 경제적 발전을 보호하기 위하여 해군력을 반드시 구비하고 있어야 하는 해양력의 구성요소로 보고 있다. 역사적으로 강대국은 강력한 해군력을 유지하였고 해군력을 상실한 국

45) 위의 책, p. 106.

가는 강대국의 반열에 들어올 수 없었다.[46] 고르시코프는 역사적으로 해양지향적인 국가가 강대국이 된 것은 우연이 아니라 필연적인 것으로 해군력이 국가의 경제와 안보에 중대한 역할을 했기 때문이라고 강조했다. 따라서 강대국이 되기 위해서는 강력한 해군을 건설하고 유지해야 한다고 주장하고 있다. 이를 위해 해군력을 세부적으로 제시하고 있는데, 해군력은 함정과 항공기, 기타 세력, 지휘 · 통제 기구, 각종 물자 공급 체계와 기지, 함정 연구기관과 시험 센터, 해군력과 관련된 정치적 리더십과 경제적 잠재력 등으로 구성되어 있다고 주장했다.[47] 또한 고르시코프는 장차 해군력이 정치 · 군사적 차원에서 더욱 중요하게 되고 전략적으로 가치가 높아지고 있다고 주장했다.

한편 고르시코프는 해군력을 국가의 경제발전과 안보의 수단으로 도구화하기 위해 해군력의 규모와 구성을 집중적으로 발전시켜야만 하고, 이를 전략적 · 작전적 · 전술적으로 연계하여 운용해야 한다고 했다.[48] 전략적 측면에서 현대전의 결정적 전쟁 목표를 달성하기 위하여 핵무장 함대 능력에 관심을 가져야 하며, 특히 함정의 수보다 함정에 탑재되어 있는 무기의 특성과 작전 · 전술적 특성에 중점을 두어야 한다고 주장했다.

이상과 같이 마한과 고르시코프가 주장하는 해양패권적 힘의 구성요소는 오늘날에 있어서도 강대국들에게 적용되고 있다. 마한이

46) 위의 책, p. 122.

47) 위의 책, p. 121.

48) 위의 책, p. 416.

유럽의 패권전쟁을 해양력 관점에서 연구하면서 도출한 해양력의 구성요소는 한 시대에만 적용되는 것이 아니라 인류 해양 역사를 통해 적용되어 온 것이라고 평가할 수 있다. 특히 국제정치학 입장에서 해양력이 전체적인 국제정치경제체제에 미친 영향을 강조한 내용은 지금도 큰 변화 없이 적용되고 있다.

고르시코프가 마한이 설정한 해양패권에 대해 비판을 하면서도 소련의 해양패권을 독려하고 있는 점은 상당히 아이러니컬하다. 비록 고르시코프가 마한이 주장하고 있는 해양패권에 대해 비난을 하고 있지만, 그 역시 소련이 미국의 해양력에 대응하고 공산주의 국가가 해양패권을 획득하기 위하여 마한이 설정한 해양력의 구성요소를 재차 강조하고 있다. 다만 고르시코프는 마한이 활동한 근대시대의 상황과 달리 20세기 해양환경을 고려하여 해양법과 과학기술을 추가로 강조하고 있다. 21세기에 들어와서도 대부분의 국제정치학자와 해양전략가 그리고 해군장교들은 마한과 고르시코프의 해양력 요소를 기준으로 국가정책과 국제관계를 연구하고 있다.

물론 일부 학자와 전략가들이 마한이 제시한 식민지 유형의 해외기지와 같은 근대적 힘의 확장 분야에 대해 비난을 하고, 하드 파워가 아닌 소프트 파워에 집중해야 한다고 주장하고 있지만 전체적으로 해양패권 경쟁에 있어 힘의 요소는 마한이 제시한 해양력의 요소로 환원되고 있다. 지금까지 살펴본 마한과 고르시코프의 해양패권적 힘의 요소들을 오간스키와 라고스가 제시한 힘의 요소와 비교 정리하면 〈표 1-3〉과 같다.

〈표 1-3〉 패권적 힘과 해양패권적 힘의 요소

구분	힘의 요소	특징
오간스키	영토, 인구, 경제적 부, 자원, 군사력, 국민성, 정부의 효율성	• 물리적 힘의 크기, 격차 중요 • 비물리적 힘 중요(의지)
라고스	경제력, 사회발전, 군사력, 방위비, 국방과학기술	• 경제와 군사력 중시 • 국방과학기술 중요
마한	영토, 지리자연적 위치, 인구, 무역과 해운업, 국민성, 정부의 성격	• 경제, 안보, 군사적 측면에서 해양패권적 힘의 요소 제시
고르시코프	해상교통로, 해양자원, 해군력, 상선대와 어선군, 해양법, 과학기술	• 패권국에 대한 견제와 도전 차원에서 해양력 요소 제시

지금까지 패권의 정의, 패권적 힘의 요소 그리고 해양패권과 힘의 요소에 대해 알아보았다. 해양패권은 패권의 일부로서 해양이라는 특수한 환경에서 지배국이 국가이익을 위하여 도전국과 기타 국가에 대해 영향력을 미칠 수 있는 힘을 가지는 것이다. 해양패권의 힘의 요소들은 〈표 1-3〉에서 보는 바와 같이 국가 패권의 요소들과 전체적 의미에서 동일하다. 다만 해양이라는 환경에서 패권을 다투는 힘의 종류와 방향이 다를 뿐이다. 그러므로 마한과 고르시코프가 제시하고 있는 해양력의 요소는 오늘날 해양패권 경쟁에도 적용 가능한 요소들이다. 다만, 시대적 상황과 국제정치경제 여건을 고려하여 현재와 미래 해양패권 경쟁의 중요한 힘의 요소를 도출하여 적용할 필요가 있다.

마한과 고르시코프의 해양력 요소를 기준으로 동아시아 해역에서 미국과 중국의 해양패권 경쟁을 분석할 수 있는 해양패권적 힘의 요소로는 미 · 중 국방비와 해군력 격차, 국가의 의지와 국민성, 해양정책 등이 포함되어 있는 해양전략, 국가의 산업에 필수적인 에너지 확보와 에너지 해상교통로 그리고 각 해역별로 문제시되고 있는 도서 영토주권과 배타적 경제수역 및 대륙붕 관할권 등이 있다. 특히, 도서 영토주권과 해양관할권 문제는 해양패권 경쟁에 있어 국가의 이미지 형성과 해양정책에 깊은 관계가 있다.

다음으로 해양패권 경쟁을 분석하기 위해서는 패권적 힘의 요소들이 어떻게 작용되고 어떠한 규칙에 의해 패권 경쟁이 이루어지는지에 대해 살펴보아야 한다. 여러 국제정치학자들이 전쟁의 원인을 밝혀내기 위하여 패권적 차원에서 경험주의적 이론들을 제시했다. 해양패권 경쟁도 패권 경쟁의 일환이므로 패권 관련 국제정치이론과 관련이 깊다. 따라서 미·중 해양패권 경쟁을 연구하기 위한 기본적 토대를 제시할 수 있는 국제관계이론을 살펴보기로 한다.

세력전이이론 고찰

1. 세력균형이론에 대한 문제점

세력균형이론은 1648년 웨스트팔리아 조약 이후 근대 민족국가가 국제정치의 주된 행위자가 되면서 제1, 2차 세계대전까지 다극적 세력균형과 제2차 세계대전 이후 미 · 소 양국 간 패권구도가 형성되어 세력균형이 이루어지기까지 가장 많이 적용된 국제관계 이론이다. 왈츠(Kenneth N. Waltz)는 국제정치에 대한 명백한 정치이론은 세력균형이론이라고 주장한 바 있다.[49)]

세력균형이론은 '국가'가 국제체제를 이루는 행위의 주체자 역할을 하며, 합리적인 행위자로서 국가의 이익과 국력 신장을 추구한다. 따라서 각 국가들은 자국에 유리한 국제질서를 추구하고자 힘을 키

49) Kenneth N. Waltz, *Theory of International Politics* (Reading Mass: Addison-Weslesy, 1979), p. 117.

우는데 각국의 힘이 균등하게 이루어질 때 안정적인 국제질서와 평화를 유지할 수 있다는 것이다.[50)]

세력균형이론은 국제체계에서 압도적인 힘을 가진 국가의 출현을 방지하기 위한 국가들의 정책에 중점을 두고 있다. 또한 강대국들 중 침략적이며 팽창적인 전략과 힘을 지닌 국가가 나타날 경우 전쟁이 일어날 가능성이 크므로 전쟁을 방지하고 평화를 유지하려면 강대국 간 힘의 격차가 크지 않아야 한다는 것이 세력균형의 이론적 핵심이다. 하지만 냉전 시 소련과 미국은 자신들에게 유리한 국제질서를 획득하기 위하여 제3의 지역에서 대리전쟁을 치렀으며, 외교 · 군사적으로 분쟁을 일으키곤 했다. 소련이 붕괴하면서 미국과 강대국들과의 힘의 격차가 커졌으나 국제질서는 미국이 요구하는 방향으로만 진행된 것이 아니었고, 오히려 중국이 빠른 속도로 힘을 증강하면서 미국 주도의 국제질서에 공격적인 도전을 시도하고 있다.

한스 모겐소(Hans J. Morgenthau)는 국가들은 자국에게 유리한 힘의 배분상태를 그대로 유지하거나 현존의 불리한 상태를 자국에게 유리한 상태로 돌리기 위해 힘을 집중시키게 되므로 각국의 힘들은 자연적으로 균형(equilibrium)을 이루어 질서를 안정시키는 균형을 이룬다고 주장했다. 여기서 균형이란 자율적으로 작용하는 여러 가지 힘으로 이루어지는 체제의 안정된 상태를 말하는데, 만약 한 요소가 지나치게 강하면 전체 균형을 깰 가능성이 있으므로 이를 억제하고 취약한 요소가 있으면 이를 보강시킨다는 것이다.[51)]

---

50) 김우상, 『신한국 책략 II』(서울: 나남, 2007), pp. 224-225.

51) 이상우, 『국제관계이론: 국가 간의 갈등원인과 질서 유지』(서울: 박영사, 1999), pp. 223-224.

모겐소의 세력균형이론은 국가이익과 힘에 대해 다소 추상적인 개념으로 한정되어 있으며 힘의 자율적 조정 가능성을 전제로 하고 있어 경험적 이론의 한계를 갖고 있다. 세력균형이론은 근본적으로 2가지를 정당화한 상태에서 그 이론을 펼치고 있다. 첫째, 세력균형을 이룬 강대국들은 어느 한쪽이 구축해 놓은 국제정치경제질서에 동의하고 만족해야 평화가 이루어진다는 것이다. 둘째, 그 힘의 격차가 없고 우세하지 않는 상태, 즉 균형을 이룬 상태가 되어야 전쟁이 일어나지 않는다. 그러나 모겐소가 주장하는 것처럼 현실세계에서는 세력균형이 완벽하게 이루어진 적이 없다.

모든 만물이 일정한 상태에서 변화를 동반하지 않은 채 정지하고 있을 수 없듯이 국가의 힘은 항시 변화 속에 있기 때문에 힘의 균형은 늘 깨어지게 마련이다. 따라서 힘이 균형에 이른 후에 그 힘의 균형에 변화가 생기면서 전쟁이 일어날 확률이 크다. 국제정치경제질서는 국가의 발전 속도와 규모에 따라 수시로 변화하게 되어 있어, 각국은 자국에게 유리한 국제정치경제질서를 선호하게 되고, 이에 필요한 동맹국가를 모색하게 된다. 세력균형이론은 전반적으로 강대국들 간 세력경쟁의 모습을 큰 틀에서 조명한 것으로 강대국들이 자국의 이익을 중심으로 세력균형을 파악한다는 점이 문제를 야기할 수 있다.

2. 세력전이이론 고찰

(1) 오간스키의 세력전이이론

많은 학자들과 국제관계 전문가들은 국제체제에서 세력전이를 불가피한 현상으로 인식하고 있다(Kaplan, 2005; Mearsheimer, 2005; Kugler, 2006).[52] 오간스키(A.F.K. Organski)가 세력전이이론을 연구한 것은 강대국들 간 전쟁의 원인을 밝히기 위함이었으며, 동시에 미래 전쟁의 발발이 힘의 전이단계에서 어떤 국가에 의해 일어나는가를 예측하기 위함이었다. 오간스키는 세력전이이론에서 주로 국제 위계질서의 최고 위치에 있는 지배국(Dominant Nation)과 그 밑에 위치하고 있는 강대국(Great Nation)[53]과의 패권적 도전과 억지에 대해 분석하고 있다. 물론 지배국과 강대국을 제외한 중급 국가와 약소국에 대해서도 분석하고 있지만 전체적으로 국제질서에 대한 도전과 억지에 대해 지배국과 강대국의 입장에서 연구했다.

오간스키는 먼저 세력전이이론의 중심개념인 국제적 위계질서에 대해 언급하고 있는데, 국제적 위계질서는 국가 내부의 힘을 기준으로 국가 간 상대적 힘의 차이에서 기인한다는 것을 설명하고 있다. 국제적 위계질서에서 현 국제질서에 만족하는 국가와 불만족하고

52) 손혜현, "지역패권국과 지역통합: 브라질과 중미-카리브지역 에너지통합을 중심으로", 『중남미연구』 제29권 1호, 2011년 8월, p. 310.

53) 지배국은 위계적 국제구조에서 국제질서를 지배하고 있는 국가로 국제질서에서 가장 많은 이익을 추구하고, 동맹국과 우방국에게 이익을 보장하는 역할을 수행한다. 강대국군은 지배국의 아래에 위치한 국가군으로 지배국이 국제질서를 유지하기 위해 협조를 필요로 하는 국가들이다. Organski, *World Politics* (New York: Alfred A. Knopf, Inc., 1968), pp. 364-366.

있는 국가 간에 국제적 위계 위치에 대해 마찰이 발생하고, 특히 지배국과 강대국 간 힘의 차이가 좁혀짐으로써 강대국들이 지배국이 설정한 국제질서에 도전을 하게 된다는 것이다. 오간스키는 지배국이 설정해 놓은 국제질서에 도전할 수 있는 국가는 국력이 급속히 성장하는 모든 국가가 아니라 기본적으로 인구 규모와 영토의 크기가 강대국이 될 수 있는 국가라고 주장하고 있다.

오간스키는 세력전이이론에 의해 전쟁이 발발할 가능성과 관련하여 어느 국가에 의해 전쟁이 언제 이루어지는가에 대해 설명하고 있다. 그는 국제질서를 구성하고 있는 모든 국가들은 항상 고정된 국제질서에 순응하며 지내는 것이 아니라 국가가 보유하고 있는 힘의 상대적 차이의 변화를 기준으로 국제질서에서 자신의 위치를 변화시키고, 크게는 설정된 국제질서를 변화시키려는 도전을 감행한다는 논리를 펼치고 있다. 그러므로 국제사회에는 각국의 힘의 차이에 의한 철저한 위계질서가 존재하며, 각국은 이러한 위계적 국제질서 속에서 자국의 국가이익을 최대화하기 위해 위계적 위치를 상승시키고자 노력한다는 것이다. 그러므로 오간스키의 세력전이이론은 왈츠가 주장하고 있는 세력균형이론 — 평화는 모든 국가의 힘이 격차 없이 동등한 수준의 균형점에 이르렀을 때 이루어진다는 — 논리와는 다른 입장을 표명하고 있다. 세력전이이론은 오히려 강대국 간의 힘의 격차가 좁아지거나, 없어질 때 전쟁의 가능성이 크다고 주장한다. 오간스키가 제시하고 있는 국가의 힘을 기준으로 한 불만족 국가와 만족국가의 국제 위계구조는 〈그림 1-2〉와 같다.

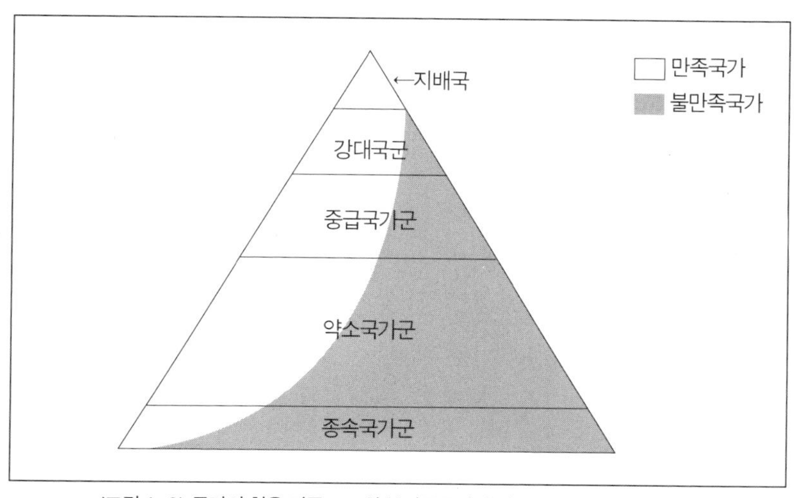

〈그림 1-2〉 국가의 힘을 기준으로 한 불만족국가와 만족국가의 국제 위계구조

출처: A.F.K. Organski, *World Politics*, p. 369.

위계적 국제구조에서 보는 바와 같이 오간스키는 지배국과 강대국, 중급국, 약소국, 종속국으로 위계를 구분하고 있는데, 구체적으로 어떤 기준으로 분류를 하였는지에 대해서는 언급을 하지 않고 있다. 〈그림 1-2〉에서와 같이 국제질서의 위계구조는 첫째, 현 국제질서를 통제하고 있는 지배국, 둘째, 현 국제질서에 만족 또는 불만족하고 있는 강대국, 셋째, 현 국제질서에 만족 또는 불만족하고 있는 중급국가군, 넷째, 현 국제질서에 만족 또는 불만족하고 있는 약소국, 다섯째, 현 국제질서에 만족 또는 불만족하고 있는 종속국들로 구성되어 있다.[54]

현 국제질서에 불만족하고 있는 강대국들과 중급국가들은 국력의

54) A.F.K. Organski, *World Politics* (New York: Alfred A. Knopf, Inc., 1968), pp. 363-365.

성장을 통해 국제질서 내 자신의 위계질서를 새로이 설정하려는 움직임을 시도한다. 특히 강대국들은 지배국이 설정한 현 국제질서를 개선시킬 수 있는 힘이 있다고 판단하면 지배국에 도전하여 지배국과 마찰(troubles), 분쟁 더 나아가 전쟁을 일으키게 된다. 이 과정에서 지배국과 도전국 중심의 동맹 연대에 변화가 발생하며 국제질서의 전체적인 힘의 전이가 발생하게 되는 것이다. 강대국과 중급국가들의 힘의 증가는 더 많은 산업자원을 요구하게 되고, 자국의 산업발전에 장애가 되는 국제경제체제의 불합리성에 대하여 불만족도가 증대하게 되므로 이를 개선하고자 지배국에 대한 도전이 시작된다. 통상적으로 지배국에 비해 도전국의 도전은 지배국보다 힘이 동등하거나 우세할 때보다 조금 열세인 경우에 시작되었다.[55)]

오간스키는 세력전이이론을 크게 두 가지 측면에서 설명하고 있다. 첫째, 세력전이를 힘의 발전단계 차원에서 ① 잠재적 힘의 단계(the stage of potential power), ② 힘의 전환적 성장단계(the stage of transitional growth in power), ③ 힘의 성숙단계(the stage of power maturity)로 구분하여 세력전이의 차원에서 전쟁의 원인을 설명하고 있다.[56)] 둘째, 국제질서에 대한 도전은 단지 객관적 힘에 의해서만 일어나는 것이 아니라 현 국제질서체제에 불만족을 느끼는 국가에 의해 이루어지는 것이라고 주장하고 있다. 오간스키의 이론을 이 두 가지 측면에서 자세히 살펴본다.

오간스키가 3단계 힘의 발전단계에서 제일 먼저 가정하고 있는 것

55) *Ibid.,* pp. 371-372.

56) 이상우, 『국제관계이론: 국가 간의 갈등원인과 질서유지』, p. 235.

은 국가의 힘은 국내에서 발전하여 이를 기반으로 타 국가와의 상대적 힘의 차이에 의해 그 위계가 설정된다는 것이다. 따라서 오간스키는 위의 3단계 힘의 발전단계를 먼저 국가의 힘의 증가와 쇠퇴 차원에서 분석하고, 이를 기준으로 국제질서에 대한 도전과 기회로 적용하고 있다.

3단계 힘의 발전단계에서 첫 번째로 힘의 잠정적 단계를 보면 다음과 같다. 힘의 잠정적 단계는 국내적으로 산업화가 이루어지지 않은 단계로 주로 농업에 의존하고 있어 경제적 생산성이 저조하고, 기술수준이 낮은 단계로 국가 간 경제 상호의존도가 적은 단계이다. 정부의 상태는 중앙집권적이기보다 지방 중심적이고 정부의 효율성이 낮은 단계로서, 국력을 창출해내는 국가자원과 국민을 동원해내는 역량이 부족한 상태이다. 그리고 국민들이 국가정책에 대해 관심이 부족하고 참여 수준이 낮다. 이 단계에서는 거의 모든 국가들이 산업화 이전 단계이므로 국력의 차이는 경제보다 국가 내부의 정치적 리더십, 국민의 세금제도, 자원이 부유한 영토의 정복과 솜씨 있는 동맹전략, 군사적 전략과 전술의 우세에 달려 있었다. 이 시기는 역사적으로 18세기 영국의 산업화가 시작되는 시점에 해당된다.[57)]

잠정적 힘의 단계에서 각 국가들은 제각기 산업화의 속도를 갖고 있어 시간이 흐르면서 힘의 균등이 지속적으로 유지될 수 없게 된다. 국가들은 자국의 부(富)를 위하여 산업을 발전시키고, 정치 현대화를 통해 내부적 힘들의 변화를 모색하게 되어 총체적인 국가의 힘이 변

57) A.F.K. Organski, *World Politics*, pp. 340-341.

화하게 된다. 강대국이나 약소국 모두 항상 국가 내부의 힘이 변하고 있어 국제체계에서 국가의 힘도 상시 변하고 있다. 국제적 힘의 차이는 국가 내부 힘의 정태적인 요소가 증가하여 나타나는데, 국가와 국가의 상대적 힘의 차이에서 오는 것이다. 국가의 힘의 차이는 기본적으로 국가별로 나타나고 있는 산업화 증가 속도에 기인한다.[58] 따라서 국가별 힘의 변화 속도가 상이하고 인구 규모나 영토의 크기 등에서 차이가 발생하면서 각 국가들은 잠정적 힘의 단계에서 빠져나와 힘의 전환적 성장단계로 들어서게 되는 것이다.

우리가 머물고 있는 국제사회의 모든 국가들은 산업화가 진행되고 있는 시기, 즉 힘의 전환적 성장단계에 머물고 있는 단계이다. 산업화 증가 속도가 아주 빠른 국가는 산업화 성숙단계에 이른 국가에게 도전을 할 수 있는 강대국이 될 수 있다. 따라서 오간스키가 정의한 국제 위계질서의 체계에 있는 지배국과 강대국들의 관계는 변화의 체계 속에 존재하고 있는 것이다. 이는 패권국이 패권을 유지하기 위해 도전국에게 방어적 또는 공격적 전략을 구사하는 것과 깊이 연계되어 있다.[59]

한편 힘의 전환적 성장단계는 세력균형이론과 큰 차이가 있는 단계로서 오간스키가 주장하는 힘의 전이이론에 해당되는 단계이다. 이 단계는 각국이 국제질서체계에서 자국의 위계적 위치를 높이기

58) *Ibid.*, p. 342.

59) 킨들버거는 패권국은 항상 패권국의 위치를 받칠 수 있는 경제적 힘의 상태를 지속적으로 유지할 수는 없으며, 도전국에 대해 공격적으로 정책을 펼치는 시기에서 오히려 방어적으로 경제정책을 취하게 된다고 주장하고 있다. 즉 패권국은 경제적 힘이 정점에 오르면 자국에게 유리한 경제질서를 유지하기 위한 현상유지정책을 밀고 나가면서 도전국들의 반대를 최소화한다고 설명하고 있다. Charles P. Kindleberger, *Power and Money*, pp. 56-57.

위한 노력을 경주하며, 국가이익을 좀 더 많이 차지하고자 타국에 대한 영향력을 증대해 나간다. 오간스키는 중국이 미래 동아시아에서 지역패권을 시도할 것이라고 주장한 바 있다.[60)]

이 단계의 특징은 산업화 발전 속도가 증가하고 있는 단계로 후발 산업화 국가가 선진 산업화 국가를 추격하는 단계이다. 이 단계에서는 먼저 국가 내부에서 정치제도의 변화가 일어나며 중앙정부의 통제력이 증가하고, 농촌에서 도시로 인구가 이동하며 국가총생산(GNP)이 급격하게 증가한다. 또한 민족주의가 강화되어 국민들의 국가정책에 대한 관심과 애국심이 높아지고, 과학과 교육의 발전이 전개된다. 무엇보다도 중요한 것은 경제력이 증가하면서 자원의 수요가 커지고 위계적 위치의 상승을 기대하게 되므로 대외팽창정책을 추진하게 된다는 것이다.[61)]

마지막 단계로 힘의 성숙단계이다. 산업화가 발전을 거듭하여 이 단계에 오면 거의 모든 국가들이 산업화의 정점에 도달하여 산업발전이 국제질서에 미치는 영향이 크지 않은 상태에 이른다. 왜냐하면 산업화의 발전에 따른 국제적 위계질서 자체가 큰 의미가 없게 되어 상호 영향력이 크지 않게 되기 때문이다. 이 단계에서는 경제발전 속도가 완만하고 상호 간 경제의존도가 높아 국가 간 영향력이 작아진다. 또한 국가정책에 대한 국민의 뜨거운 관심과 열정이 적어진다. 이 단계는 먼 미래의 이야기이며, 국력의 차이는 1단계의 상태와 비

---

60) A.F.K. Organski, *World Politics*, p. 372.

61) *Ibid.*, pp. 341-351.

슷한 세력균형의 단계가 된다.[62)]

오간스키는 국제질서의 위계구조와 힘의 발전단계를 통하여 평화의 조건과 전쟁의 가능성에 대해 언급하고 있다. 국제사회가 평화를 유지하려면 지배국과 강대국 간 힘의 격차가 있어야 하며, 지배국이 강대국을 비롯한 다른 국가와 동맹 또는 우호적인 관계를 맺어 도전국인 강대국과의 힘의 격차를 넓혀야 한다는 것이다. 이를 바꿔 말하면 도전하는 강대국의 힘이 현 국제질서를 지배하고 있는 지배국 힘과 그 격차가 현저히 좁혀지거나 동등 또는 우세로 전환될 때 그리고 지배국과 동맹 또는 우호적인 관계를 맺고 있는 국가들이 도전국에게 우호적인 관계로 돌아서서 지배국의 힘이 약화될 때 힘이 증가한 강대국은 지배국이 유지하고 있는 국제질서체제를 전환시키기 위하여 도전을 감행한다는 것이다. 이렇게 되면 지역 또는 전 세계를 무대로 지배국과 도전국(강대국)이 패권 경쟁을 본격화한다는 것이다.

오간스키와 쿠글러는 세력전이이론에 대한 경험적 분석에서 지배국과 도전국 간 힘의 격차가 줄어들고, 전이가 발생할 때 전쟁이 많았다는 것을 밝혀냈다. 이들이 연구 분석한 전쟁은 패권을 다투는 규모의 전쟁이다. 지배국과 도전국 간 힘의 격차와 전이에 따른 전쟁 발생 연구결과는 〈표 1-4〉와 같다. 표에서 보다시피 지배국의 힘이 도전국의 힘보다 우세하고 그 격차가 커서 세력전이가 일어나지 않는 경우에는 패권전쟁이 발생하지 않았다. 그리고 지배국과 도전국의 힘이 동등한 수준이나 세력전이가 없는 상태에서도 전쟁은 일어

62) *Ibid.*, pp. 343-344.

〈표 1-4〉 지배국과 도전국의 힘의 격차와 전이에 따른 전쟁 발생 비율

구분	지배국의 힘이 도전국의 힘보다 우세, 격차 발생	지배국과 도전국의 힘이 동등한 수준, 세력 전이가 없음	지배국과 도전국의 힘이 동등하며, 세력 전이가 있음
전쟁 없음	4(100%)	6(100%)	5(50%)
전쟁 있음	0(0%)	0(0%)	5(50%)

출처: A.F.K. Organski & Jacek Kugler, *The War Ledger* (Chicago: University Chicago Press, 1980), p. 52.

나지 않았다고 분석하고 있다. 그러나 지배국과 도전국의 힘이 동등하며, 세력전이가 있는 경우에는 전쟁이 없는 경우와 전쟁이 있는 경우가 각각 50%가 된다. 따라서 세력전이가 있는 경우에 전쟁이 일어날 확률이 증가한다는 것을 제시하고 있다.

종합적으로 오간스키의 세력전이이론은 지배국과 강대국의 국제정치경제질서에 대한 도전과 억지에 관한 국제정치이론으로 2차 세계대전 이후 국제질서를 체계적으로 분석하는 데 있어 현실적인 분석의 틀을 제공하였다. 특히 최근 중국이 급격히 성장하는 경제발전으로 전 세계의 경제에 큰 영향력을 갖게 된 시점에서 지배국과 이에 도전하는 강대국의 힘의 격차에 중점을 둔 세력전이이론은 미국과 중국의 패권을 분석하는 이론으로서 기본 틀을 제시하고 있다.

지배국과 도전국의 힘의 격차와 전이에 대한 전쟁발생 분석을 보면 신흥강대국인 중국은 미국에 대해 전쟁을 일으킬 가능성이 있다. 많은 중국 분석가들은 최근의 미 · 중 간 분쟁을 통해 세력전이가 진행되고 있음을 주시하고 있다. 향후 미 · 중 간의 세력전이는 계속 진행될 것이라는 것은 2009년 5월 11일 헨리 키신저가 마카오 종합과

학위원회에서 언급한 바 있다.[63] 따라서 미 · 중 간 힘의 격차와 세력 전이의 진행 양상을 볼 때 오간스키의 세력전이이론은 미 · 중 해양 패권 경쟁을 연구하는 데 있어 가장 적합한 이론적 틀을 제시하고 있다고 평가된다. 그러나 오간스키의 세력전이이론은 전체적인 힘의 전이 측면에서 분석하고 있기 때문에 세부적인 힘의 전이체계를 제시하는데 어느 정도 제한점을 갖고 있다. 이를 보완할 수 있는 이론이 쿠글러와 제이거의 세력전이와 억지의 역동성 이론이다.

(2) 쿠글러와 제이거의 세력전이와 억지의 역동성

쿠글러(J. Kugler)와 제이거(F. Zagare)는 오간스키의 세력전이이론을 좀 더 세부적으로 분석하여 5단계의 세력전이 단계를 제시하고 있다. 쿠글러와 제이거는 세력전이 영향이 지배국과 도전국에게 어떻게 나타나고, 억지와 전쟁으로 이르는지에 대해 세부적으로 제시했다. 쿠글러와 제이거의 세력전이와 억지의 역동성에 대한 기본 틀은 〈그림 1-3〉과 같다.

쿠글러와 제이거의 세력전이와 억지이론은 지배국과 이에 도전하는 강대국 간 쌍방의 분쟁과 전쟁의 가능성에 대해 언급하고 있다. 제1단계는 현재 국제질서를 통제하고 있는 지배국의 힘이 도전국에 비해 월등히 강하여 그 격차가 큰 상태이다. 1단계에서는 도전국이

63) Edward Friedman, Power Transition Theory-A Challenge to the Peaceful Rise of World Power China, *China's Rise-Threat or Opportunity?*, p. 11.

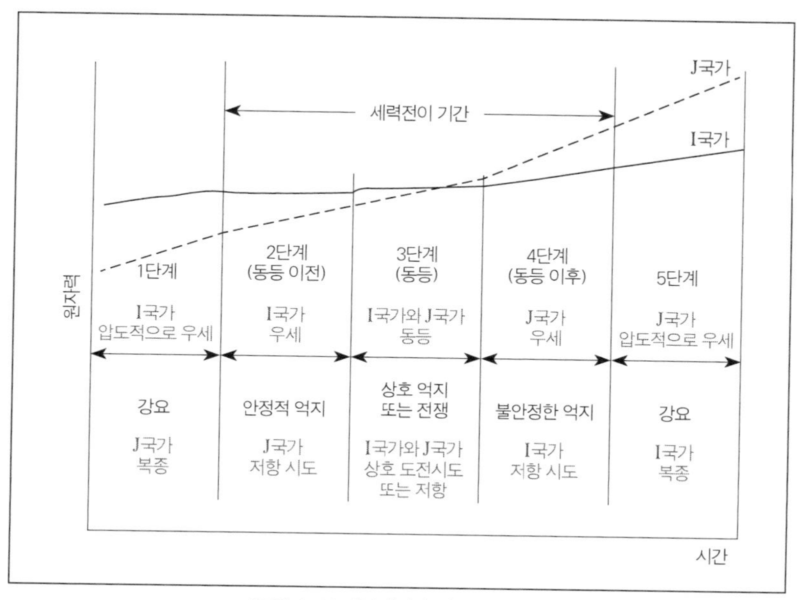

〈그림 1-3〉 세력전이와 억지의 역동성

출처: Jacek Kugler & A.F.K. Organski, "The Power Transition: A Retrospective and Prospective Evaluation", p.187.

지배국의 국제질서에 도전하는 데 필요한 비용이 너무 크므로 도전하지 않는다. 그러나 도전국의 힘이 증가하고 지배국과 힘의 격차가 좁혀져 힘의 전이 상태가 시작되면 점차 도전의 강도가 세어진다.[64] 2단계는 지배국과 도전국 간 힘의 격차가 발생하고는 있으나 지배국의 힘이 다소 우위에 있는 경우이다. 이 단계에서는 지배국이 힘의 격차를 이용하여 안정적으로 도전국의 도전을 억지할 수 있다. 한편 도전국은 전쟁을 일으키지는 않지만 지배국에게 저항을 하기 시작

64) 김우상 외 편역, 『국제관계론 강의』(서울: 도서출판 한울, 1997), p. 217.

한다. 오간스키는 도전국의 힘이 열세에 있는 상태에서도 지배국에 대해 도전을 시작할 수 있다고 주장했다. 3단계는 지배국과 도전국의 힘이 동등해지는 경우로서 지배국과 도전국이 자신에게 유리한 국제질서를 구축하기 위하여 상호 억지 또는 전쟁을 하는 경우이다. 둘 다 자국의 국가이익을 극대화하기 위하여 저항할 것이다. 4단계는 도전국의 힘이 지배국의 힘보다 우세해진 경우로서 지배국은 불안정한 억지를 통해 국제질서를 유지할 수밖에 없다. 이 단계에서 도전국은 자국에 유리한 국제질서 구축을 위하여 지배국에 대해 전쟁을 통한 도전을 할 가능성이 많고 강력한 저항을 하게 될 것이다. 5단계는 최초의 1단계와 같은 현상인데 지배국과 도전국의 힘의 위치가 완전히 뒤바뀌어 도전국의 힘이 지배국의 힘을 능가하여 지배국이 자신이 설정한 국제질서를 포기하고 도전국이 새로 설정한 국제질서에 복종하는 단계를 말한다.[65]

쿠글러와 제이거의 5단계 세력전이 억지이론은 오간스키가 제시한 세력전이이론을 한층 더 체계화한 것이다. 따라서 쿠글러와 제이거의 세력전이 5단계를 미 · 중 해양패권 경쟁을 분석하는 데 적용하여 미 · 중 간 세력전이 단계와 전쟁 가능성을 도출해 보고자 한다.

오간스키와 쿠글러 · 제이거의 세력전이이론은 해양패권 경쟁을 분석하는 데 매우 적합한 국제정치이론이다. 그 이유는 해양패권 경쟁의 특성과 합일되는 부분이 많기 때문이다. 첫째, 오간스키가 주장하고 있는 패권적 힘의 구성요소와 마한과 고르시코프가 제시하고

65) 위의 책, pp. 218-221.

있는 해양패권적 힘의 구성요소 특성이 일치되는 것이 많다. 둘째, 해양에서 힘의 격차가 발생하거나 또는 이를 추적하는 기간이 장시간 소요되는 것으로 그 힘의 변화에 따라 매우 민감한 반응들이 해양에서 발생되고 있기 때문이다. 셋째, 육지에서 패권 경쟁은 경쟁 유형과 강도(强度)가 단순한 반면 해양에서는 다양하고 점진적으로 전개되어 쿠글러와 제이거가 주장하고 있는 5단계 세력전이 억지이론이 적합하다는 것이다. 따라서 오간스키와 쿠글러 · 제이거가 주장하고 있는 세력전이이론을 미 · 중 해양패권 경쟁 연구의 기본이론으로 적용한다.

(3) 더글라스 렘키의 다중위계체제론

동아시아 해역을 기준으로 미 · 중 해양패권 경쟁을 분석하는 데는 오간스키와 쿠글러 · 제이거의 이론뿐만 아니라 더글라스 렘키(Duglas Remke)의 다중위계체제론이 필요하다. 렘키는 오간스키와 쿠글러의 지배국과 강대국들 간의 국제정치경제질서 경쟁에서 탈피하여 지역위계질서를 중심으로한 세력전이이론을 주장했다.

그는 국제적인 국력원뿔(the entire international power cone)에서 최고 정상에 위치하고 있는 지배국은 세계를 지배하는 패권국가이며, 국제원뿔에는 지역위계체제(local hierarchies)들이 존재하고 있는데 그 지역위계체제 정상에 있는 국가가 지역패권국이 된다고 설명하고 있다. 그리고 각각의 지역위계체계에는 국력에 의한 지배와 복종의 관계가 존재한다는 점에서 국제적 위계체제의 축소판이라고 할 수 있다.[66] 각각의 지역위계체제에는 지배국과 도전국이 있다. 지역위계체제에서 도전국은 지배국의 정치 · 경제 · 안보체제에 불만족을 느끼고, 이를 해결하기 위한 힘이 있다고 인식하게 되면 지역패권을 두고 전쟁을 벌일 수 있다.[67] 이러한 다중위계체제론에서 지역위계체제를 구성하는 기준으로는 문화적 유사성, 교역패턴, 국제기구에의 공동참가 여부, 동맹유형, 인구의 유사성 등이 사용되고 있다.[68]

이러한 렘키의 새로운 이론은 오간스키가 주장하고 있는 세력전이이론에서 간과하고 있는 지역패권에 대해 새롭게 세력전이이론을 펼치고 있는 것이다. 렘키가 국제적 체제에서 벗어나 지역체제 위주로 여러 분쟁과 전쟁의 원인을 밝히려고 한 것은 지역패권을 연구하는데 매우 귀중한 자료가 되고 있다.

렘키가 주장하고 있는 다중위계체제론은 동아시아 해역을 기준으로 미 · 중 해양패권을 세력전이 측면에서 연구하는 데 있어 매우 적절한 이론적 틀을 제공한다. 왜냐하면 현재 동아시아 해역을 통제하고 있는 미국은 국제위계체제의 정점과 동아시아라는 지역에서 정점에 위치하고 있는 지배국인 반면에, 중국은 동아시아 해역에서 미국이 펼쳐 놓은 정치 · 경제 · 안보체제에 불만족하고 있는 도전국이

---

66) Duglas Remke, and William Reed. "Power is not Satisfaction: A Comment on de Soysa Oneal and Park." *Journal of Conflict Resolution,* 1998, 42(4): 511-516.

67) Duglas Remke, and Suzanne Werner. "Power Parity, Commitment to Change, and War." *International Studies Quarterly*, 1996, 40: 235-260.

68) Duglas Remke, and William Reed. "Regime Type and Status Quo Evaluations: Power Transition Theory and the Democratic Peace." *International Iteractions,* 1996, 22(2): 143-164.

기 때문이다.

따라서 오간스키의 세력전이이론을 중심으로 쿠글러 · 제이거의 세력전이와 억지의 역동성 이론, 그리고 램키의 다중위계체제론을 연구분석 기본이론으로 하여 동아시아에서 미 · 중 해양패권 경쟁을 분석해 본다. 상기 이론들을 토대로 미 · 중 해양력 세력전이를 분석할 요소로는 미 · 중 국방비와 해군력, 에너지와 해상교통로, 남중국해 · 동중국해 · 서해에서의 해양패권 경쟁 등이다.

제 2 장

미 · 중 해군력 및 해양전략 경쟁 분석

미 · 중 국방예산과 해군력 세력전이 분석

1. 미국과 중국의 국방예산 비율

2000년도에 들어서면서부터 중국의 군사비가 매우 빠른 속도로 증가하고 있다. 특히 중국은 해군력을 강화하는 데 많은 예산을 투입하고 있다. 중국이 해군력을 증강시키는 목표는 국제사회에서 자국의 위상에 부응하는 해양력을 갖추고자 하는 것이다. 특히 동아시아 해역에서 미국과 견줄 수 있는 통합 해상작전능력을 갖추는 데 있다. 또한 중국은 미국이 타이완 사태에 개입하고 있는 실정을 고려하고, 동아시아 해역에서 자신들의 도서 영토주권과 배타적 경제수역 관할권을 강화하기 위하여 해군력 증강에 지속적으로 예산을 투입하고 있다. 1988년부터 2009년까지 중국의 군사비 지출을 보면 〈그림

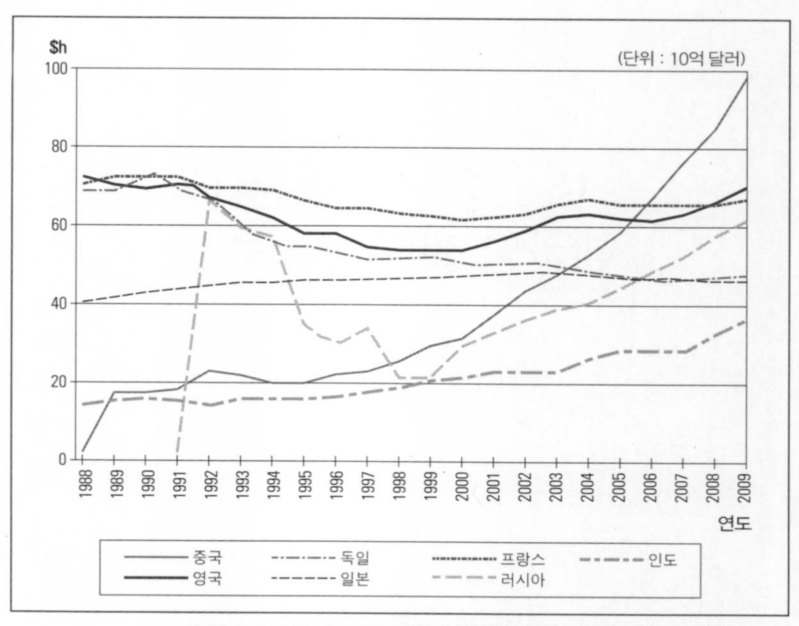

〈그림 2-1〉 주요국가의 군사비 지출 현황(1988-2009)

출처: Avery Goldstein & Edward D. mansfield, "Peace & Prosperity in East Asia when Fighting Ends", *Global Asia,* Vol. 6, No.2, Summer 2011, p.14.

2-1〉과 같이 유럽 선진국인 영국, 프랑스와 러시아, 일본 등 타 국가에 비해 매우 가파른 속도로 증가하고 있다.

미국과 중국의 국방비를 비교해 보는 것은 국방비의 격차를 통해 세력전이의 과정을 분석할 수 있기 때문이다. 국방비는 국가의 이익과 생존에 대해 예측되는 위협의 반향(repercussion)으로 국가 방위의 목표들을 성취하기 위한 군비지출 형태이며 국가의 의도된 행위(Intended Behavior)이다.[1] 따라서 한 국가가 국방비를 책정하는 것은 정

1) 이필중, "국방재원과 국방비", 『국방정책의 이론과 실제』(서울: 도서출판 오름, 2009), pp.

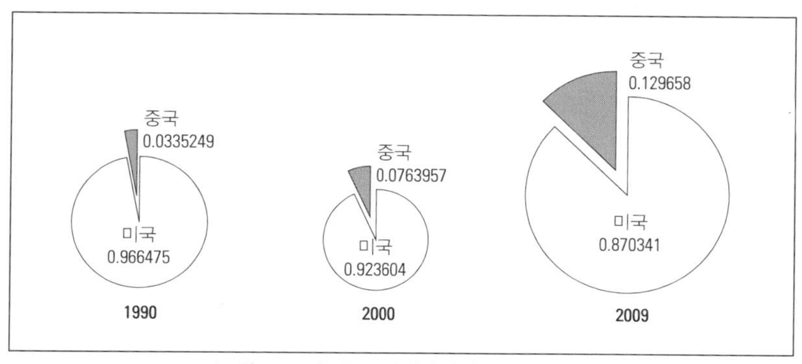

〈그림 2-2〉 미 · 중 국방예산 현황(1990-2009)

출처: http://blog.naver.com/jatty54/sipri, "후진타오의 중국, 어디로 가고 있나"(검색일: 2011. 5. 27).

부의 의지로 표현되는 국가안보전략과 경제의 크기에 기인한다.

〈그림 2-2〉에서 보는 바와 같이 1990년부터 2009년까지 미국과 중국의 국방비를 보면 그 격차가 점점 좁혀지고 있음을 볼 수 있다. 중국은 1990년대부터 동아시아 지역에서 강대국의 위상을 확립하고, 미국이 동아시아에 구축해 놓은 경제 · 군사 질서에 대해 변화를 모색하기 위해 점차 국방비를 확대하고 있다. 반면에 미국은 중국의 빠른 경제 성장에 의한 국방예산 증가에 대등한 비율의 예산을 투입하지 못하고 있어 중국과의 국방비 격차를 넓히지 못하고 있는 실정이다.

중국이 사회주의 정부임을 감안하면 미 · 중 국방비 격차는 더욱 좁혀질 것으로 분석된다. 중국의 군사력에 대한 객관적인 평가는 매우 어렵다. 중국 군사위협론을 주장하는 이들은 2010년 중국의 공식적인 군사비는 704억 달러이지만 기타 예산항목에 숨겨져 있는

434-435.

비공식 예산까지 합한다면 3배에 이른다고 본다. 이 점을 고려한다면 2009년 미 · 중 국방비 비율은 87 대 13이 아닌 60 대 40의 비율이 된다. 중국은 중요한 군사력 건설비를 국방비 항목이 아닌 과학기술비 예산 항목에 포함시키고 있으며, 중국 군인들의 해외연수 비용도 문화비에 포함하여 책정하고 있다.[2] 따라서 전반적으로 중국 정부가 발표하는 예산보다 훨씬 많은 국방 예산이 책정되고 있다고 평가된다.

미국의 부시 행정부가 1990년대에 중국을 전략적 경쟁자로 간주하고 동아시아에서 대중 봉쇄정책을 적극적으로 시행하자 중국은 이를 타파하기 위하여 해군력과 미사일 전력증강에 집중하게 됨에 따라 점차적으로 국방비를 확대해 나갔다. 이는 중국이 1990년대에 동아시아에 대한 지역 강대국으로의 입지를 강조하고, 2000년대에 첨단과학기술에 기반을 둔 중국군의 현대화 정책에 중점을 두고 있는 것과 긴밀히 연계되어 있다.

중국과 미국의 국방예산을 비교해 보면 아직까지는 중국이 미국과 대등한 수준으로 평가될 수 없다는 것을 알 수 있다. 그러나 우리가 간파해야 할 것은 중국의 공식적인 국방비는 실제보다 많이 축소되어 있다는 점이며, 미국이 전 세계의 국제질서를 유지하기 위하여 군사력을 운영하고 있는 반면에 중국은 동아시아에 집중하여 군사력을 증강시키고 있는 점을 볼 때 중국의 국방비가 미국에 월등히 떨어진다고 평가하는 것은 중국의 국방비를 과소평가하고 있는 것이

2) 한국전략문제연구소, 『동북아 전략균형』(서울: 한국전략연구문제소, 2010), pp. 169-170.

다. 동아시아 해역이라는 지역에 한정하여 미국과 중국이 국가의 힘을 얼마만큼 투입할 수 있는지에 대한 것을 예측한다면 중국의 국방비가 결코 미국의 국방비에 비해 현저히 떨어진다고 할 수 없다. 왜냐하면 미국은 이란, 이라크, 아프가니스탄, 전 세계 테러집단을 상대로 군사력을 운영하는 반면, 중국은 미국에 비해 동아시아 해역에 국가의 힘을 집중할 수 있기 때문이다.

2. 미국과 중국의 해군력 변화

(1) 미 · 중 해군 총 인력의 변화와 세력전이

패권적 힘의 요소들 중에서 인구는 상당히 중요한 위치를 차지하고 있다. 왜냐하면 인구는 군사력 건설 및 운영에 깊은 관계가 있고, 국가의 힘을 어느 방향으로 중점적으로 추진하고 있는지를 가늠해 볼 수 있기 때문이다. 본 연구의 이론적 기초를 제시하고 있는 오간스키는 세력전이에서 패권적 힘의 전이 요소들 중에 인구를 중시하고 있는데, 그 이유는 인구수는 물질적인 힘을 지탱하는 요소일 뿐만 아니라 비물질적인 힘, 즉 상대국가에 대한 영향력을 행사하는 기본적 요소로 보고 있기 때문이다. 코탐도 국가이미지론에서 잠재적 힘의 구성요소들 중 인구는 국가목표를 달성하는 요소로 인력규모와 교육훈련 등 인력의 질을 중시하고 있다.

근대 해양전략의 대가인 마한도 해양패권적 힘의 요소 중에서 인구를 언급하고 있다. 마한이 제시하는 인구는 해양력과 관련된 인구로서 국가 해양정책과 관련된 인구, 선박과 군함에 종사하는 인구, 유사시 동원 가능한 예비인력, 선박건조와 정비기술을 보유한 인구 등을 제시하고 있다. 본 연구에서는 미 · 중 해양력의 크기를 가늠하는 여러 요소 중에서 가장 근간이 되는 해군 인력을 비교한다.

해군인력은 미 · 중 해양력 세력전이 변화를 분석할 수 있는 원천적인 자료가 될 수 있다. 〈그림 2-3〉의 미 · 중 해군 총 인력은 수상함, 잠수함, 상륙함, 해군 항공, 정비 및 수리 지원, 보급 지원 등 해군에 관련된 대부분의 인력이 포함되어 있다. 미 · 중 해군 인력의 변화를 보면 먼저 1970년 미국의 해군 총 인력이 98만 명인데 비하여 중국은 14만 명으로 무려 7배의 차이가 나고 있다. 이는 1970년까지 중국 해군이 마오쩌둥의 인민해방전술 개념에 의한 연안방어전략에 치중하여 대형 함정보다는 잠수함과 소형 함정 위주의 수상함을 건

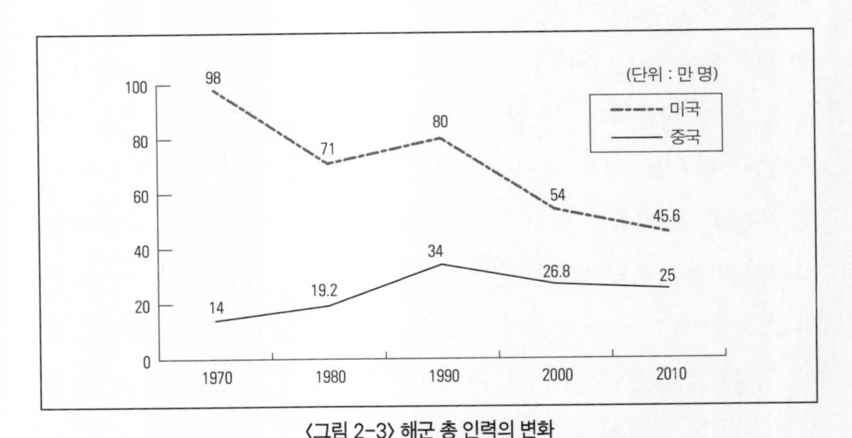

〈그림 2-3〉 해군 총 인력의 변화

출처: Jain's Fighting Ships(1970-2010)을 참조하여 구성.

조함에 따라 해군 인력이 증가하지 못하였기 때문이다. 반면에 미국은 소련과 냉전 상태에서 전 세계 대양을 통해 소련 공산주의 진영을 적극 봉쇄하는 전략을 펼쳤기 때문에 항공모함 척수가 늘고 대형 톤수의 전투함과 수송함들을 운영하였으므로 해군 인력이 최고도에 달했던 시기이다.

1980년도에 중국과 미국의 해군 인력 차이가 축소됨을 볼 수 있다. 중국은 1980년대에 와서 미국과 일본이 연합하여 중국을 압박하고, 소련도 중국에 위협의 대상이 됨을 인식하여 연안방어 위주의 함정으로는 본토 방위에 문제가 된다는 것을 인식하여 함정을 증강하기 시작함에 따라 해군 인력이 증가하였다. 반면에 미국은 베트남전에 의한 후유증으로 반전 여론이 등장하여 1970년대 유지하던 해군 인력을 축소하였다.

1990년대 미 · 중 해군 인력은 각국의 정부지도자와 국민의 여론 그리고 해양전략에 의해 변화를 가져왔다. 중국은 1980년 중반 이후 연안방어전략을 근해방어전략으로 수정하면서 수상함과 잠수함의 척수를 늘리고 크기를 대형화하였으며, 해군 항공전력을 증대하는 등 본격적인 해군력 증강을 꾀하여 인력이 1970년에 비해 3배 이상 증가했다. 반면에 미국 해군 인력은 1970년부터 감소추세를 유지하고 있다. 이후 중국은 급속도로 성장하는 경제발전에 힘을 얻고 중국 지도부의 해양중시 사상에 의하여 2010년 25만 명 수준의 인력을 유지하고 있다. 그러나 미국은 탈냉전 이후 항공모함과 순양함 등 많은 전투함과 지원함이 퇴역하면서 해군 인력이 감소하여 2010년 45만 여명의 수준을 유지하고 있다. 1970년부터 2010년까지 미국과 중국의 인력 변화는 〈그림 2-3〉에서 보는 바와 같이 미국이 98만 명에서 45.6만 명으로 감소하여 약 53%가 감소한 반면 중국은 14만 명에서 25만 명으로 증가하여 약 78%가 증가하였다. 지난 40년간 미·중 해군 인력 변화는 완만한 격차가 아니라 급속도로 그 격차가 좁혀지는 양상을 보이고 있다.

오간스키는 독일과 일본이 미국과 유럽 국가들보다 국가의 힘이 센 상태에서 전쟁을 일으키지 않았다는 것을 밝히고 있다. 오히려 세력전이의 도전은 강대국이 지배국보다 힘이 동등하지는 않으나, 힘의 증강 속도가 빠르고 인구나 영토의 크기가 비슷할 때 일어난다고 주장하고 있다.[3] 중국과 미국의 해군 인력 격차는 역사적으로 볼 때 급격하게 좁혀지는 양상을 보이고 있다. 따라서 미·중 해군 인력의 변화를 종합해 볼 때 분명히 세력전이가 상당히 진행되고 있음을 간파할 수 있다. 중국의 해군 인력규모는 동아시아 해역을 담당할 수 있는 인력규모이다. 반면에 미국 해군 인력규모는 전 세계를 무대로 하기 때문에 동아시아 해역에서 중국과 충돌 시 충분한 규모라고 볼 수 없다. 중국이 동아시아 해역에서 국가의 이미지를 제고하고, 해양에서 각종 마찰이 있을 때마다 공격적인 대응을 추진하는 힘은 해군 인력 증강과 매우 깊은 관계가 있다. 향후 중국 해군 인력은 항공모함 건조, 해군 항공전력의 증강 등으로 더욱 증가할 것인데 반해 미 해군 인력은 크게 변함이 없을 것으로 전망된다.

---

3) A.F.K. Organski, *World Politics*, pp. 356-360.

(2) 군사력 투사능력 변화

① 해병대 인력 변화

해병대 인력은 군사력을 투사하는 인력으로서 동아시아 지역 패권 경쟁과 관련이 있다. 미국과 중국이 동아시아 해상통제권을 두고 패권 경쟁을 벌이고 있는 현 시점에서 해병대 병력이 의미하는 바가 크다. 중국은 현재 남중국해에서 베트남, 말레이시아, 필리핀 등 6개 국가와 남사군도 및 서사군도의 영토주권 그리고 배타적 경제수역에 대한 관할권에 대해 분쟁을 하고 있다. 일본과는 센카쿠 열도에 대한 영토주권과 자원 탐사에 대해 심각한 분쟁을 하고 있다. 또한 한국과는 아직 표면적으로 직접적 해상충돌 상태까지는 이르지 않았지만 이어도와 서해 대륙붕 관할권 문제에 대해 갈등의 소지를 안고 있다. 이러한 동아시아 주변국과의 분쟁요소와 함께 중국은 미국이 동아시아에 구축해 놓은 해상통제권에 대해 매우 민감한 반응을 보이고 있다. 결국 중국은 국가의 자존심과 연결되어 있는 도서 영토 문제와 미국에 대한 해상통제권에 대한 도전을 위하여 동아시아 해역에 산재해 있는 도서에 대한 장악을 목표로 상륙군 증강을 중시하고 있다.

해병대는 군사력 투사와 직접적인 관계가 있다. 〈그림 2-4〉와 같이 중국은 1970년대 3,000여 명이었던 해병대 인력을 2010년 1만 명 수준으로 유지하고 있어 약 230% 증가시켰다. 반면에 미국은 1970년대 29만 3,000명이던 해병대 인력을 2010년 18만 3,000명을

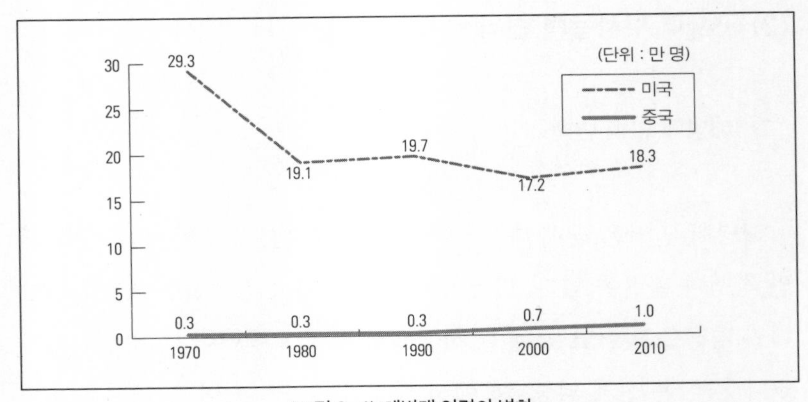

〈그림 2-4〉 해병대 인력의 변화

출처: Jain's Fighting Ships(1970-2010)을 참조하여 구성.

유지하여 약 38% 감소시켰다.

중국과 미국의 해병대 인력규모 차이가 많이 나지만 여기서 주시해야 할 것은 병력의 증가와 감소 추세이다. 중국은 이미 1990년 중반부터 동아시아 지역패권 전략을 추진하기 시작하여 중국의 영토주권과 국가이익에 위협을 가하는 세력에 대해 단호한 군사적 조치를 가하기 위한 신속대응군을 증강하였다. 이는 중국이 유사시 동아시아에서 영토분쟁을 안고 있는 도서에 대해 강습상륙작전을 감행하겠다는 뜻으로 풀이된다. 미국이 비록 중국보다 월등한 해병대 인력을 보유하고 있지만 중국처럼 본토를 가까이 두고 있지 않은 상황과 대양을 거쳐 상륙을 감행해야 하는 상황 그리고 상륙지점의 크기들이 매우 작다는 점을 볼 때 해병대의 인력이 크다고 유리한 것은 아니다. 또한 중국이 해병대의 인력을 대처할 수 있는 지상군 병력을 상륙지점과 가까운 곳에 두고 있다는 점도 유의해야 한다.

따라서 미 · 중 해병대 인력을 분석한 결과 이미 중국이 동아시아에서 군사력을 투사할 수 있는 병력을 갖추어 나가고 있고 미국과 그 힘의 격차를 좁히고 있다고 판단된다.

② 상륙함정 세력 변화

해병대 병력이 도서로 상륙하기 위해서는 반드시 상륙함정이 필요하다. 본토 육상에서 병력과 장비 및 무기체계가 도서로 들어가려면 이를 종합적으로 탑재하여 상륙목표 지점까지 이송시킬 수 있는 상륙함정과 상륙함정들을 엄호하는 전투함들이 있어야 한다. 따라서 상륙함정을 보유하지 않은 해병대는 절대적으로 전략적 기동을 할 수 없다. 중국은 이러한 점을 인식하여 남중국해, 동중국해, 서해의 해역에 적합한 상륙함정들을 증강시켜 나가고 있다.

〈그림 2-5〉와 같이 중국은 2000년대에 들어서면서 1,000톤급 이

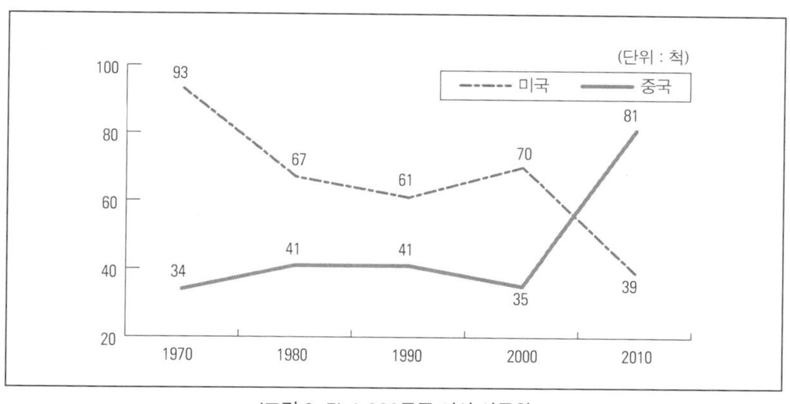

〈그림 2-5〉 1,000톤급 이상 상륙함

출처: Jain's Fighting Ships(1970-2010)을 참조하여 구성.

상 상륙함정들을 증강하고 있다.

1970년부터 2000년까지 30~40여 척이었던 상륙함정들이 2000년대에 들어서면서 매우 빠른 속도로 증가하여 2010년 81척을 보유하고 있다. 이는 거의 2배 이상 증가한 것으로 〈그림 2-5〉에서 나타나듯 해병대 인력이 2000년을 기점으로 빠르게 증가한 것과 관련이 있다. 이에 비해 미국은 탈냉전 이후 상륙함들이 감소하였으며, 특히 2000년부터 그 감소폭이 매우 큰 것을 알 수 있다.

물론 미국의 상륙함들은 보통 1만 톤을 넘는 반면 중국의 상륙함들은 이에 훨씬 미치지 못하는 크기이다. 그러나 미국의 상륙함정이 대형인 이유는 상륙군이 미 본토 또는 괌과 하와이 등지에서 대양을 가로질러 남중국해와 동중국해로 들어와야 하는 항해 제한점을 극복하기 위해서이다. 반면에 중국은 남사군도와 센카쿠 열도 등 주요 상륙목표지점이 본토로부터 400km 이내에 위치해 있기 때문에 미국과 같은 대형 상륙함보다 동아시아 해역 특성과 상륙 도서의 크기에 적합한 중소형 상륙함들을 증강시키고 있는 것이다. 중국의 상륙함정 총 톤수가 미국에게 훨씬 미치지 못하지만 동아시아 해역에서 활동 가능한 1,000톤급 이상 상륙함정 총 척수가 미국을 앞지르고 있는 것은 군사력 투사의 수단 측면에서 매우 의미 있는 내용이 될 수 있다.

1997년 덩샤오핑이 사망하자 장쩌민은 양적으로 큰 군대보다 작지만 강한 군대를 확충해 가는 데 주력하였다. 장쩌민은 중국 해군은 국가의 이익과 중국의 현실에 맞는 전력을 효과적으로 증강시켜 나가야 한다고 주장하였다.[4] 〈그림 2-6〉에서와 같이 군사력 투사에 필

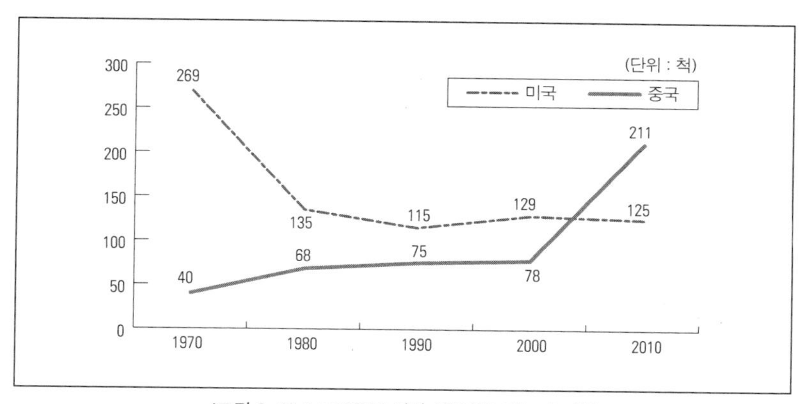

〈그림 2-6〉 1,000톤급 이상 상륙함/보급 · 수리함

출처: Jain's Fighting Ships(1970-2010)을 참조하여 구성.

수적인 보급함과 지원함을 포함한 전체 상륙 세력을 보더라도 미국과 중국의 1,000톤급 이상 함정 총 척수가 역전 현상을 이루고 있는 것을 알 수 있다. 미국의 보급함과 지원함 톤수는 보통 1만 톤 이상 되어 총 톤수 측면에서 중국의 보급 · 지원함의 톤수가 따라갈 수 없다. 그러나 이 또한 상륙함정과 같이 동아시아 해역에서 효율적으로 운영할 수 있는 해상기동과 상륙규모에 적합한 함정 크기임을 고려할 때 총 톤수의 의미보다 총 척수의 의미가 더욱 크다고 판단된다. 중국은 본토로부터 근해에 위치한 남사군도, 서사군도 그리고 센카쿠 열도에 대한 상륙작전에 적합한 보급함과 지원함을 증강하고 있다. 이는 미국에서 최근 연안작전능력 배양에 힘을 쏟고 있는 사실과 깊은 연관성이 있다.

4) 김정현, 『대륙국가의 해군력 증강』(서울: 한국학술정보(주), 2005), pp. 224-229.

(3) 1,000톤급 이상 전투함정

1,000톤급 이상 전투함정 — 구축함, 호위함, 순양함, 전함 — 들을 비교하는 것은 동아시아 해역에서 해상통제권을 행사하고 군사력을 투사하며, 상대국에 대한 해상작전의 범위를 정하는 데 결정적인 수단들이다. 여기서 전함은 과거 미국만 보유하고 있었던 함정이나 연도별 전투함 척수를 비교하기 위하여 포함시켰다. 해상통제권을 확보하기 위해서 잠수함, 항공기 등 타 전력이 필요하지만 그 주축은 전투 수상함이다. 전투 수상함에는 수상, 수중, 공중의 전력들을 입체적으로 통합하여 지휘 통제하는 수단을 갖추고 있기 때문에 해상통제권을 행사하는 주 세력은 수상 전투함정이 된다. 태평양과 인도양, 대서양 등 원해에서 제한전 또는 전면전을 치루기 위해서는 대형함들이 요구되나, 동아시아 해역과 같이 반폐쇄적인 특성을 갖춘 곳에서는 대형 함정도 중요하지만 실질적으로 전투임무를 수행할 수 있는 함정들이 더 효율적이다. 따라서 중국은 미국의 이지스 함정과 같은 대형 함정을 증강시키기도 하지만 대함, 대공, 대지 미사일로 무장한 고속의 구축함과 호위함들을 건조하고 있다. 단일의 한정적인 해역에서의 전투는 그 해역의 특성을 고려한 무기체계와 함정이 더 효율적이다. 따라서 동아시아 해역의 특성을 고려할 때 1,000톤급 이상 함정으로 미 · 중 수상 전투함정의 세력을 비교하는 것은 큰 무리가 없다.

〈그림 2-7〉에서와 같이 중국은 1970년대에 1,000톤급 이상 전투함이 15척 수준이었으나 미국은 중국의 보유 척수에 비해 약 18배나

많은 274척을 보유하고 있었다. 중국 해군은 쿠글러와 제이거의 세력전이 5단계 중 1단계(지배국에게 복종)인 약소국의 위치를 벗어나지 못하고 있었다. 그러나 미국이 소련과의 냉전을 종식하고 해군 함정 수를 대폭으로 감소하고 그 이후 경제적 어려움 등으로 함정 수를 지속적으로 감소하여 2010년 114척을 보유하게 된 반면 중국은 수세적인 연안 중심 방어전략에서 벗어나 공세적인 근해방어전략으로 전환하고, 경제성장과 에너지의 안정적인 확보를 고려하여 국격에 맞는 동아시아 해역의 해상통제권을 쟁취하고자 수상 전투함정들을 지속적으로 증강시켜 2010년 80척을 보유하고 있다. 중국의 전투함정 증가는 1970년 대비 5.5배의 수준을 보이는 것이고, 미국의 전투함정 감소율은 1970년 대비 2.4배이다.

따라서 중국 수상 전투함정들의 척수는 미 전투 수상함의 척수와의 격차를 확실히 좁혀가고 있으며, 동아시아 해역에서 미국과 해상

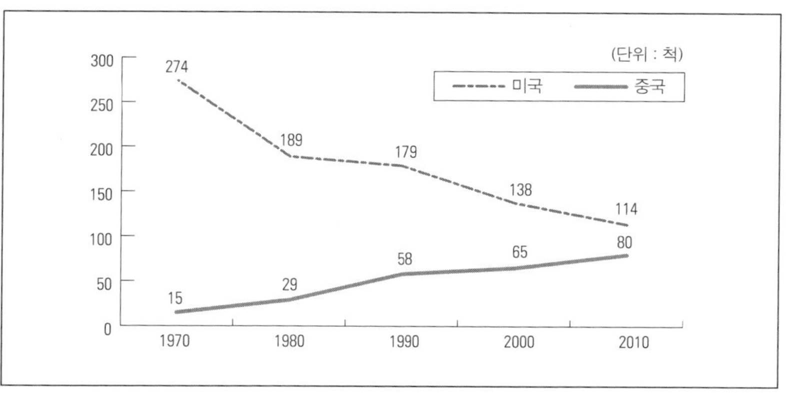

〈그림 2-7〉 1,000톤급 이상 구축함/호위함 /순양함 /전함

출처: Jain's Fighting Ships(1970-2010)을 참조하여 구성.

전 대결 시 결코 약세라고 할 수 없는 세력으로 증강했다.

미 해군이 미국의 국가이익과 안보를 위하여 태평양, 인도양, 아덴만, 대서양 등 세계 전 해역에서 임무를 수행해야 하는 반면에 중국은 유사시 동아시아 해역에서 미국과 해상통제권을 두고 국지전 또는 제한전을 수행하기 때문에 전력의 배분 측면을 고려하면 미국의 전투함 총 척수는 중국에 비해 월등한 격차를 보이지 못하고 있다고 판단된다.

수상함정에서 최대속력은 작전 수행과 함정 생존을 위하여 매우 중요한 요소이다. 1970년대부터 1980년대까지 중국의 구축함과 호위함 등 전투함의 최대속력은 20 -32kts로 미국의 전투함의 최대속력 28 -32kts에 비해 느렸으나 2010년 기준으로 미국과 중국 전투함정의 최대속력은 차이가 없다.

그리고 현대전에서 제일 중요한 미사일 장착 비율을 보면 〈그림 2-8〉과 같다. 중국은 1970년대 연안방어전략을 수행하기 위하여 미사일 중심의 해군력 건설에 집중하여 1970년대에도 1,000톤급 이상의 수상전투함에 함대함 미사일을 대부분 장착하였다. 이는 미국 전투함정과 비교해 볼 때도 열세적이지 않았다. 2010년대에는 미국과 중국 양국 모두 전투함정에 100% 대함미사일과 대공미사일을 장착하고 있다.

미국은 중국의 미사일 전력 증강에 대해 매우 우려하고 있다. 특히 모든 해군 함정에 중단거리 미사일이 장착되어 있고, 미사일들을 회피하거나 직접 타격할 수 있는 대 미사일 방어망도 갖추고 있는 것에 대해 심각하게 인식하고 있는 실정이다.

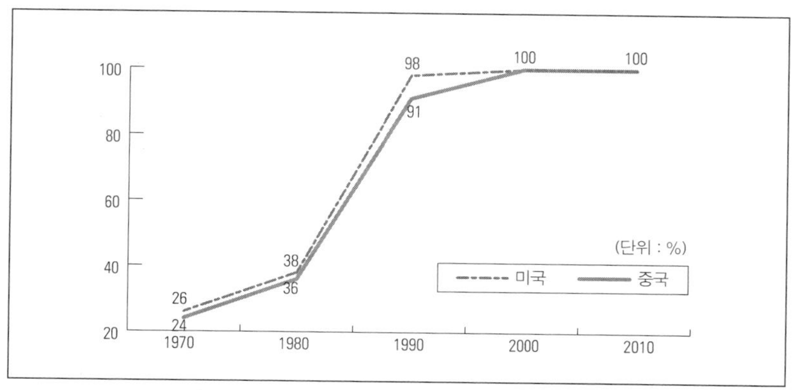

〈그림 2-8〉 1,000톤급 이상 미사일 장착 구축함/순양함/전함

출처: Jain's Fighting Ships(1970-2010)을 참조하여 구성.

중국은 2000년대에 들어서면서 미 항공모함을 원거리에서 격침시키기 위한 원해 탐색 능력과 지대함, 함대함 미사일 능력을 증강시키고 있다. 따라서 중국은 본토로부터 원거리에서 미 항공모함을 탐색하기 위한 레이더 성능을 개선하고, 육상과 해상에서 합동적으로 미사일 작전을 펼칠 수 있는 전술을 개발하고 있다.[5] 즉, 중국은 본토기지에 위치한 지대함 미사일과 수상함 및 잠수함들에 탑재되어 있는 대함미사일을 합동적으로 운영할 수 있는 전술을 개발하고, 미 함정들을 원거리에서 탐색하여 미사일로 정확히 타격하기 위해 인공위성을 이용한 조기탐지와 목표물 추적능력을 향상시키고 있다.[6] 현재 중국의 정찰위성 능력이 아시아에서 군사력 판도를 바꿀 만큼 급성

5) Marshall Hoyler, "China's Antiaccess Ballistic Missles and Active Defense", *Naval War College Review*, Autumn 2010, pp. 84-102.

6) Eric Hagt and Matthew Durin, "Chian's Antiship Ballistic Missle", *Naval War College Review*, Autumn 2009, pp. 98-104.

장하고 있다. 중국의 인공위성이 실시간 해상의 목표물들을 탐지하는 능력은 미국과 거의 대등한 수준이며, 대함 탄도미사일과 스텔스기 등과 연계하여 그 기술을 향상시키고 있다. 로이터 통신은 조만간 중국이 정찰위성들을 이용하여 대함 탄도미사일로 미국 항공모함을 타격할 수 있을 것으로 전망했다.[7] 이에 미국은 중국의 미사일 합동작전에 대해 우려를 표하고 있다.

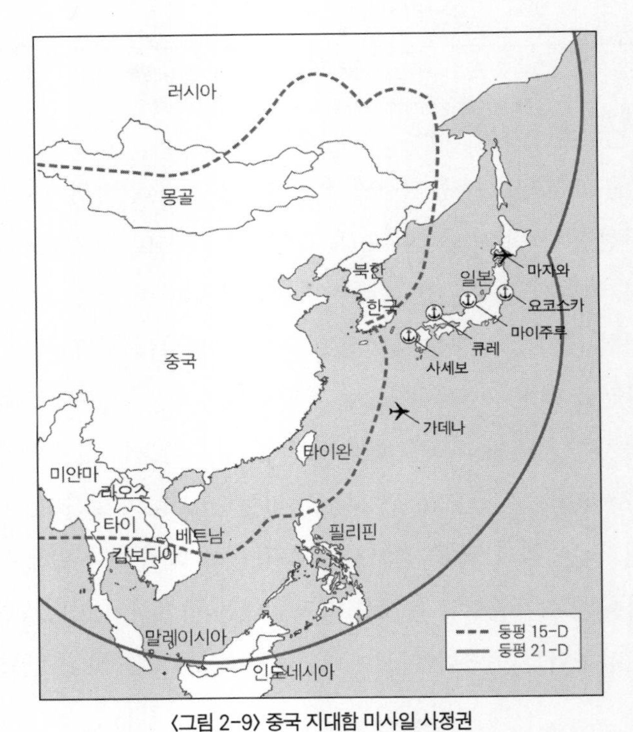

〈그림 2-9〉 중국 지대함 미사일 사정권

출처: Thosi Yoshiharh, "Chinese Missle Strategy and the U.S Naval Base in Japan", p. 43.

7) 오관철, "서방 언론 중국 정찰위성 능력, 미국과 대등", 『경향신문』, 2011년 7월 13일자.

중국은 2010년부터 미국의 이지스함과 항공모함전단이 중국을 봉쇄하는 해양전략을 수행하기 위하여 남중국해, 동중국해, 서해에서 중점적으로 활동할 것임을 예상하고 미 이지스함과 항공모함전단을 목표로 한 미사일 타격 능력을 강화하고 있다. 중국은 유사시에 미 전력들을 겨냥해 미사일 발사를 시행할 것임을 여러 차례 표명하곤 했다. 중국 본토에서 발사되는 지대함 미사일은 둥펑 21-D(서양 기준 분류 CSS-5)와 둥펑 15-D(CSS-6)이다.[8] 이 미사일들은 방공시스템을 피해 항공모함의 갑판을 뚫고 폭발하며, 사거리는 최대 600~1,750km로서 〈그림 2-9〉와 같이 한국, 일본, 타이완, 필리핀, 인도네시아 해역까지 도달할 수 있다.

(4) 잠수함

중국은 연안방어 해양전략에서 탈피하여 근해 적극방어 해양전략을 추구함에 따라 원해에서 가상적국 해군력의 접근을 거부하기 위해 잠수함 세력을 증강시켜 나가고 있다. 미국과 중국의 잠수함 전력은 핵 공격 잠수함과 재래식 잠수함으로 나눌 수 있다. 1960년대 초 중국의 잠수함은 소련으로부터 건조기술을 배워 소련의 로미오(Romeo)와 위스키(Whisky)급 잠수함을 위주로 전력을 확보하였다. 1960년대 말 중국은 소련으로부터 골프(Golf)급 잠수함 자재를 수입하여,

---

8) Thosi Yoshiharh, "Chinese Missle Strategy and the U.S Naval Base in Japan", *Naval War College Review*, Summer 2010, pp. 43-45.

1970년경 탄도미사일을 발사할 수 있는 골프급 디젤 잠수함을 건조하게 되었으며, 1972년 중국 최초의 핵잠수함인 한(漢, Han)급을 생산하였다. 1982년에는 핵추진 탄도미사일 잠수함인 시아(夏, Xia)급을 건조하였으며, 1990년대에 밍(明)급과 쑹(宋)급 최신에 재래식 잠수함을 생산했다. 이후 중국은 수중 소음을 줄이고 공격능력을 강화한 킬로(Kilo)급 잠수함을 러시아로부터 들여와 잠수함 전력을 강화하였다.[9]

특히 1996년 타이완 해협 위기 시 미국의 항공모함이 타이완 해협으로 진입한 것에 대항하기 위해 잠수함 전력을 한층 더 증강시켜 나가고 있다. 이를 위해 중국은 미국의 항공모함을 원해에서 탐지하고, 이를 공격할 수 있는 위안(元, YUAN)급 신형 공격잠수함을 증강시키고, 미 본토까지 도달할 수 있는 사정거리 8,000km의 JL-2 탄도미사일을 적재할 수 있는 진(晋, JIN)급 탄도미사일 잠수함을 지속적으로 생산하고 있다.

〈그림 2-10〉에서 보는 바와 같이 1970년대 중국과 미국의 잠수함 보유 척수는 155척 대 26척으로 중국의 전력이 보잘것없는 상태였다. 그러나 중국은 1970년대 소련과 미국 그리고 일본의 해군력이 중국 본토 깊숙이 진입하는 것에 대응하고, 1975년 베트남의 패망으로 동아시아에서 미국의 해군전력이 약해진 틈을 이용하여 1970년대 말부터 본격적으로 함정 건조에 박차를 가하여 1980년에 잠수함 세력을 78척으로 끌어올렸다. 이후 중국은 소련의 로미오와 위스키급 잠수함을 퇴역시키면서 핵추진 잠수함과 미사일 공격 잠수함 등

9) 김정현, 『대륙국가의 해군력 증강』, pp. 228-241.

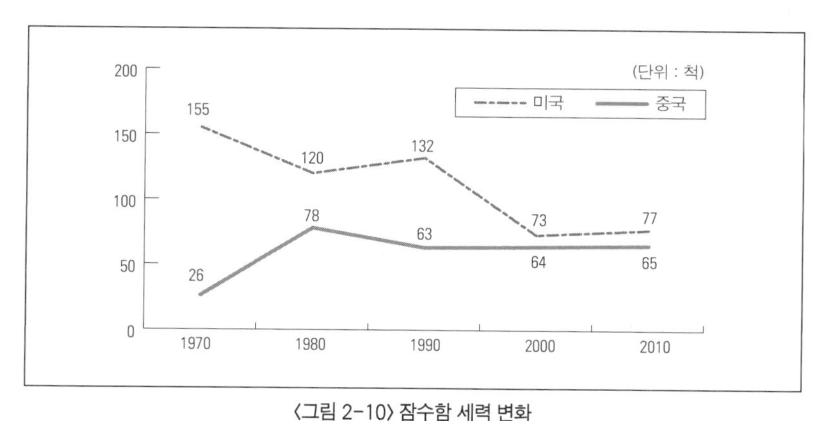

〈그림 2-10〉 잠수함 세력 변화

출처: Jain's Fighting Ships(1980-2009)을 참조하여 구성.

최신예 잠수함으로 전력을 교체했다. 2010년 기준 중국 잠수함의 수중 최대속력과 무장은 미국과 비교할 때 큰 차이가 없다. 총 척수 측면에서도 미국이 77척, 중국이 65척으로 대등한 수준에 와있다. 중국은 동아시아 해역에서 미국의 해상통제권에 대응할 수 있는 수단으로서 그리고 보복 전력으로서 잠수함 전력을 확충하는 데 전념하고 있다. 동아시아 해역을 기준으로 볼 때 중국의 잠수함 전력은 미국에게 위협적인 존재가 되고 있다.

3. 소결론

중국은 해양패권에서 가장 중요한 수단인 해군력을 증강시켜 미국과 거의 대등한 수준을 유지하고 있다. 1980년대 이전 중국의 해군력은 미국에 비해 열세인 상태에서 벗어나지 못했다. 이는 연안방어 해양전략과 경제력이 뒷받침해 주지 못한 측면도 있으나 중국 지휘부의 대륙적 사고방식과 국민들의 해양사상이 고취되지 못하고 있었기 때문이다. 그러나 1990년대에 들어서면서 중국은 높은 경제력에 힘입어 해군력을 강화하면서 조직을 정비하고, 해안과 원해 도서에 해군 기지를 건설하는 등 동아시아의 지형을 최대한 이용하는 중국 특색의 해군력을 건설해 오고 있다. 그 결과 앞에서 제시한 그림들에서 보았듯이 중국의 해군력은 동아시아에서 미 해군을 상대할 수 있는 수준으로 강화되었다. 미국도 이미 중국의 해군력과 자신들의 해군력 격차가 급격히 좁혀지고 있음을 인정하고 있다. 중국 해군 건설의 주목표는 독립을 주장하는 타이완 · 미국과의 군사적 분쟁, 그리고 중국 경제발전에 필수적인 해상교통로 보호, 영토주권의 확실한 안전보장 등이다.[10)]

중국 국방비는 지속적으로 늘어가고 있으며, 현재의 중국 해군은 동아시아 해역에서 미국을 상대할 수 있는 능력을 보유하고 있다. 앞에서 살펴보았듯이 중국의 잠수함, 수상함, 미사일 등 전력들은 중국 본토에서 가까운 동아시아 해역에서 최대 전투승수 효과를 올릴 수 있는 전투력으로 자리 잡고 있다. 이는 쿠글러 · 제이거의 5단계 세력전이 단계 중 2단계(도전국 저항 시작, 지배국 충분히 억지 가능)에서 3단계(지배국과 도전국 상호 억지 또는 전쟁 가능)로 진입해 가는 과정이라고 평가할 수 있다.

---

10) Sinodefence (今日中國防務), 20 September 2011.

클라우제비츠는 전쟁론(On War)에서 전쟁은 정치의 독단적인 결정에 의해서만 일어나는 것이 아니라 양측 전투력 간에 불균형을 이루고 있을 때에도 일어난다고 말하고 있다. 클라우제비츠는 전쟁은 객관적으로 주어진 군사력뿐만 아니라 전투력의 에너지를 조화시켜 최대의 전투 승수효과를 내는 것이 중요하다고 주장하고, 이를 위해서 정신적 우위와 지형을 정교하게 이용하는 능력 등을 강조하고 있다.[11] 미국은 중국의 군사력이 전체적인 측면에서 자신들의 군사력에 비해 우세하지 못하다고 주장하면서도 중국 특색의 군사력 건설에 긴장하고 있다. 현재 미국은 중국이 미국의 태평양 지배권을 위협할 수 있다고 평가하고 있다.[12]

오간스키는 지배국에 도전하는 강대국의 힘이 지배국과 동등한 수준에서 전쟁이 일어나는 것이 아니라 불균형한 상태, 즉 다소 열세인 상태에서 강대국의 도전이 발생한다고 주장했다. 클라우제비츠 역시 전쟁은 양측 군사력의 불균형 시에 발생한다고 주장하고 있다. 왜냐하면 객관적 전투력과 함께 의지, 용기, 지형 활용 등 전투력 형성에 다른 요소들이 작용하기 때문이라는 것이다. 이러한 점들을 고려해 볼 때 중국은 동아시아 해역의 해양패권에 대한 도전 능력을 구비하고 있다고 평가된다. 반면 미국은 중국과의 힘의 격차를 크게 하는 데 집중할 것이다. 문제는 향후 동아시아에서 중국이 자신들의 해양력을 과신하거나 오판하여 미국에 대해 국지전도 불사하는 행동을 할 수 있다는 것이다.

---

11) Carl Von Clausewitz, *On War* (New Jersey: Princeton University Press, 1976), pp. 282-284.

12) "US worries over China's naval power expansion", *Asia Pacific News*, 25 August 2011.

미 · 중 해양전략 변화와 세력전이 분석

1980년 이전부터 2010년까지 미 · 중 해양전략 변화를 통해 동아시아에서 미국과 중국 양국 간 세력전이의 모습을 분석하고 향후 전망을 도출해 본다. 미국과 중국의 세력전이를 분석하기 위하여 해양전략 측면에서 분석하는 것은 2가지의 의도가 있다. 첫째는 미국과 중국 정부의 해양패권 의지와 해양정책을 비교해 보는 것이고, 둘째는 양국가 간의 해양전략을 기준으로 해군력 운영의 변화를 비교하기 위함이다.

1. 1980년 이전 미 · 중 해양전략

(1) 중국

1980년까지 중국 해양전략은 마오쩌둥의 인민전쟁이론에 기초한 관계로 연안에서 벗어나는 해양전략을 구사할 수 없었다. 대부분의 해군관계자들은 마오쩌둥의 '해상인민전쟁' 이론을 추종하여 원해로 나갈 수 있는 대양 해군을 주장하지 않았으며, 해군건설의 주방향은 수동적 방어전략에 머물 수밖에 없었다.

따라서 1980년까지 중국의 해양전략은 해안을 중심으로 함정들을 배치하는 연안방어 전략이었다. 당시 중국의 위협국은 소련과 미국 그리고 일본이었다. 1960년대 말까지 중국과 소련은 흑룡강 부근에서 잦은 국경분쟁을 하였는데, 당시 소련은 아직 미완성 단계에 있는 중국의 핵 시설과 병력에 선제공격을 하겠다는 의사를 미국에게 내보이기도 하였다.[13] 이러한 정치안보 환경 속에서 중국은 해양력의 열세에 의하여 마오쩌둥의 인민전쟁이론 개념에 기초한 연안방어전략을 채택할 수밖에 없었다.

중국은 1976년 마오쩌둥이 사망하고, 일본이 경제발전을 기반으로 미국과 함께 중국 근해까지 해군력을 운영함에 따라 해상교통로 위협을 인식하고 그동안 추진해 오던 연안방어전략에 문제가 있음을 간파하기 시작했다. 일본은 소련의 함대가 동남아시아까지 활동

---

13) 김덕기, 『21세기 중국 해군』(서울: 한국해양전략연구소, 2000), p. 65.

범위를 넓히자 해상교통로 보호를 위해 미국과 함께 일본 열도로부터 원해로 초계활동 범위를 넓히기 시작했다. 중국은 소련의 동아시아 진출과 일본의 원해 활동, 그리고 미국의 타이완 해협 안보 강화 등으로 인해 그동안 유지하고 있었던 연안방어전략에 문제가 있음을 인식하기 시작했다.

경제적으로 볼 때에도 중국은 한국전 이후 빈곤한 상태를 벗어나지 못함에 따라 미국의 근접 봉쇄전략에 대항하기 위해 연안방어전략을 채택하여 방어 위주의 해군력만을 증강시켜 나갔다. 이에 중국은 연안 경계용 잠수함과 미사일을 장착한 연안 초계 수상함 전력 개발에 힘을 쏟았다. 〈표 2-1〉에서 보는 바와 같이 중국은 미사일 구축함과 고속함 그리고 소련으로부터 기술을 도입하여 제작한 로미오와 위스키급 잠수함을 건조해 나갔다.

〈표 2-1〉 1960~1970년 초 중국의 주요 해군력 증강 현황

유형	진수된 함정 수	건조년도
수상함정		
루다(Luda)급 대함미사일 구축함	12	1969-1975
장둥(Jiangdong)급 미사일 호위함	2	1973-1974
장둥급 호위함	5	1965-1969
OSA급 미사일 고속함	57	1965-1973
코마(KOMAR)급 미사일 고속함	37	1965-1973
잠수함		
밍(Ming)급 재래식 잠수함	2	1963-1970
로미오(Romeo)급 재래식 잠수함	37	1960-1964
위스키(Whisky)급 재래식 잠수함	9	1960년대

출처: 김덕기, 『21세기 중국 해군』(서울: 한국해양전략연구소, 2000), p.63.을 참조해 재구성.

중국은 1960년대 소련과 우수리강 국경분쟁으로 인해 소련으로부터 잠수함과 미사일 개발 기술지원이 중단됨에 따라 이를 해결하기 위한 독자적인 노력을 하였다. 이 시기에 중국의 해군력 증강 속도는 소련과 미국에 비해 미미한 수준이었으며, 해양력 측면에서 약소국의 위치를 벗어나지 못하였다. 따라서 미국이 남중국해와 동북아해역, 타이완 해협에서 봉쇄적 해양전략을 구사하더라도 이에 대응할 수 없었으며 그럴 힘도 갖추지 못하고 있었던 것이다. 이러한 이유로 중국 해양전략은 완전한 방어적 해양전략이었고, 해군력 운영도 본토 방어만을 위한 수동적 운영개념이었다. 따라서 중국은 쿠글러와 제이거의 5단계 세력전이와 억지이론 중 1단계(도전국은 지배국에 복종)에 속해 있었다고 평가할 수 있다.

(2) 미국

1980년 이전 시대에 동아시아 해역에서 미국과 중국이 해양력 경쟁을 하게 된 주요 원인은 타이완 문제로 인한 마찰이다. 1979년 미국은 중국과 수교공동성명을 수립하고 곧바로 국회에서 타이완관계법(Taiwan Relations Act)[14]을 제정하여 통과시켰다. 미국은 타이완에 대

---

14) 타이완관계법의 주요 내용은 다음과 같다.
1. 경제제재, 금수(embargo)를 포함한 비평화적인 방법으로 타이완 문제를 해결하려는 어떠한 시도도 서태평양 지역의 평화와 안정을 위협하는 행동으로 간주되고 이는 미국의 중대한 관심사항(grave concern)이다.
2. 미국은 타이완에게 방어용 무기를 제공한다.
3. 무력이나 고압적인 방법으로 타이완 주민의 안전, 사회, 경제 제도를 위협하는 행동에 대항

한 안전보장을 확고히 하기 위하여 타이완관계법에 나와 있는 조항처럼 중국에 대해 근접 봉쇄전략을 추진했다. 미국이 중국에 대해 근접 봉쇄전략을 추진한 것은 소련이 동아시아로 해양력을 확장해 오는 것을 억제하기 위한 해양전략과 연계되어 있었다. 유럽과 지중해에서 전략적 주도권을 장악하려는 소련은 기존 연안방어구역인 청색방어지대(blue belt of defence)를 넘어 이집트에서 항구 6곳을 확충하는 등 대외적으로 해양력을 넓혀 나갔다. 이에 미국은 소련이 공격적인 해상통제 전략을 구사하는 것을 막기 위해 해상통제 개념을 수정하기에 이르렀다. 즉 미국은 마한이 주장하는 전체적인 해상통제 개념인 제해권(control of sea)에서 탈피하여 필요한 시기에 필요한 해역에서 통제권을 갖는 해상통제(sea control) 개념으로 전환하여 해군력을 건설하였다. 이를 볼 때 미국은 소련의 해양력을 미국과 동등한 수준으로 인정한 것이다. 1974년 미 해군참모총장 줌왈트는 미국이 해상통제권을 소련에게 빼앗기고 있으며 미국이 해군 역사상 가장 허약한 시점에 서 있다고 말했다.[15]

미 전략공군사령부와 해군은 소련에 대한 핵공격 전력수단을 확보하기 위하여 갈등을 벌였는데, 미 정부는 핵탄두를 탑재한 전략핵잠수함을 확보하는 방향을 결정하여 함대 탄도미사일 잠수함(SSBN)이 증강되었다. 맥나마라와 케네디는 1962년에 함대 탄도미사일 잠수함을 10척으로 증강시키고, 1963년과 1964년에 각각 6척씩 건조

할 수 있도록 미국의 능력을 유지한다. 김중섭, "미중관계의 정상화와 타이완", 제주평화연구원, JPI정책포럼, 2011년 3월, No. 2011-9, pp. 7-8.

15) 위의 책, p. 773.

하였으며, 이를 보호하기 위한 작전을 수행하는 잠수함들을 생산함으로써 미 해군의 잠수함 세력이 급증하였다.[16]

미국은 소련을 근접 봉쇄하기 위해 항공모함을 주축으로 해상통제를 실시하였는데 소련은 이를 저지하기 위하여 대함미사일 개발에 주력하였다. 이는 미국 항공모함에 상당한 위협이 되었다. 이에 미 해군은 적극적 봉쇄를 위한 미사일 탑재 수상함정 세력과 상륙함정 건조를 증강시켜 나갔다. 특히 1960년대 중반 베트남전을 계기로 미 해군의 태평양사령부와 7함대는 동아시아에서 미국의 이익과 안보를 담당하는 주요 해군력으로 인정받기 시작했다. 7함대는 베트남전시 중국의 개입을 저지하기 위해 남중국해, 타이완 해협에 대한 해상통제를 강화하기 시작했다. 미국은 베트남, 중국, 타이완, 한국 등을 고려하여 전진배치전략(forward strategy)을 구사하였는데 이를 위해 원거리 수송세력과 초계함 등을 증강시켜 나갔다.

1980년 이전의 미국 해양전략과 해군력 건설을 종합해 보면 미국은 소련의 동아시아 확대를 억제하는 것을 기본 정책으로 하면서, 타이완 안보를 확고히 하기 위한 해양전략을 적극적으로 추진해 나갔다. 당시 미국은 공산주의의 중심국인 소련 해군을 상대로 핵 억제력과 근접 봉쇄작전을 위한 해양전략에 집중하였던 관계로 중국과는 비교가 되지 않는 해양전략과 우세한 해군력을 유지하고 있었던 것이다. 따라서 미국의 해군력 증강 속도는 소련이 따라오지 못할 정도였으므로 당연히 중국은 미국의 상대가 되지 못하였다. 따라서 미국

16) 위의 책, p. 709.

은 중국이라는 강대국에 대해 지배국으로서 위치를 확고히 유지하고 있었다고 평가할 수 있다.

2. 1981~1990년 미 · 중 해양전략

(1) 중국

1981년부터 중국은 덩샤오핑 국가 주석을 필두로 국가경제를 급속도로 발전시키면서 국방정책에 대해서도 개혁을 단행하기 시작했다. 국가경제의 급성장으로 국가이익이 확대되고 자원이 더욱 필요하게 됨에 따라 중국은 그동안 유지해 왔던 연안방어전략에 대해 새로운 인식을 하기 시작했다. 국제적으로 보면 1980년대 중반 중국은 소련의 고르바초프와 국경분쟁 종식을 선포하여 소련의 위협을 감소시키고, 미국의 초강대국 출현으로 당분간 세계는 전면전의 위협이 없어졌다고 인식하였다. 중국은 가까운 미래에 동남아, 타이완 해협 등 일부 해역에서 자원과 영토주권에 관련된 국지전과 제한전 수준의 분쟁이 도래할 것으로 판단하기 시작했다. 이에 덩샤오핑은 '적극방어전략'을 내세우면서 기존의 연안방어 개념에서 군이 탈피하기를 원했다. '적극방어전략'은 적의 공격을 받으면 중국 본토를 방어하기 위하여 연안에서 방어한다는 수세적인 전략이 아니라 공격과 방어가 혼재해 있는 가운데 유리한 국면을 조성하기 위하여 방어와 공격을 적절히 조정한다는 개념이다. 따라서 '적극방어전략'은 연안 방어전략보다 좀 더 유연한 전략으로서 국가의 적극적인 의지가 내포되어 있다고 볼 수 있다.

'적극방어전략'은 군사력의 활동범위가 연안과 중국 본토에 근접해 있는 것이 아니라 연안으로부터 200~300해리(360~540km)까지의 해역을 활동범위로 하고 있다. 이는 타이완 해협, 남중국해, 동중국해, 서해 등 동아시아의 주요 해역을 모두 포함하는 범위로서 미국이 동아시아에서 구축해 놓은 해양질서의 패권 구도에 도전하는 전략이 된다. 1980년대 중국의 해군 사령관인 류화칭(劉華淸)은 '적극방어전략'을 해군에 적용하여 '근해방어전략'으로 명명하고, 미래 중국

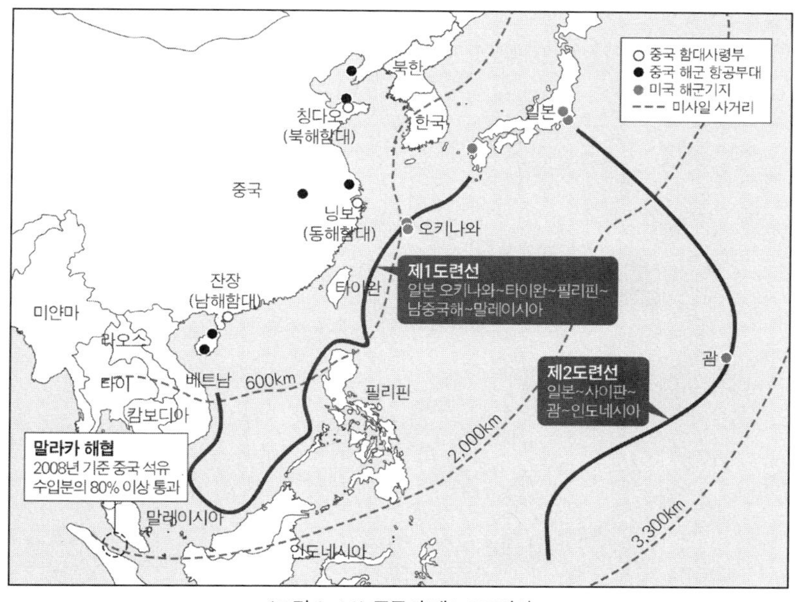

〈그림 2-11〉 중국의 제1, 2도련선

출처: http://www.google.co.kr(검색일: 2011년 11월 2일).

본토와 국가이익을 사수하기 위하여 〈그림 2-11〉에서와 같이 제1도련(First Chain Islands)과 제2도련(Second Chain Islands) 해상방위선을 선포하였다. 제1도련은 일본의 쿠릴 열도, 오키나와 제도, 타이완, 필리핀, 대순다 열도까지 연결한 선으로 동아시아의 주변국과 마찰 요소를 모두 포함하고 있는 해상방어선이다. 제2도련은 이보다 훨씬 더 밖으로 확장된 선으로 일본의 오키나와 동쪽의 섬인 보닌제도, 괌, 캐롤라인 제도를 연결하는 선으로 이는 미국과 서태평양의 해양패권에 대한 직접적인 도전 의지를 갖고 있는 선이다.[17)]

중국은 이를 실현하기 위하여 연안방어 전력에서 탈피하여 대양해양전력을 확보하고자 많은 노력을 기울이기 시작했다. 특히 미사일과 잠수함, 원양 항해 가능 수상함들에 대한 집중적인 방위력 증강에 힘을 기울여 점차 동아시아에서 해군력을 확장해 나가기 시작하였다.

1980년부터 1990년은 중국이 미국에 도전을 시작하는 획기적인 기간이 된다. 중국은 소련의 붕괴와 미국이라는 초강대국가의 출현을 기정사실로 받아들이면서 덩샤오핑의 경제성장 정책과 적극방어 전략 개념에 따라 본격적으로 해군력을 확충하기 시작한 기간이다. 중국은 경제성장에 힘입어 과거 수세적인 연안방어전략에서 탈피하여 동아시아 해역을 주 무대로 하고, 미래 서태평양에서 해상통제를 실현할 수 있는 전략을 수립하고 전력의 기틀을 다진 기간으로 해석할 수 있다. 이는 중국이 미국에 대해 방어적이면서도 한편으로 공세

17) 김덕기, 『21세기 중국 해군』, p. 93.

적인 해양 도전을 시작한 기간으로 평가할 수 있다. 따라서 1980~1990년대 중국의 해양전략은 쿠글러와 제이거가 설정한 5단계 세력전이이론에서 2단계(도전국 저항 시작, 지배국 충분히 억지 가능)에 해당한다고 볼 수 있다.

(2) 미국

1981년부터 1990년까지 미국 해양전략의 초점은 소련을 붕괴시키기 위한 전략에 집중되어 있었다. 데탕트 외교를 강조한 카터 행정부와 달리 1981년 출범한 레이건 행정부는 '힘의 우세와 대소 강경 전략'을 선택하였다. 해군은 레이건 행정부의 전략을 뒷받침하기 위하여 공세적 해양전략을 가일층 강화하고 '600척 해군함대' 건설을 추진하였다. '600척 해군함대'는 15개의 항모전투단(각 항모전투단은 항공모함 1척, 순양함 2척, 유도탄구축함 4척, 호위함 4척으로 구성), 100척의 공격 잠수함, 해병 상륙돌격부대 및 해병 상륙여단, 해상 기동군수지원단 및 다수의 지원함으로 구성되었다.[18)]

소련이 경제적으로 어려움을 겪고 있는 기간에 미국은 소련과 힘의 격차를 통해 소련의 붕괴를 촉진시켰는데, 이를 위해 미국은 소련의 원해 기동해군력을 적극 감시하고 봉쇄하기 위한 전진배치전략을 펼침으로써 소련의 경제적 어려움을 가중하게끔 유도하였다. 즉

---

18) 박호섭, "제2차 세계대전 이후 미국 해양전략의 변화와 결정요인", 충남대학교 국제정치 및 외교안보전공 박사학위논문, 2005, p. 99.

미국은 소련이 유럽과 태평양에서 활동하고 있는 해군력에 대해 해상감시를 강화하고, 동아시아를 포함한 서태평양에 해군력을 전진 배치함으로써 공격적인 해양전략을 추진하였다. 이에 소련은 유럽대륙에 투사할 수 있는 해군력을 서태평양으로 이동시킴으로써 유럽과 서태평양의 전력을 균등하게 운영하는 데 어려움을 가질 수밖에 없었다.

특히 소련은 미국이 태평양에서 해군력을 강화하게 됨에 따라 유럽의 북극해 해상통제를 희생하면서 쿠릴 열도의 방어 강화와 오호츠크 해의 안전한 방어를 위해 태평양에 전력을 집중하게 되었다. 1984년까지 활동하고 있던 소련의 모든 잠수함 중에서 30% 이상, 즉 탄도미사일 탑재 핵잠수함 23척과 공격용 잠수함 125척, 그리고 모든 수상함 중 30%가량이 태평양에 배치되었다.[19] 미국은 소련이 해양력에서 동등한 수준으로 성장하여 동아시아를 포함한 태평양에서 국제문제에 대해 개입하고, 미국 동맹국들의 안보와 이익에 위협을 주는 가능성을 인식하고 이에 대비하기 위하여 태평양에 위치한 해양전력을 더욱 증강시켜 나갔다.

결국 소련은 힘을 바탕으로 한 안보 대결 속에서 경제적으로 파산함으로써 1980년대 말 미국의 공세적 해양전략에 대항하던 원해 해양전략을 포기하게 되었다. 소련은 많은 함정들을 운영할 경제력이 사라지게 됨으로써 전략 핵잠수함과 원해 기동능력을 갖춘 수상함정들을 도태시키기 시작했고, 미국은 이에 소련을 상대로 한 봉쇄적

19) 조지 W. 베어 지음, 김주식 옮김, 『미국 해군 100년사』, p. 796.

해양전략, 즉 공세적인 전략을 중단하게 되었다.

미국은 소련을 붕괴시키기 위하여 유럽과 태평양에 해양력을 집중함에 따라 상대적으로 중국이 동아시아 해역에서 본토 연안으로부터 원해로 해양전략을 전환시키기 시작한 것을 간과한 면이 없지 않다. 미국은 중국이 경제성장을 가속화하고 이에 비례하여 동아시아 해양전략을 확대하는 움직임에 적극적으로 대처하지 못했다. 미국은 자국의 해양력이 중국의 해양력에 비해 월등한 격차를 유지할 수 있었기 때문에 중국의 해양력 확대 움직임에 대해 자신감을 갖고 있었지만, 세계를 무대로 경찰국가 역할을 수행하는 관계로 동아시아 해역에서 해상통제의 간격이 발생함을 받아들일 수밖에 없게 되었다.

3. 1991~2000년 미 · 중 해양전략

(1) 중국

중국은 1990년대에 들어서면서 적극적으로 동아시아 지역패권 정책을 추구하여 외교적으로 지역다자주의적인 주변국 정책을 펼치기 시작했다. 1994년 아세안지역포럼(ARF: ASEAN Regional Forum)에 참여하는가 하면, 1996년에는 상하이협력기구(SCO: Shanghai Cooperation Organization)의 모태가 된 러시아-카자흐스탄-타지키스탄-키르기

스스탄과의 '상하이 5국'을 주도적으로 조직했다. 또한 천안문 사건 이후 서방의 대중국 봉쇄에 대한 대응으로 '신안보관'[20]을 공식 제기하였다.[21] 중국은 1990년대에 들어서 지역강대국의 위상을 지향하고 있는데, 이는 미국이 그동안 동아시아에 구축해 놓은 국제 정치 · 경제 · 군사 질서에 적극적인 도전의 움직임을 보내기 시작한 것으로 해석할 수 있다. 중국은 글로벌화되어 가는 경제 시스템을 적극적으로 지원하기 위해서는 동아시아에서 강대국의 위상을 확보하고 이를 바탕으로 세계적 강대국으로 탈바꿈하려는 의도를 가지고 있었다.

중국은 지역패권에 대한 외교적 노력과 함께 1980년대 말 소련이 붕괴되고 미국이 초강대국으로 등장하게 됨에 따라 향후 세계적인 대결전이 일어나지 않을 것이라는 판단 아래 국지전과 제한전을 고려하여 동아시아 지역에 대한 해군력을 증강시켜 나갔다. 즉 중국은 국경 주변의 폭동과 소수민족 분규 가능성, 그리고 남중국해와 동중국해에서의 영토와 자원 분쟁에 대비하여 해군력을 증강시켜 나갔다. 그리고 중국은 소련과의 국경주변 경계강화 정책에서 벗어나, 중국 해안을 중심으로 발전하는 경제 근거지를 보호하기 위하여 해양 군사전략을 강조하기 시작했다.

중국은 걸프전 시 미국이 보여준 첨단 무기에 충격을 받고 군사과

20) 신안보관은 중국이 경제적 발전을 중시하면서 중국의 위상을 제고하기 위하여 고안한 것으로 '영토보존과 주권, 상호불가침, 내정불간섭, 평등 및 상호이익, 평화공존'을 주요 내용으로 하고 있다.

21) 최명해, "동아시아 지역에 대한 중국의 전략사고", 외교안보연구원 2010년 정책연구과제 1, 2011년 3월, pp. 82-83.

학기술력에 많은 투자를 하면서 상기의 미래 안보 상황을 고려하여 1993년 '고기술 조건하 제한전쟁전략'을 채택하였다. '고기술 조건하 제한전쟁전략'은 다음의 6가지 개념을 가지고 있다. ① 중국은 첨단과학기술을 통해 최첨단 무기를 확보하여 동아시아 원해에서 중국의 이익을 침범하는 행위에 대해 단호한 대응 의지를 표명하기 위한 신속대응군을 증강한다. ② 미래 지상과 해상 국경선 부근에서 작전시 육·해·공 합동작전능력을 배양한다. ③ 미래전에서 전투군은 사전경고 없이 장거리를 이동할 수 없기 때문에 이에 대응한 긴급 전술·전략적 기동이 중요하다. ④ 고기술전쟁은 초기 단계에서 많은 전력 소모가 예상되므로 잠재적 전력 확보가 필요하며, 고도의 군수기동능력을 갖추고 있어야 한다. ⑤ 미래전에서 정보전은 승패의 가장 중요한 핵심요소이므로 정보 역량을 키워야 한다. ⑥ 향후 고기술 지역전쟁은 광범위한 지역 또는 해역이 아닌 제한된 특정 지역 또는 해역에서 특정한 기간에 발생할 것이다.[22)]

중국이 내세운 '고기술 조건하 제한전쟁전략'은 1980년대에 채택한 근해방어전략에서 한 차원 더 확대된 개념을 갖고 있는 전략이다. 위의 6가지 특성을 좀 더 분석해 보면 첫째, 중국은 남중국해, 동중국해 등 중국의 국가이익이 내포되어 있는 해역에 대한 해상통제를 강화하기 위해 군수기동능력과 합동작전능력을 배양하겠다는 의지를 확실하게 내비치고 있다. 둘째, 신속대응군이란 개념은 중국의 국가이익과 안보에 대해 간섭하거나 개입하는 행위에 대해 즉각적인 대

---

22) 김덕기, 『21세기 중국 해군』, p. 108.

응을 하겠다는 의지로 해석할 수 있어 미국에 대해 공격적 해양전략을 구사하겠다는 뜻이다. 셋째, 고기술 능력을 전쟁 전에 구비하겠다는 특성은 중국이 미국을 상대로 군사과학기술에서도 밀리지 않겠다는 뜻으로 이는 미국의 항공모함과 잠수함 등 해상세력에 대해 비대칭적 전력을 강화하겠다는 의미이다.

또한 중국은 1994년 유엔해양법 협약 발효에 대비하여 1992년 자체적으로 영해 및 접속수역에 관한 해양법을 선포하고, 1998년도에는 배타적 경제수역 및 대륙붕에 관한 법률을 제정하여 동아시아의 대부분 해역을 자신들의 통제권에 속하게 하는 독단적 법률정비를 추진한 바 있다. 이는 냉전 시 소련의 고르시코프가 미국의 전 세계적 해상통제를 거부하기 위하여 제3국가들을 대상으로 유엔해양법 협약 제정을 제기한 것과 같은 맥락을 하고 있다. 중국이 고기술을 바탕으로한 제한전 전력을 강화하고, 유엔해양법에 대비하여 영해와 배타적 경제수역의 해양관할권을 법적으로 정비한 것은 제1도련에 대한 해상통제권을 강화하기 위한 것이다.

1991년부터 2000년도까지 중국의 해양전략은 중국의 경제발전과 미래 필요한 자원에 대한 확보, 그리고 성장하는 중국의 국격에 맞는 해양 위상을 찾기 위해 동아시아에서 공격적인 해양전략을 다진 것이라고 평가할 수 있다. 1970년대 연안방어전략에서 1980년대 근해방어전략으로 이동한 중국의 해양전략은 급성장하는 경제발전과 첨단 군사과학기술을 바탕으로 미국이 전개해 놓은 동아시아 해상통제권에 대해 확실하게 대응하는 이미지를 표시하고 있다. 따라서 이 기간의 중국 해양전략은 미국과 맞대응하는 동등한 전략적 특성을 내포하고 있으므로 이는 쿠글러와 제이거가 제시하고 있는 5단계 세력전이 단계 중 2단계(도전국 저항, 지배국 충분히 억지)에서 3단계(지배국과 도전국 상호 억지 또는 전쟁 가능) 구간으로 접어들었다고 평가할 수 있다.

(2) 미국

중국이 지역패권을 위해 적극적 해양전략을 취하기 시작한 1990년대 미국 클린턴 행정부는 중국을 국제사회의 일원으로 참여시키는 포용정책을 구사하였다. 클린턴 행정부는 기본적으로 중국에 대한 포용정책을 지지하면서 힘을 바탕으로 한 패권적 도전을 억제하였지만 중국과의 해양력 격차를 넓히지 못하고 좁히는 상황을 맞이하게 되었다. 이에 클린턴의 뒤를 이은 부시 행정부는 중국을 '전략적 경쟁자(strategic competitor)'로 간주하고 대중국 봉쇄에 중심을 두었다.[23] 2001년 미 「4개년 국방검토보고서(QDR)」에 의하면 미국은 동맹국과 우방국에게 약속한 안보 공약을 충실히 이행할 수 있는 능력을 확보하고, 미국과 동맹국을 위협하는 적들의 공세를 억제하기 위하여 미군을 전진배치시키겠다고 했다. 일반적으로 부시 행정부는 공화당의 전통이념인 미국적 국제주의라는 현실주의 노선을 고려하여 전략의 틀을 모색했다.[24]

---

23) 이지용, "미 · 중 관계를 중심으로 본 동북아 안보환경 변화와 협력요인 분석", 외교안보연구원 2010년 정책연구과제 1, 2011년 3월, p. 113.

24) 김상태, "동북아 국제관계와 북핵문제", 『사회과학연구』 제13집, 한남대 사회과학연구소, 2004, pp. 5-6.

탈냉전기 미국의 국방정책과 군사전략은 새로운 안보 · 경제 상황에 따라 크게 3가지로 압축되었다. 첫째는 핵무기와 그 외의 대량살상무기에 의한 확산위험을 감소시키는 것이었다. 둘째는 미국에 도전하는 주요 세력에 대한 억제력으로 중국의 경제가 급속도로 성장하면서 해군력을 강화함에 이를 견제하기 위한 전략이었다. 셋째는 종교적 문제로 인한 테러집단과 미국의 패권에 대해 불만을 갖고 있는 국가들이 일으킬 수 있는 테러리즘의 확산을 저지하고 예방하는 것이었다.[25)]

미 해군은 이를 실현시키기 위하여 1992년 9월에 『……. From the Sea: Preparing the Naval Service for 21st Century』라는 해군 · 해병대 백서를 발표하였다. 이 백서의 핵심내용은 ① 원정작전능력 강화, ② 합동작전 강화, ③ 바다로부터 전방작전이다.[26)] 미국은 원정작전능력을 강화하겠다는 전략을 우선적으로 표명했는데 이는 탈냉전 후 전 지구적으로 확산된 소규모 분쟁을 염두에 두고 고안한 전략이다. 미국은 특히 중국이 동아시아와 서태평양에서 해양력을 키워 나가고 있는 추세를 예민하게 받아들이면서 원정작전 개념을 강화하겠다는 의지를 보였다. 물론 여러 장소에서 다양하게 전개되는 테러들을 사전에 막기 위하여 해상으로부터 군사력 투사를 기도하는 측면도 있지만, 미국은 중국이 동아시아 전 해역으로 해군력을 확대 운영하는 측면을 간과할 수 없었기 때문에 원정작전능력을 강조했던

25) 박강수 옮김, "탈냉전시대의 미 국방정책에 관한 청사진", 『立法調査月報』 3월호, 국회사무처, 1994, pp. 85-86.

26) 박호섭, "제2차 세계대전 이후 미국 해양전략의 변화와 결정요인", p. 142.

것이다.

과거와 달리 효율적인 작전을 수행하기 위해서 육 · 해 · 공 3군 합동성을 강화하는 것은 중국보다 더 우세한 합동능력을 강조하기 위함이다. 이를 위해 미국은 바다로부터 전방작전을 수행하기 위해서 항공모함전단과 전략 핵잠수함 그리고 이지스 구축함 등을 강화하기 시작했으며 연안작전능력을 구비해 나갔다. 또한 미국은 지휘통제능력을 강화하고 군 간 정보체계를 통합하는 합동교리를 개발하고 통합적 전력을 건설해 나갔으며 연안작전능력을 가진 초계함, 공격함 등을 구비해 나갔다. 1991~2000년대 미국의 해양전략은 다분히 중국의 동아시아 해양전략을 고려한 것으로 평가할 수 있다. 그러나 미국은 지속적인 경제 침체와 테러, 중동 사태 등 전 세계를 무대로 하는 해양전략을 구사할 수밖에 없어 중국의 해양력 확대에 효과적으로 대응할 수 없었다.

4. 2001~2010년 미 · 중 해양전략

(1) 중국

중국이 2000년대에 들어서면서 책정한 군사전략은 경제와 해상통제에 초점을 맞추고 있다. 2003년 중국의 장쩌민은 국제상황에 대한 전략 평가를 다음과 같이 하였다. 첫째, 단극체제와 다극체제 사이의 패권주의와 반패권주의 투쟁이 지속되고 있다. 둘째, 경제 후발국들의 급속한 경제발전과 경제의 글로벌화가 국제 불평등을 초래하고 있다. 셋째, 일부 국가와 지역에서 나타나고 있는 영토, 인종, 종교 분쟁이 심화되어 무력충돌, 국지전 형태로 나타나고 있으며 테러리스트의 공격도 증가하고 있다. 넷째, 첨단군사기술 분야의 경쟁이 심화되고 있어 전 세계의 군사력에 대한 전략적 재평가가 이루어지고 있으며 군사력의 심각한 불균형이 나타나고 있다.[27)]

이 시기에 중국은 2000년대 초부터 근해방어전략에 근간을 둔 제1도련선에 대한 공격적인 해양전략을 점차적으로 확대해 가는 해양전략을 구사하고 있었다. 장쩌민이 언급하고 있는 상기 4가지의 국제정세 분석은 동아시아에서 중국이 앞으로 해결해 나갈 기본방향을 제시하고 있다고 평가할 수 있다. 장쩌민은 미국을 중심으로 한 단극체제가 미국에게 불만족하고 있는 다극체제에 의해 도전을 받고 있음을 주장하고 있고, 그 힘을 구비하기 위해 첨단 군사과학기술이 필요함을 역설하고 있다. 또한 남중국해와 동중국해 등 중국 주변해역에서 영토와 자원에 대한 마찰을 예상하면서 이를 적극적으로 처리하기 위해 강력한 군사력이 필요하다는 것을 강조하고 있는 것이다.

2004년 12월 후진타오 중앙군사위원회 주석은 『새로운 세기, 새로운 군대의 역사적 사명』에서 중국군은 중국의 번영이 기대되는 전략적 기회의 기간 동안 중국의 주권, 영토보전, 국가안보를 수호해야 하

27) 프레드릭 벨루치 주니어, 『중국의 해군전략과 발전전망: 제1방어선 확대』(서울: 한국해양전략연구소, 2009), p. 18.

며, 이를 위해 타이완과 소수민족 분리주의 문제, 비전통적인 안보 문제, 육상과 해상에서의 영유권 분쟁, 국내 사회의 안보 문제를 해결해야 한다고 주장했다. 또한 중국군은 중국의 국익증진을 보호하기 위해 자원, 해상교통로, 해양 권익을 보호하고 중국의 대외 투자와 해외 주둔에 대한 안보도 확고하게 할 수 있어야 한다고 언급했다.[28)]

후진타오의 『새로운 세기, 새로운 군대의 역사적 사명』 주요 언급 내용들도 경제와 안보에 중점을 둔 것으로 중국의 해양전략에 대해 많은 관심을 표명하고 있다. 중국 정상들이 이처럼 해양전략과 해양력 확보를 강조하는 것은 미국에 대한 도전이 가능하다고 인식하고 있는 것이며, 언젠가는 중국의 국가이익과 미국의 국가이익이 동아시아 해역을 중심으로 맞붙게 될 것이라는 전망을 예상하고 있는 것이다.

2004년도판 『중국 국방백서』는 '중국특색 군사변혁(中國特色 軍事變革)'을 통해 육군 중심주의에서 탈피하여 해 · 공군을 늘리고 핵무기와 장거리미사일을 강조하고 있다. 이 『중국 국방백서』에서는 '해양권익 수호'라는 용어를 사용하여 본토를 넘어 주변지역까지 세력투사를 하겠다는 의지를 싣고 있다. 이는 중국이 동아시아 지역에서 지도적 위상을 유지하기 위해 해군과 공군을 적극 활용하겠는 의미이다.[29)]

중국은 2000년까지 추진한 고기술에 의한 제한전 대응 능력을 지속적으로 강화하면서 근해 해군에서 원양 해군으로 전환 준비를 단

---

28) 위의 책, pp. 28-29.

29) 김종하 · 김재엽, 『군사혁신(RMA)과 한국군』(서울: 북코리아, 2008), pp. 293-295.

계적으로 추진하고 있다. 이미 항공모함의 진수식이 2011년 10월에 있었고, 신형정밀유도 무기의 파격적인 개발과 원해로 군사력을 투사하기 위한 군수기동능력을 확대하고 있다. 이러한 해군력의 증강은 량광례(梁光烈) 중국 국방부장이 2011년 6월 제10차 아시아 연례안보회의에서 발표한 21세기 중국 국방 정책과 일치한다.

량광례 중국 국방부장은 향후 중국 국방 기조는 첫째, 아시아 태평양 각국은 아시아 정신(Asian Spirit)을 통해 상호 핵심이익과 주요 관심사에 대해 참여해야 하며, 둘째, 아시아 각국은 상호 이해와 신뢰원칙 아래 상호 전략적 의도를 이해해 나가고, 셋째, 아시아 태평양 각국은 제3국과의 대립을 위한 동맹을 금지해야 한다고 주장했다.[30] 량광례가 주장한 21세기 중국 국방정책은 미국을 배제하기 위하여 아시아 정신을 언급하면서, 아시아는 아시아인들이 서로 협조하면서 문제를 풀어나가야 한다는 것을 의미하고 있다. 이는 남중국해와 동중국해 그리고 서해상에서 미국의 해상통제권을 배제시키기 위한 군사 외교적 의도가 내포되어 있다고 평가할 수 있다. 각국이 상호 전략적 의도를 이해해야 한다고 하는 내용은 중국이 타국과의 문제에 있어 적극적으로 개입할 것이라는 의도가 있다. 또한 동아시아와 서태평양에서 미국을 중심으로 한 동맹과 협조체계를 견제하기 위하여 제3국에 대한 대립을 위한 동맹구도가 이루어져서는 안 된다고 주장하고 있다. 량광례의 국방정책은 결국 중국이 국가이익과 영토주권을 행사하기 위하여 제1도련선이 아닌 제2도련선까지 진출할

30) "Fourth Plenary Session- General Liang Guenglie", http://www.iiss.drg/conference/the-shangri-La-dialogue, 검색일: 2011년 6월 9일.

것임을 암시하고 있다.

중국은 2000년대에 들어와 지속적인 경제발전을 보장하기 위한 에너지 자원을 확보하기 위하여 근해 해양전략과 원해 해양전략을 동시에 추진하고 있으며, 해군력을 급속도로 증강시키고 있다. 중국의 공세적 해양전략은 미국과 해양에서 무력충돌을 감수하면서 적극적으로 시행되고 있어 동아시아에서 중국과 미국의 세력전이는 쿠글러와 제이거의 5단계 세력전이이론 중 3단계(지배국과 도전국 상호 억지 또는 전쟁 가능)에 이른 것으로 판단된다.

(2) 미국

미국은 주요 강대국과 신흥 대국들이 미국과 동맹국들의 미래 전략적 위상과 행동의 자유에 영향을 미칠 수밖에 없다고 판단하고, 이들이 장래 미국의 적성세력이 될 수 있는 가능성을 막아야 한다고 생각하기 시작했다. 중국은 미국과 군사적으로 경쟁할 수 있는 잠재성이 가장 높은 국가로 미국의 전통적인 군사적 우위를 상쇄할 수 있는 파괴적 군사기술을 갖추어 가고 있다.[31] 미 CIA는 '2000년 세계 국력 추이 평가'에서 중국이 2015년에 미국과 대등한 경제력을 갖게 되어 미국에 위협적인 존재가 되고 있다고 평가하면서 국력의 차이 변화가 큰 폭으로 줄어들고 있다고 주장하고 있다.[32] 부시 행정부는 중국

31) 김연철, 『21세기 미국의 국방전략』(서울: 한국학술정보(주), 2008), pp. 250-253.

32) 정영철, "21세기 중국의 동아시아 패권전략과 한반도적 함의", 한남대학교 박사학위논문,

을 전략적 경쟁자로 규정하고 미국의 외교 · 정치 · 군사 정책의 중심을 유럽에서 아시아 태평양 지역으로 이동시켰다. 럼스펠드 미 국방부 장관은 이러한 태평양 중시 군사력 재편 계획을 부시 대통령에게 보고했는데 이는 중국의 급성장에 대한 대응책이라고 평가할 수 있다.[33)]

부시 행정부는 중국을 견제하기 위하여 전략적 기민성(Strategic Agility), 전력 투사(Power Projection), 전략 기동(Strategic Mobility), 동맹국과의 연합작전능력 강화를 강조하였다.[34)] 부시 행정부는 미국이 중국을 압박하기 위한 군사력을 운영하기 위하여 반드시 전력 투사능력을 갖추고 있어야 한다는 것을 염두에 두고 있었다. 미국에서 중국 연안 깊숙이 군사력을 투사하기 위해서는 미국 본토와 하와이, 괌 등을 거쳐 군사력이 이동해야 하고, 일본과 한국 등 동맹국들의 기지에서 군사력이 투사되어야 하는 만큼 군사력 투사능력은 중국을 견제하는 전략을 실현시키는 핵심요소라고 보고 있었다. 그리고 미국은 전 세계적으로 퍼져 있는 테러리스트 단체들과 중동의 불안정한 국제정치 질서를 고려하여 전략적인 기민성을 보유한 군사력을 갖고 있어야 한다. 이처럼 부시 행정부는 국제안보 상황에 적합한 군사력과 중국의 급부상을 견제하기 위한 군사력 확보를 동시에 추구해야만 했다. 현재 미국은 중국을 견제하기 위해 인도를 포함한 아시아 주변국

2011, p. 37.

33) 장성민 옮김, 『부시행정부의 한반도 리포트』(서울: 김영사, 2001), pp. 22-23.

34) Steven Metz, "*American Strategy: Issues and alternatives for the Quadrennial Defense Review*", Strategic Studies Institute, 2000, pp. 5-28.

들과 함께 안보협력을 강화하는 정책을 추진하고 있다. 미국은 인도를 통하여 중국의 인도양 진출을 견제하고 중앙아시아에 대한 러시아의 개입을 약화시키려고 한다.[35)]

한편 오바마 행정부는 동아시아에서 해양영토와 자원개발 문제, 동맹국들과의 해상 군사훈련 문제에 대해 적극적으로 개입하면서 중국이 동아시아 해역을 주도하는 상황을 억제하고 있다. 오바마 행정부는 스마트 외교를 표명하면서도 중국의 힘이 원해로 확장되는 것을 예의 주시하면서, 해군력 운영을 적극적으로 시행하여 중국의 원해 진출을 저지하기 위해 노력하고 있다. 2010년 이후 미국의 동아시아 해양전략은 과거 주춤하던 해양전략에서 탈피하여 중국을 상대로 적극적인 대응 차원으로 이동하고 있다. 미국은 이미 동아시아에서 중국 해양력이 과거와 달리 열세에서 탈피했음을 인정하고, 중국의 원해 진출을 억지하기 위한 전략을 추진하고 있다. 이는 미국이 동아시아에서 중국의 해양전략을 인정하고 동등한 수준으로 인정하고 있다고 평가할 수 있다.

5. 소결론

1980년 이전 중국은 동아시아에서 미국에 대항할 수 있는 해양력

35) 김연철, 『21세기 미국의 국방전략』(서울: 한국학술정보(주), 2008), p. 35.

을 보유하지 못하고 있었고, 마오쩌둥의 인민전쟁이론에 근거한 연안방어전략에서 탈피하지 못하였다. 미국과 소련의 냉전구도 속에서 소련의 동아시아 진출과 중 · 소 국경분쟁은 중국으로 하여금 미국의 해양력에 의존할 수밖에 없는 국제안보 환경을 제공하였다. 냉전 시 미국이 중요시 여기는 지역은 유럽과 북대서양이었다. 미국은 냉전 시 소련을 견제하기 위하여 중국과 함께 소련의 동아시아 패권에 대항하였다.[36)]

이러한 환경 속에서 중국은 미국이 타이완에 대해 전폭적인 안전보장을 약속하는 타이완관계법을 지켜볼 수밖에 없었으므로 1980년 이전 동아시아 해역에서 미국이 구축해 놓은 해양질서에 복종할 수밖에 없는 상태를 유지하였다. 이는 쿠글러 · 제이거의 세력전이 5단계 중 1단계인 지배국에 대한 복종 단계에 속한다고 평가할 수 있다.

중국은 탈냉전 이후 소련의 위협이 없어진 대신 미국과 일본의 근접해상 봉쇄전략이 자국의 경제발전과 국가이익 유지에 큰 위협이 됨을 인식하고, 근해방어전략으로 전략 기본구도를 변화시키기 시작했다. 이는 국가 경제력에 힘입어 자국의 해군력을 증강시키는 근거로 적용되었다.

중국은 1990년대 들어서면서부터 미국이 동아시아에 구축해 놓은 해양질서 체계, 즉 근접해상 봉쇄전략에 적극적으로 대응하기 시작했다. 중국은 우선 제1도련선을 돌파하는 목표를 세우고, 제1도련선 돌파 이후 제2도련선까지 군사력을 투사하는 목표를 추진하기 시작

---

36) Henry Kissinger, China's Rise and China-US Relations, *China's Rise-Threat or Opportunity?*, Routledge Security in Asia Series, 2011. p. 7.

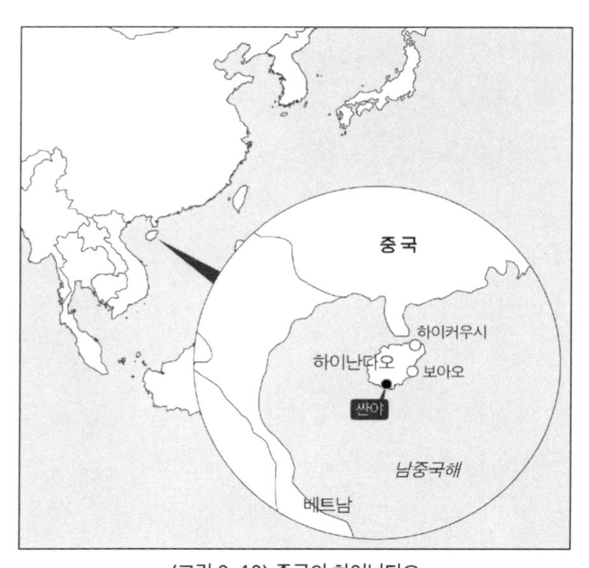

〈그림 2-12〉 중국의 하이난다오

출처: http://www.google.co.kr(검색일: 2011년 11월 12일).

했다. 이는 동아시아 해역에서 미국에게 대등한 수준의 해양전략으로 맞서겠다는 의도를 보인 것이다. 현재 중국은 미국이 주도하고 있는 동아시아 해역의 해양질서에 강력히 도전하고 있다.

로이터 통신은 상하이 인근 칭신다오(長興島)의 장난(江南)조선소에서 5만~6만 톤급 핵항모 2척을 건조 중이라고 전했다. 중국은 이미 시험운행 중인 바랴크함과 건조 추진 중인 항모를 주축으로 공격형 함대를 창설하고자 한다. 홍콩명보는 중국이 2개의 항모전단으로 구성된 제4함대를 〈그림 2-12〉의 하이난다오(海南島) 산야(三亞)에 신설할 계획임을 보도한 바 있다.[37]

37) 서승욱 · 정용환, "러 핵잠, '돌고루키' 동해 배치……. 중국, 항모전단 창설", 『중앙일보』,

중국은 해군력뿐만 아니라 유엔해양법 협약까지 동원하여 동아시아 모든 해역에 대한 관할권을 강화하는 등 복합적인 해양전략을 총체적으로 구사하고 있다. 그리고 중국이 1980년대 이전 쿠글러 · 제이거의 세력전이 5단계 중 1단계(지배국에 복종)에 머물렀던 상태에서 미국과 대등한 수준의 해양전략을 구사하기 시작한 2000년대까지는 그 기간이 20년밖에 되지 않는다. 함정 획득기간이 평균 20년임을 고려할 때 중국이 미국에 대해 대등한 수준의 해양전략을 펼치게 된 것은 중국의 해양력이 급속도로 증강한 이유만 있는 것이 아니라 미국의 해양력이 상대적으로 감소하였기 때문이다.

향후 중국은 미국의 해양패권에 대해 적극적인 전략을 추진하게 될 것이다. 중국 분석가들은 현재 국제질서체계의 세력전이가 상당한 수준으로 진행 중이며, 중국이 국제질서체계 전환의 중심에 있다고 평가하고 있다. 또한 중국 지휘부는 패권의 세력이전이가 미국으로부터 중국으로 진행되고 있음을 눈여겨보고 있다.[38]

결론적으로 국가의 의지와 해양정책이 내포되어 있는 해양전략 측면에서 볼 때 동아시아에서 중국의 해양전략은 미국 해양전략과 대등한 수준으로 대응하고 있음을 알 수 있다. 향후 중국은 동아시아에서 영토주권 문제, 해양관할권과 자원 분쟁, 그리고 군사안보 문제에 있어 미국의 개입에 대해 적극적이고 공격적인 해양전략을 구사해 나갈 것이다. 그 이유는 이미 중국의 해양전략이 그러한 방향으로

2011년 9월 9일자.

38) Edward Friedman, Power Transition Theory-A Challenge to the Peaceful Rise of World Power China, *China's Rise-Threat or Opportunity?*, pp. 26-27.

추진되고 있으며 중국의 경제성장이 이를 요구하고 있기 때문이다.

미국은 이러한 중국의 대외팽창적 해양전략을 그대로 묵과하지 않을 것이다. 동아시아에서 중국의 해양력이 원해로 확장한다는 것은 미국의 해양패권이 축소되고 있음을 인정하는 것이기 때문에 미국은 과거보다도 더 강도 높은 봉쇄전략을 구사하게 될 것이다. 따라서 미국과 중국의 공격적인 해양전략은 동아시아 해역에서 충돌할 가능성이 크다. 국가이익을 위한 패권국가의 의지와 도전국가의 의지가 상충할 때 군사적 충돌은 피할 수 없다. 특히 국가를 대표하는 군함들이 적아(敵我)를 구분하는 경계선이 없는 해양에서 활동하고 있기 때문에 저강도의 군사충돌과 국지전 형태의 해상전투가 일어날 가능성이 농후하다.

따라서 미국과 중국은 국력의 격차가 좁혀져 있는 어느 시점에서 해상충돌을 통해 상대의 의지를 시험해 보고자 할 것이다. 그러므로 향후 미 · 중 해양전략은 힘을 바탕으로 유연적인 반응이 아닌 공격적 반응을 추구하는 면이 강하게 나타날 것이다. 이러한 미 · 중 해양전략은 동아시아 국가들에게 직접적인 영향을 주게 되어 미국과 중국을 중심으로 한 군사동맹관계를 모색하게 될 것이다. 그리고 동아시아 각국은 해군력을 증강하는 해양전략을 적극적으로 모색할 수밖에 없는 현실에 직면하게 될 것이다.

제 3 장

미 · 중 에너지 정책과 해상교통로 확보 경쟁 분석

21세기 에너지 해상교통로의 중요성

역사적으로 해상교통로(SLOCs: Sea Lanes of Communication)는 인류에게 식량자원을 공급하는 생존 유지의 수송로였으며 국가의 안보에 큰 영향을 미친 교통로였다. 해상교통로는 또한 에너지를 수송하는 경제적인 교통로이면서 군사적으로도 매우 중요하다. 군사적으로 해상교통로는 작전 세력과 하나 또는 그 이상의 작전기지를 연결하고 이를 따라 보급과 세력 투사가 이루어지는 해로를 뜻한다.[1] 따라서 21세기 해상교통로의 안전은 곧 국가의 생존에 직결되는 사활적인 국가목표라고 할 수 있다.[2]

해상교통로는 평시 국가경제발전을 도모하고 국가의 힘을 현시하기 위한 해상의 통로이며, 전시에는 군사력을 투사하고 해상통제권

1) 박호섭, 『해양전략의 이론과 실제』(대전: 해군대학, 2004), p. 72.

2) 조윤영, "미국 해양전략의 변화와 한국의 해군력", 『동서연구』 제21권 제2호(2009), p. 8.

을 확보하기 위해 필수적으로 확보하고 있어야 하는 전략적인 해상통로이다. 따라서 에너지 해상교통로는 세력전이의 추세를 가늠해볼 수 있는 잣대가 된다. 미국과 중국뿐만 아니라 역사적으로 강대국들은 해상교통로를 중심으로 세력전이가 이루어져 왔다. 해상교통로의 중요성을 상세히 살펴보면 다음과 같다.

세계 각국은 오래전부터 국가의 이익과 생존을 위하여 해상교통로를 개척하고 안전하게 사용할 수 있는 태세를 갖추는 데 많은 노력을 경주해 왔다. 영국의 유명한 해양전략가인 줄리안 콜벳은 경제력은 영국의 발전과 번영에 가장 중요한 요소이므로 해상교통로를 안정적으로 확보하지 못하면 국민의 생계에 타격을 주게 되고, 해군력 유지에 막대한 손상을 입을 수 있다고 주장했다. 콜벳은 영국이 자신들의 의지대로 무역을 통제하고, 적의 해상교통로 사용을 제한하는 길이 영국이 번영을 꾸준히 유지할 수 있는 길이라고 주장하면서 해상교통로 보호가 영국의 최우선 과제라고 말했다.[3]

해양전략에서 가장 중요한 것은 평시 적대국에게 우리의 의지를 강요하고, 전시 적대국의 해군세력을 타격하기 위하여 해상통제권을 선점하는 것이다. 따라서 해상통제는 해상통제권을 확보한 국가가 자신이 원하는 장소와 시간에 적대국의 해상무역, 경제활동, 정치활동 등을 제한하고, 자신의 이익을 최대한 보장해 주는 것을 말한다. 이러한 해상통제의 우선적 요소가 해상교통로이다. 그러므로 해상통제를 위하여 먼저 해상교통로를 통제함으로써 경제적 압박을 가하고, 자국의 경제적 이익을 극대화하여 전쟁 지속능력을 최대로 보장

3) 줄리안 콜벳 지음, 해군본부 옮김, 『해양전략의 원칙』(진해: 해군본부, 1986), pp. 72-86.

해줄 수 있는 여건을 조성하는 것이다.

오늘날 세계 무역의 95% 이상이 해양을 통해 이루어지고 있고, 어떠한 국가도 해상으로부터 공급되는 물자 없이는 지속적으로 경제생활과 산업발전을 이룩할 수 없으므로 해상교통로는 국가의 경제와 생존에 직결되어 있다.[4] 그중에서도 핵심에너지인 석유와 천연가스는 대부분 해상수송을 통해 이루어지고 있다. 육상수송은 수송관 설치와 유지에 막대한 예산이 들어가고 수송관이 경유하는 국가들과의 협조가 필수적이어서 국가적으로 엄청난 투자와 노력이 필요하다. 반면 해상수송은 육상수송에 비해 경제적이나 해상통제권이 없는 경우 안전이 보장되지 않는다는 단점이 있다. 해상교통로에 대한 군사적 통제는 패권을 획득하기 위한 수단으로 이미 수많은 국가들이 해양에서 해상교통로를 지키기 위하여 투쟁을 해왔으며, 특히 해양국가는 해양이익이 국가의 생존과 발전의 핵심임을 인식하여 해군을 강화해 왔다. 영국의 해양전략가 줄리안 콜벳은 평시 국민의 생계를 유지시키는 효과 측면에서 볼 때 해상교통로 통제가 지상교통로 통제보다 그 효과가 강하게 나타나며, 전쟁 초기 경제적 압박의 효과가 지상교통로에 비해 높다고 주장하면서 해군의 주 임무는 해상교통로 보호에 있음을 강조하였다.

미국의 마한은 『해양력이 역사에 미치는 영향』에서 1660년 제2차 영국-네덜란드 전쟁부터 1779년 영서전쟁까지 12개 국가 간 전쟁의 역사를 해상교통로 확보 차원에서 분석함으로써 해상교통로가

---

4) 이서항, "동북아 해양안보 강화와 협력방안 연구", 『정책연구시리즈 2003-10』(외교안보연구원, 2003), pp. 12-13.

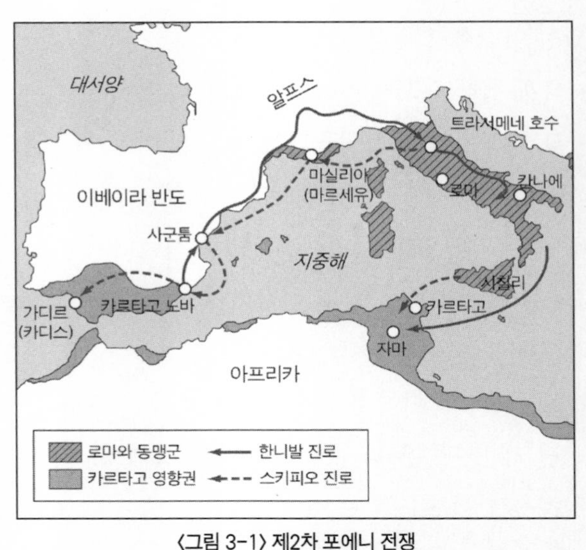

〈그림 3-1〉 제2차 포에니 전쟁

출처: http://imagesearch.naver.com(검색일: 2011. 5. 24).

국가의 정치 · 경제 · 군사 분야에서 얼마나 중요한 요소인가를 밝히고 있다. 마한은 제2차 포에니 전쟁(B.C. 218-210)에서 카르타고와 로마의 전쟁이 지중해를 사이에 두고 일어난 해상교통로 장악 전쟁이었음을 환기시키고 있다.

〈그림 3-1〉에서 보는 바와 같이 한니발이 알프스 산맥을 넘어 로마를 진격한 것은 지중해와 로마를 잇는 해상교통로를 장악하지 못했기 때문이다. 즉 한니발은 시칠리를 비롯한 지중해 섬들을 로마에게 빼앗기고 있었으므로 이 섬들을 중간거점지로 활용할 수 없었기 때문에 어쩔 수 없이 스페인의 노바로 상륙하여 원정을 하게 된 것이다. 그리고 로마에 패하게 된 근본 원인도 군수물자 보급이 원활히 이루어지지 못하였기 때문이다. 만약에 한니발이 지중해의 섬들

을 먼저 장악하였다면 군수물자와 전투인력들은 적시에 로마에 있는 한니발 주력군에게 도달했을 것이다. 이와 반대로 로마는 한니발의 기습에 의해 전투의 주도권을 잃었으나, 지중해를 완벽하게 통제함으로써 한니발의 전투능력을 약화시킬 수 있었던 것이다. 따라서 로마와 카르타고의 세력전이는 지중해 해상통제권에 있었던 것이다. 제2차 포에니 전쟁 이전까지는 카르타고가 지중해를 장악하여 로마는 카르타고가 설정한 지중해의 경제 · 안보질서 체제에 수긍할 수밖에 없었다. 그러나 제2차 포에니전쟁 시에는 로마가 지중해를 석권함으로써 카르타고는 로마의 도전을 허용할 수밖에 없었고 한니발의 로마 원정 작전은 실패하게 된 것이다.

21세기 접어들어 현대산업의 발전과 지속적인 경제성장을 위하여 에너지는 전략적 가치를 더해 가고 있다. 특히 국가 간 경제 상호 의존도가 심화되고, 에너지가 고갈되어 가고 있는 반면에 수요가 급증하고 있는 지구화 시대(global age) 경제체제에 있어 에너지는 매우 중요한 전략적 자원이 되었다. 에너지 자원을 누가 안전하게 확보할 수 있느냐에 대해 국가 간 힘겨루기가 지속적으로 진행되고 있어 에너지 수급 문제는 패권 경쟁의 일축으로 작용하고 있다. 따라서 에너지가 세력전이의 핵심요소로 등장하고 있다.

현재 에너지 안보는 국제질서를 재편하는 중요한 원인으로 작용하고 있는데 미국의 동맹 재편은 다분히 이분법적인 관점에서 이루어지는 경향이 있다. 즉 미국 주도의 에너지 수급질서 재편에 동참하는 국가와 그렇지 않은 국가들로 나눌 수 있다. 이는 오간스키가 제시하고 있는 지배국이 구축해 놓은 경제체제에 대해 만족하고 있는 국가와 불만족하고 있는 국가로 구분하는 것과 연계되어 있다. 에너지 안보는 동맹의 재편, 더 나아가 패권 경쟁에서 등장 가능한 위협 국가의 견제와 반작용의 전략적 수단으로 발전함으로써 과거에 비해 훨씬 중요한 비중으로 대두되고 있다.[5)]

에너지를 확보한다는 것은 에너지가 생산되는 곳을 점유하거나 에너지 생산국가와 협력을 통해 국가가 필요로 하는 에너지양을 충분히 확보하고 자국으로 안전하게 운송해 오는 것을 말한다. 따라서 에너지 패권 경쟁은 에너지를 충분히 확보하는 국가의 정책과 에너지를 안전하게 수송해 오는 데 필요한 해상교통로를 보호하는 것이다. 21세기 해양을 누비는 상선, 어선, 관측선 등 모든 선박들이 운송하거나 적재하는 물자 중에서 가장 중요한 것은 에너지이다. 에너지가 없이는 산업 발전이 지속될 수 없고 군사작전도 불가하다. 따라서 미국과 중국의 해양패권 경쟁에서 빼놓을 수 없는 것이 국가의 에너지 정책 대결과 해상교통로 보호 정책이다. 중국은 이를 위해 해양 세력전이를 꾀하고 있고 미국은 중국이 도전하지 못하도록 힘의 격차를 크게 하려고 한다.

미국이 유라시아 대륙과 해양을 통해 이중 포위전략을 구사하는 것에 대하여 중국은 포위 그물망을 뚫고 대양으로 진출하려는 양상을 보이고 있다. 중국은 미국의 에너지 경쟁 구도에 변화를 주기 위하여 중동부터 남중국해에 이르기까지 해군기지 확보와 외교관계 증진을 병행하면서 친 중국 동맹권을 형성하고 있으며, 동남아 역내

---

5) 김재두, "21세기 국제질서와 에너지 안보", 『협력과 갈등의 동북아 에너지 안보』(서울: 인간사랑, 2008), p. 15.

국가들에게 경제적 지원을 통해 중국과의 협력망을 강화하면서 미국에 도전하고 있다. 이에 미국은 중국이 대륙세력에서 해양세력으로 도약하는 것을 견제하기 위하여 동맹세력을 규합하고 종심 깊은 군사적 배치와 유라시아의 해상교통로를 통제하고 있다.[6]

미국은 전통적인 해양국가로서 전 세계의 자유진영 국가들과 동맹 또는 우호적인 관계를 맺고 있다. 미국은 이들 국가와 해양을 매개체로 하여 안보와 경제적 관계를 유지하고 있는데 해상교통로는 미국과 우호적인 국가들 간의 생명선이나 다름없다. 따라서 미국 입장에서 에너지 해상교통로 확보는 국가이익을 실천하는 사활적인 목표이면서 패권구도를 유지할 수 있는 동맹국을 연결하고 있는 선이기도 하다.

중국 역시 해상교통로 확보가 국가의 사활적 목표로 자리 잡고 있다. 중국이 동아시아 해역에서 에너지 해상교통로를 확보하기 위해 추진하고 있는 것은 국가발전의 안전망을 확보하고, 미 · 중 군사 대결에서 유리한 전략지점들을 확보하기 위함이다. 중국은 경제발전에 필요한 에너지 확보를 위해 서태평양, 인도양, 대서양, 아프리카 원해의 해상교통로 안전을 매우 중요하게 생각하고 있다. 장원무(張文木, 2010)는 중국의 지리환경은 동쪽으로는 재원, 즉 시장과 연결되어 있고 서쪽으로는 에너지, 즉 세계 석유통로와 연결되어 있는 특징이 있어 해외 에너지와 자유무역의 권리를 보호하기 위해서는 해외 군사작전 범위를 늘려 해상교통로를 안전하게 확보해야 한다고 주장

6) 김재두, "21세기 국제질서와 에너지 안보", pp. 21-25.

한다. 그는 미국 해양패권국과 싸우려면 해군의 역량을 강화해 나가야 한다고 주장하면서, 적의 세력을 본토 깊숙이 유인하여 전투를 벌이던 과거 인민전쟁전략이 해양에서 사용되어서는 안 된다고 역설하고 있다. 특히 글로벌 시대에 중국의 국가이익은 이미 해외로 확장되어 있어 중국은 반드시 전 세계 각 지역을 연결하는 가장 편리하고 빠른 해상교통로를 지키기 위해 강한 해군을 가지고 있어야 한다고 주장한다.[7)]

해상교통로를 통제하는 방법은 군사적인 수단과 유엔해양법을 근거로 한 연안국(沿岸國)의 권리를 주장하는 수단이 있다. 중국은 최근 대외 외교전략인 '조화 외교'[8)]에 근거를 두고 '조화로운 바다(Harmonious Ocean)'란 모토(motto)를 내세워 유엔해양법을 준수하자고 전 세계 국가에 홍보하고 있다. 국제해양법을 근거로 미국의 해양패권 구도를 흔들려고 했던 인물은 옛 소련의 해군 사령관이었던 고르시코프이다.[9)] 고르시코프는 1980년 '국가의 해양력'에서 해양법에 대한 국제적 관계를 조명하고 있는데, 국제해양법은 해양과 대양에서

---

7) 장원무(張文木) 지음, 주재우 옮김, 『中國 海權에 관한 論議』(서울: 국방대학교 국가안전보장문제연구소, 2010), pp. 145-152.

8) 조화 외교는 국외적으로 중국의 부상을 전 세계에 알리기 위한 외교노선으로 경제, 무역, 외교, 문화 등 광의의 소프트 파워 개념이다. 중국은 아시아가 단 · 중기적으로 자국의 영향력과 세계 경영을 실험할 수 있는 지역으로 인식하고 양국 간 · 다국가 간 부드러운 외교전략을 추진하고 있다. 그러나 조화외교의 중심에는 중국의 이익이 우선한다는 개념이 위치하고 있다. 권대영 외, 『동북아 전략균형』(서울: 한국전략문제연구소, 2009), pp. 157-168.

9) 고르시코프는 19세기와 20세기에 세계의 열강들은 자국에게 유리한 해상우세권을 유지하고 자원을 개발하기 위하여 공해를 지배하려는 경향을 보여 왔다고 주장했다. 또한 그는 제국주의 국가들이 대륙붕을 넘어선 공해상에서 막대한 해저 지역을 탐사함으로써 다른 국가들에게 피해를 주고 있다고 언급하면서 국제해양법 준수를 강조하고 있다. 고르시코프가 국제해양법을 언급한 것은 미국의 우월한 해군력이 전 세계로 확장하고 소련을 봉쇄하는 것을 견제하기 위한 조치였다.

독립 국가들이 수행하는 군사작전의 법적 근거와 국가들 또는 조직 기관 간의 상호 관계에 대한 규정을 확립시키는 것이므로 이를 모든 국가가 준수해야 한다고 말하고 있다.

동아시아의 중 · 일 간 센카쿠(중국명: 다오위다오) 영토 분쟁, 중국-타이완 분쟁, 남사 · 서사군도 분쟁 등은 연안국들의 도서 영토주권과 배타적 경제수역 관할권과 연계된 것으로서 미 · 중 해상교통로 안전 확보와 깊은 관계가 있다. 해상교통로에 대한 위협요소들은 해적행위와 해상테러, 연안국의 영해 및 배타적 경제수역 관할권 통제, 연안국의 해양환경 오염방지, 잠재적 적국 또는 적국의 군사적 통제 등을 들 수 있다.[10] 이처럼 에너지 해상교통로는 단지 경제적인 측면에서만 중요한 것이 아니라 안보 · 정치적 측면에서도 중요한 요소가 된다. 역사적으로도 에너지 해상교통로를 중심으로 강대국 간 해양패권 경쟁이 일어났으며, 21세기 들어 경제 후발국들이 급속도로 발전하면서 에너지 수요가 엄청나게 커지고 있는 시점에서 중국은 미국이 동아시아에 구축해 놓은 경제 · 안보 구도에 도전하고 있다. 이는 동아시아뿐만 아니라 전 세계적으로 미국이 주도하고 있는 에너지 해양패권 구도에 불만을 갖고 있는 중국의 해양력 신장이 미국보다 급속도로 빨라지고 있는 데서 기인하고 있다.

---

10) 이서항, "동아시아 해로 안보와 해군의 역할", 해양전략연구소, 『STRATEGY 21』 제25호, 2010년 봄 · 여름호 , pp. 67-76.

미 · 중 에너지 정책과 해상교통로 확보 세력전이 분석

미 · 중 에너지 확보 경쟁과 이를 기준으로 한 해상교통로 보호는 동아시아에서 양국 간 세력전이의 전형적인 모습을 보이고 있다. 19세기 미국의 해양전략가 마한은 해양에서 가장 중요한 것은 미국의 경제를 뒷받침하는 수출입 상품의 교역과 석탄 및 자연자원의 수입을 안정적으로 유지하기 위하여 해상교통로를 안전하게 확보하는 것이 무엇보다도 중요한 일이라고 주장했다. 이를 위하여 미국은 소극적이며 방어적인 해군력 운영에서 탈피하여 원해에서 공세적인 해군력을 운영해야 한다고 주장했다. 이처럼 마한의 자원 위주 해양전략 개념은 오늘날 미국 해양패권의 주축을 이루는 근간이 되고 있다고 해도 과언이 아니다.

미국의 전통적인 해양패권 구도하에서 중국은 경제가 지속적으로 급성장하면서 세계 에너지를 끌어들이는 에너지의 블랙홀이 되어 가고 있다. 중국은 2002년을 기점으로 본격적인 에너지 수입국으로 전환되어 세계 석유 사용량에서 차지하는 비중이 2010년 8.3%이며 2020년에는 11%까지 증대될 것으로 예상하고 있다.[11] 미국은 2000년대 들어 나토(NATO, 북대서양조약기구)를 대폭 확대하고 발트 해에서 유라시아 대륙의 남부를 아우르는 군사기지 벨트를 건설하고 있는데, 이는 석유 매장량의 2/3를 차지하고 있는 중동과 카스피 해 송유관 설치지역과 연계된다. 따라서 이는 에너지 확보가 미국에게도 사활적인 국가이익임을 시사하는 증거이다.[12]

군사적 차원에서 볼 때도 에너지는 군사력을 보존하고 그 힘을 최대한 발휘할 수 있도록 보장해 주는 원동력이다. 특히 해군은 거의 모든 장비와 무기들이 에너지를 활용하여 작전을 수행하고 있기 때문에 에너지는 필수적인 군수지원 요소이다. 그러므로 에너지는 잠수함, 이지스함, 상륙함 등 해군의 무기체계보다도 더 중요한 요소라고 볼 수 있다. 2차 대전 당시 미군 병사 한 명은 하루에 석유 1갤런(3.8리터) 정도를 소비했으나 1990~1991년 걸프 전쟁에서 4갤런(15.2리터)을 사용했으며, 부시 행정부가 치른 이라크 및 아프간 전쟁에서는 16갤런의 석유를 소비했다.[13] 앞으로 미래 전쟁에서 에너지의 수요

11) 김종원, "국가에너지 안보를 위한 해군의 역할", 『해양연구논총』(진해: 해군사관학교, 2010), p. 125.

12) 심경욱, "한반도 근해 해양안보 위협에 따른 국제 공조 방안: 에너지 해상교통로의 중요성을 중심으로", 『제10회 해양안보 심포지엄 발표 논문집(대전: 해군본부, 2010), p. 37.

13) 마이클 T. 클레어 지음, 이춘근 옮김, 『21세기 국제자원 쟁탈전: 에너지의 새로운 지정학』(서울: 한국해양전략연구소, 2008), pp. 24-25.

는 급격히 증가할 것이다. 에너지 공급이 뒷받침되지 못하는 무기체계는 고철이나 다름없다. 미국과 중국 양국은 에너지에 대한 해외의 존도가 갈수록 높아짐에 따라 에너지 확보를 사활적 국가이익 차원으로 간주하고 공세적인 정책을 추구하고 있어 양국의 에너지 확보정책은 해양패권 경쟁에서 세력전이의 전초적인 이미지를 형성하고 있다. 향후 국제사회에서 제일 중요한 경제정책은 에너지 확보정책이 될 것이다. 따라서 미국과 중국의 지도자들은 충분한 에너지를 확보하기 위하여 정치 · 군사적인 수단들을 총동원할 가능성이 크다. 에너지의 문제점은 현재 저장되어 있는 에너지의 양이 각국의 산업발전을 지속적으로 뒷받침해 줄 만큼 충분한 수준이 못된다는 데 있다. 이에 미국과 중국은 새로운 유전 개발을 위하여 많은 예산과 노력을 기울이고 있으며, 에너지를 보유하고 있는 국가들과 에너지 동맹을 강화하고 있다. 따라서 미국과 중국의 에너지 해상교통로 확대는 양국 간 정치 · 군사적 마찰을 불러올 수 있는 문제를 제기하고 있다. 미국과 중국의 에너지를 중심으로 한 세력전이의 모습을 분석해본다.

1. 중국의 대미 에너지 정책과 해상교통로 확보 경쟁

1990년까지 중국은 세계 에너지의 약 8% 정도를 소비했던 나라였다. 이때 미국은 세계 석유 공급량의 24%를 소비하고 있었고, 서유럽 국가들은 20%를 소비하고 있었다. 그러나 2006년 중국의 석유소비량은 전 세계 석유 소비량의 16%로 뛰어올랐으며, 이러한 증가추세를 고려해 볼 때 2030년 중국은 세계 전체 석유의 21%를 소비하게 될 것으로 예상되어 미국은 물론 세계 모든 나라의 석유 소비량을 추월하게 될 것이다.[14] 2005년 중국인들의 자동차 구매는 590만 대로 독일과 일본을 앞섰으며 미국 다음으로 세계에서 두 번째로 큰 시장이 되었다. 만약 자동차 판매가 지금과 같이 엄청난 수준으로 지속된다면 중국은 2020년에 미국을 앞질러 세계 제1위의 자동차 시장이 될 것이다. 그때 중국의 도로 위에는 자동차와 트럭이 1억 3,000만 대에 이를 것이며, 2030년 중국의 자동차 숫자는 2억 7,000만 대에 이를 것이다.[15]

중국 국내에서 생산되는 석유는 2030년 중국이 필요로 하는 소비량의 약 1/4 정도만을 충족시킬 수 있기 때문에 나머지 3/4의 소비량은 외국으로부터 수입해만 한다. 이에 후진타오는 2002년부터 중국의 에너지 문제에 대해 깊은 관심을 기울이고 있다. 후진타오는 중국에 인접해 있는 카자흐스탄뿐만 아니라 아프리카, 중동, 라틴 아메리카로부터 에너지를 수입하기 위한 노력을 기울이고 있다. 중국은 이를 위하여 에너지를 생산하는 국가들과 전략적 동맹관계를 강화하고 있다. 특히 중국은 아프리카에 대해 자원 확보 노력을 경주하고

---

14) 위의 책, p. 26.

15) Gordon Fairclough and Shail Oster, "As China's Auto Market Booms Leaders Clash Over Heavy Toll", *Wall Street Journal*, June 13, 2006, The projections for 2030 are from IEA, WEO 2007, pp. 44, 298-303; 마이클 T. 클레어 지음, 이춘근 옮김, 『21세기 국제자원 쟁탈전: 에너지의 새로운 지정학』(서울: 한국해양전략연구소, 2008), p. 130에서 재인용.

있는데, 그 이유는 아프리카가 세계 최대의 석유 및 천연가스 매장지를 보유하고 있고, 아프리카 산유국들이 미국 등 서구세력에 대해 부정적인 감정을 가지고 있는 반면 중국에 대해 우호적인 태도를 보이고 있기 때문이다.

최근 개발되고 있는 아프리카의 석유 채굴 장소들은 바다에 위치하고 있어 아프리카 유전을 확보하기 위하여 해군력의 지원이 필요한 상태이다. 남대서양을 중심으로 한 서아프리카 주변국들, 즉 적도기니, 가봉, 나이지리아, 카메룬, 앙골라, 차드, 수단 등은 석유를 생산하여 수출하는 주요국이면서 미래 석유를 생산할 수 있는 매장지를 보유하고 있는 국가들로 모두 해안에 위치하고 있다. 최근에 발견된 큰 유전들 역시 대부분 기니 만과 남대서양 지역의 바닷속에 있다. 이에 미국은 이 지역에 대해 해군력을 점점 더 강화하고 있는 실정이다.

이에 반해 중국은 아프리카의 에너지를 확보하기 위하여 아프리카 에너지 국가들과 정치 · 경제 외교를 강화하고 있다. 중국은 나이지리아의 니제르 삼각주에 있는 심해 유전을 23억 달러에 인수하였으며, 수년간 22억 5,000만 달러 투자를 약속하였다. 또한 가봉에 대해서는 가봉 목재산업의 70%를 중국이 수입하기로 했으며, 잠비아의 구리 광산에 1억 7,000만 달러를 투자하였다. 중국은 아프리카의 수단에 대해 지원을 집중하고 있다. 중국은 수단의 전체 석유량 중 60%를 수입하고 있으며, 유전개발과 고속도로 건설에 막대한 경제 지원을 하고 있다. 중국은 케냐에 대해서 약 30여 개의 중국 기업들이 투자를 하고 있으며, 케냐에 통신장비를 제공하고, 유선 교환기를 구축하는 등 경제적 지원을 아끼지 않고 있다.

중국이 아프리카에 대해 정치외교를 강화하고 경제 지원을 적극적으로 시행하고 있는 것은 미국과 관계가 좋지 않은 아프리카를 공략하여 안정적인 에너지를 확보하고, 아프리카에서 미국의 군사적 활동을 저지하기 위한 속셈과 관계가 있다. 중국은 미국이 자신들과의 해양패권 경쟁에서 전쟁으로 이어질 경우에 분명히 아프리카로부터 중국에 이르는 에너지 해상교통로를 봉쇄하고자 할 것이라는 사실을 예상하고 있다. 그러므로 중국은 미국과 관계가 좋지 않은 아프리카 산유국들에게 정치외교 능력을 강화하고 경제 지원을 아끼지 않음으로써 추후 예상되는 위기에 대한 관리에 대비하고자 하는 것이다.

이러한 중국의 에너지 수입국 변화 추구는 미국이 기존에 구축해 놓은 에너지 경제 질서에 도전하는 양상으로 나타나고 있다. 특히 중국의 입장에서 보면 동아시아의 말라카 해협으로 치중된 에너지 해상교통로에서 벗어나 에너지 수입국을 다변화함으로써 미국의 동아시아 해양안보력을 분산시키는 효과를 노리는 목적도 있다. 즉 일본과 하와이 태평양사령부에 집중된 해군력을 전 세계 해역으로 분산시킴으로써 동아시아의 미 해군력을 약화시키려는 의도가 내포되어 있다고 판단된다.

다음으로 중국은 미국과 정치 · 군사적으로 갈등을 벌이고 있는 이란과 지금까지 미국과 가깝게 지냈던 사우디아라비아를 대상으로 에너지 틈새전략을 추구하고 있다. 중국이 이란에 대해 틈새전략을 펼치고 있는 사례는 다음과 같다. 첫째, 중국은 2004년 10월 이란 국영 석유회사(NIOC: National Iranian Oil Company)와 대규모 유전인 야다바란(Yadavaran) 유전을 확보할 수 있는 협정을 체결하여 향후 25년 동안 매년 액화 천연가스 1,000만 톤씩을 구입하기로 했다.[16] 둘째, 중국은 이란과 가까워지기 위해 미국과 이란의 적대적 관계를 이용하고 있다. 중국은 이란이 미국 등 서구세력과 대치하고 있는 안보 정국을 활용하고 있는데, 그 대표적인 사례가 이란에 대한 군사적 지원이다. 중국은 이란에 수백 기의 HY-2 실크웜 대함(對艦)미사일을 판매하였는데 실크웜 미사일은 사정거리가 120여 km로 페르시아 만 해상에 떠 있는 미국 군함을 요격할 수 있는 무기이다. 〈그림 3-2〉에서 보는 바와 같이 페르시아 만 호르무즈 해협은 이란과 사우디아라비아 사이의 해역으로 세계 유조선의 1/3이 통과하는 해협으로 석유 수송의 요충지이다.

페르시아 만은 이란, 사우디아라비아, 이라크, 카타르, 아랍에미레이트(UAE) 등 중동의 대표적인 석유산유국들이 석유를 해상으로 수송하는 통로이다.

미국과 아시아, 서방국가들의 석유 대부분이 페르시아 만을 통과하고 있으며, 중국도 석유 수입의 50%가 이곳을 통과하고 있다. 페르시아 만은 폭이 250~350km로 이란이 미사일을 해안에 배치한다면 페르시아 해상교통로 대부분이 사정권에 들어온다. 2011년 11월 이란은 미국과 서방이 이란의 석유 수출을 방해할 때에는 페르시아 만을 봉쇄하겠다고 선언한 바 있다.

---

16) 마이클 T. 클레어 지음, 이춘근 옮김, 『21세기 국제 자원 쟁탈전: 에너지의 새로운 지정학』, p. 368.

〈그림 3-2〉 페르시아 만과 호르무즈 해협

출처: http://www.hankyung.com/news/app/newsview.php?aid=2012010514491(검색일: 2012. 1. 30).

이란은 페르시아 만 봉쇄는 매우 쉬운 일이라고 했는데, 이는 미사일 탑재 고속 경비함과 이란의 해안에 위치해 있는 대함 및 대공미사일에 의한 봉쇄를 의미한다. 미국은 페르시아 만을 통제하기 위하여 바레인에 미 5함대 세력을 배치하고 있다. 그러나 미국은 이란이 대함 및 대공미사일을 개발하는 데 대해 매우 우려하고 있는 실정이다.

따라서 이란이 페르시아 만 해안에 HY-2 실크웜 미사일을 배치하게 되면 미 해군은 페르시아 만에서 연안작전수행능력에 제한을 받게 되어 군사력을 투사하는 데 막대한 제한을 받게 된다. 과거 이란은 중국제 실크웜 미사일로 쿠웨이트 유조선과 석유 시추시설들에 대해 공격한 적이 있었으며, 1987년 10월 16일 미국의 깃발을 게양한 쿠웨이트의 유조선 아일랜드 시티(Sea Island City)호를 공격하여 미국인 선장을 실명하게 하고 선원 18명에게 부상을 입힌 적이 있다. 이외에도 중국은 이란에게 실크웜 미사일보다 성능이 훌륭한 C-802 대함 순항 미사일을 장착한 20척의 경비정을 판매했다.[17] C-802 대함 순항 미사일은 수상함, 항공기, 잠수함 등에 장착하여 발사할 수 있는 공격 무기로 사정거리는 120km이다.

사우디아라비아는 전통적으로 미국과 우호적인 중동의 주요 산유국이다. 미국은 중동에서 안정적인 원유 수급을 위하여 외교 및 군사적으로 사우디아라비아를 보호해 왔다. 미국과 사우디아라비아의 에너지에 대한 외교정책의 시발점은 루스벨트와 사우디아라비아의 왕이었던 아부달 아지즈 이븐 사우디(Abd al-Aziz ibn Saud)와의 협상이다. 1945년 2월 14일 미국 군함 퀸시(Quincy)호 선상에서 만난 두 사람은 미국이 사우디아라비아에 안전보장을 확보해 주고, 사우디아라비아는 미국이 다른 나라보다 더 유리한 입장에서 석유를 확보할 수 있도록 하는 협상을 맺었다.[18]

이후 미국은 사우디아라비아가 불안한 안보 환경에 처하면 이를 해결하기 위하여 정치 · 외교 · 군사적으로 사우디아라비아의 보호자 역할을 충실히 해왔다.

역사적으로 우호적인 에너지 공급 관계를 맺고 있는 미국과 사우디아라비아의 관계를 비집고 들어오는 국가가 있는데 그 국가가 다름이 아닌 중국이다. 사우디아라비아도 중국의 경제발전이 급속도로

17) 위의 책, pp. 371-372.

18) 위의 책, p. 371.

이루어지고 있고, 중국의 경제적 영향력이 미국을 추월할 것이라는 전망을 고려하여 중국과의 에너지 협상에 대해 소극적이지 않은 모습을 보이고 있다.

1999년 중국의 장쩌민은 사우디아라비아와 전략적 석유 파트너십을 형성하였으며, 2003년 중국석유화공구분유한공사(Sinopec)는 사우디아라비아의 아람코 사와 협정을 맺어 다량의 원유를 공급받게 되었을 뿐만 아니라 사우디아라비아의 엠프티 쿼터(Empty Quarter) 지역의 B구역에 대한 천연가스 개발권을 획득하였다.

최근에는 후진타오와 사우디아라비아 압둘라 왕이 상호 양국을 교차 방문하였고, 사우디아라비아는 중국에 원유 수출을 늘리기로 한 바 있다. 중국은 사우디아라비아에 에너지 외교뿐만 아니라 무기 및 군사기술도 제공하고 있다. 중국은 1987년 사우디아라비아에 CSS-2 중거리 탄도미사일 36기를 판매했는데, 이는 사우디아라비아가 이스라엘의 탄도미사일에 대응하기 위한 의도와 맞아떨어졌기 때문이다.[19)]

이상과 같이 중국은 미래 경제 성장을 지탱해줄 수 있는 에너지를 확보하기 위하여 그동안 미국이 독점적 우위를 점유하고 있던 중동지역에 대해 외교 · 군사적으로 도전장을 내밀고 있다.

미국은 중국이 중동지역에서 에너지를 확보하기 위하여 정치 · 경제적인 측면뿐만 아니라 미국과 적대 관계를 맺고 있는 이란과 같은 무슬림국가와 전통적으로 친미 관계를 맺고 있는 사우디아라비아

19) 위의 책, pp. 369-371.

등에 대해 군사적 지원과 협력을 강화하고 있는 점에 대해 매우 우려하고 있다. 미국은 중동지역이 에너지 확보뿐만 아니라 중동 분쟁을 가속화할 수 있는 종교적 분쟁요소가 잠재되어 있는 점을 고려하여 중국의 중동에 대한 정치·군사적 도전을 최대한 억제하고 있는 실정이다.

미국은 만약 중국이 중동지역 국가들과 에너지 외교 및 군사적 협력관계를 구축할 경우 페르시아 만에서 해군력 운영과 군사력 투사 전략에 많은 제한을 받게 된다는 점을 간파하고 있어, 미·중 간 중동지역에 대한 에너지 확보 정책은 해양전략 측면에서도 매우 중요한 요인으로 작용된다는 점을 잘 인식하고 있다.

중국은 미국이 주도하고 있는 남중국 해상에서 미국의 해상통제 위협을 감소시키기 위해 중동으로부터 말라카 해협을 거쳐 남중국해와 동중국해로 들어오는 에너지의 해상교통로를 말라카 해협을 거치지 않는 해상교통로로 전환시키고자 노력하고 있다.

중국 후진타오 주석은 말라카 딜레마(Malacca dilemma)에 대해 한탄한 바 있으며, 말라카 해협으로 수송되는 석유를 최소화하고 대부분의 석유를 육상 수송로로 이동하기를 원하고 있다.[20] 말라카 해협을 회피하는 이유는 미국의 해군력이 동남아에서 활동하고 있고, 남중국해의 영토분쟁으로 동남아 여러 국가와 해양갈등 요소를 갖고 있기 때문이다. 이에 중국은 안정적인 석유 공급을 위하여 미얀마와 중국 간 전략적 석유 송유관(Oil Pipeline)을 추진하고 있는데 석유 송유관

---

20) Robert D. Kaplan, Center Stage for the Twenty-first Century: Power plays in the Indian Ocean, *Foreign Affairs*, March/April 2009, p. 21.

은 윈난 성(Yunnan Province)의 쿤밍(Kunming)과 미얀마의 벵골 만에 위치해 있는 시트웨(Sittwe) 항구를 연결하고 있다. 이 사업은 2006년도부터 중국 정부와 중국석유천연가스공사(CNPC)가 공동으로 주도하고 있다.

중국 정부는 총괄적으로 사업을 감독하고, 중국석유천연가스공사는 사업에 필요한 재정을 지원하고 기간산업을 추진하고 있다.[21] 중국-미얀마 석유 송유관은 〈그림 3-3〉에서와 같이 미얀마 시트웨 항구에 30만 톤의 원유부두와 60만m^2의 유류탱크를 구축해 중국이 중동과 아프리카에서 수입한 원유를 미얀마 만달레이(Mandalay), 중국 윈난 성 루이리를 거쳐 쿤까지 수송하는 것으로 전체 길이가 900km에

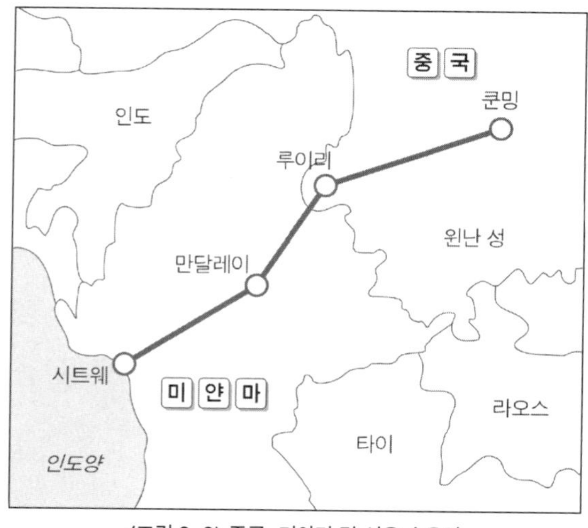

〈그림 3-3〉 중국-미얀마 간 석유 송유관

출처: 세계일보(2009. 6. 19).

21) Andrew S. Erickson and Gabriel B. Collins "China's Oil Security Pipe dream", *Naval War College Review*, Vol. 63, No. 2 (2010), pp. 101-102.

달하고 그중의 400km는 이미 철도가 개통되었다고 한다. 해당 송유관이 쿤밍에 도착한 후 쿤밍 시는 1단계 정제규모가 연간 2,000만 톤에 달하는 정유공장을 건설할 계획이다.[22)]

중국은 석유 송유관 건설사업과 별도로 미얀마와 쿤밍을 잇는 길이 2,380km의 가스관 부설을 위해 80억 위안(약 10억 4,000만 달러)의 자금을 투입할 예정이다. 이 가스관이 완공되면 약 30년 동안 매년 1,700억 m^2의 중동산 가스가 쿤밍으로 수송된다. 중국 정부는 아직 구체적인 착공 시기가 확정되지 않은 가스관 부설 대가로 미얀마에 6억 5,000만 홍콩 달러(약 8,300만 달러)의 정부 차관을 제공할 것으로 전해지고 있다. 미얀마 송유관을 통해 들어오는 석유의 양은 중국 석유 수입의 80% 이상이 될 것이며, 말라카 해협 해상교통로를 약 4,000km까지 단축할 수 있어 중국에게 에너지 수송 경비를 절약시킬 수 있는 부가효과도 창출시킬 수 있다. 또한 중국 내에서도 동부 해안에서 남서부 대륙에 이르기까지 막대한 물류비와 시간을 줄일 수 있게 되어 중국의 산업발전에도 큰 도움이 된다. 미얀마가 인도양에서 중국에게 에너지 해상교통로의 전략적 요충지를 내주고 있는 이유는 경제발전을 위해 중국의 경제 원조를 기대하는 것과 맞물려 있으며,[23)] 정치 외교적으로 유엔(UN)에서 중국이 자신들을 지지해 줄 것을 기대하기 때문이다. 이미 미얀마 군사정권은 중국의 지지를 얻

22) "주강 삼각주, 정유시설 확대로 2010년 공급 개선 전망", http://blog.daum.net/siliyoon/14355635, 검색일: 2010년 12월 10일.

23) "중국, 미얀마 종단 송유관 건설 착수", http://www.yiwunews.com/zeroboard/zboard?id, 검색일: 2010년 12월 24일.

기 위해 천연가스를 중국에 판매하고 있다.[24)]

중국은 미얀마의 시트웨 항구를 이용한 석유 공급뿐만 아니라 파키스탄과 석유 송유관을 건설할 조짐을 보이고 있다. 중국은 신장 위구르의 카슈가르(Kashgar)와 아라비아 해에 위치한 파키스탄의 과다르(Gwadar), 카라치(Karachi)와의 석유 송유관을 건설할 의도를 가지고 있다. 파키스탄의 이슬람 근본주의자들과 테러집단들로 인해 송유관의 안전이 확실히 보장될 수는 없지만 중국은 파키스탄과의 석유 송유관 건설을 매우 전략적인 가치로 보고 있다. 파키스탄은 미국이 빈라덴을 사살하기 위하여 파키스탄 영토 내에 진입한 것과 관계하여 2011년 5월 중국 정부에 해군기지를 건설해 달라고 요청한 바 있다. 초우다리 아메드 무크타르 파키스탄 국방장관은 유수프 라자 파키스탄 총리가 중국을 방문했을 때 파키스탄 남서부 과다르에 해군기지를 건설해 줄 것을 요청했다고 파이낸셜 타임스(FT)가 보도했다. 과다르 해군기지 건설 예정지는 〈그림 3-4〉와 같다.

과다르 해군기지가 완공되면 중국 군함이 정기적으로 입항하고 수리와 보급을 실시할 수 있게 된다. 중국은 이곳을 통해 중동으로부터 들어오는 석유 수송선을 적극적으로 보호할 수 있을 것이다.[25)]

이처럼 중국이 말라카 해협을 통과하는 석유공급선의 비중을 줄이고, 인도양과 아라비아 해로부터 직접 석유를 들여오려는 목적은 남중국해에서 미국의 해상통제에 대해 도전을 하기 위한 예비단계

24) Michael L. Ross, "Blood Barrels-Why Oil Wealth Fuels Emflict", *Foreign Affairs*, May/June 2008, pp. 5-6.

25) "파키스탄, 중국 해군기지 설치해 달라", 『중앙일보』, 2011년 5월 24일자.

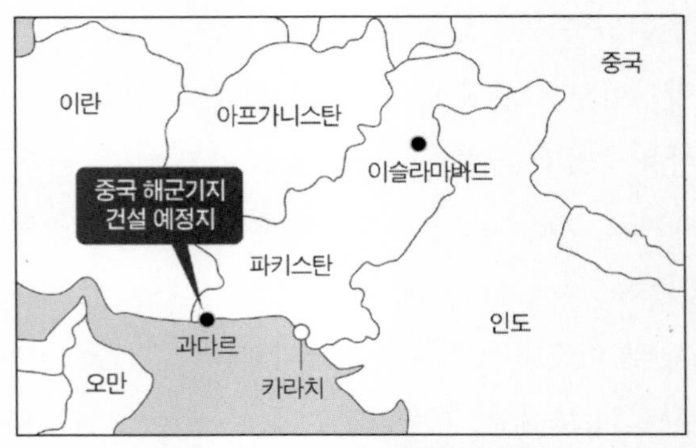

〈그림 3-4〉 과다르 해군기지 건설 예정지

출처: 『중앙일보』, 2011년 5월 24일자.

로 볼 수 있다. 중국 해군은 인도양에 위치한 미얀마의 시트웨 항구와 파키스탄의 과다르, 카라치 등 여러 항구들을 개척하고 인도양과 아덴 만에서 해군활동을 강화하고 있다. 중국 해군은 벌써 6번째 해군전투함과 보급 지원함을 교대로 아덴 만에 파견하여 자국의 무역선을 보호하고 있는데 이러한 활동을 통해 원해작전능력을 숙달하고 있다.[26] 중국이 남중국해의 도서 영유권 문제로 여러 나라와 마찰을 일으키고 있는 상태에서 미국이 개입하여 중국을 고립시키는 조치를 취할 경우 중국은 현재의 해군전력으로 해상수송선을 지속적으로 보호할 수 없는 상태가 되기 때문에 중국으로서는 해상통제 측면에서 취약할 수밖에 없다. 중국은 이를 타개하기 위하여 자체 해군력을 강화하는 동시에 말라카 해협에 집중되어 있는 석유 해상교통로를 말라카 해협을 거치지 않는 해상교통로로 전환하려는 것이다.

---

26) Daniel J. Kostecka, "The Chinese Navy's Emerging Support Network in the Indian Ocean", *Naval War College Review*, Winter 2011, p. 59.

중국은 석유 수송로를 안전하게 유지해 놓은 상태에서 도서 영유권을 강하게 주장할 수 있음을 인식하고 있고, 석유 해상수송로가 완전히 보호된 상태에서 미국이 남중국해에서 중국의 도서 영유권에 대해 간섭을 하게 될 시 적극적인 군사대응을 시도할 것이다. 따라서 중국이 말라카 해협에 집중되어 있는 석유 수송로를 변경하려는 움직임은 미국의 남중국해에 대한 개입에 대해 소극적으로 회피하려는 것이 아니라 오히려 더 강력하게 정치 · 군사적으로 대응하려는 예비정책으로 보아야 한다. 그러므로 중국의 석유 수송로 변경 계획은 중국이 동아시아에서 미국의 해양패권 경쟁에 대해 적극적인 도전을 시작했다는 의미로 해석할 수 있다.

중국의 에너지 경쟁과 해상교통로에 대해 분석한 결과 중국은 미국이 구축해 놓은 전 세계적 에너지 경제안보 질서에 대해 적극적인 도전을 시작했다고 보인다. 아직까지 전 세계적인 측면에서 미국과 동등한 해양력을 구비하고 있지 못하지만 경제와 외교, 그리고 미사일 등 무기판매에서 미국의 해양패권 구도를 흔들 수 있는 전략을 구사하고 있다.

중국은 이러한 움직임을 멈추지 않을 것이며, 미국이 직면하게 될 위협의 상황을 자신들에게 유리한 상황으로 전환하면서 더욱 미국의 기존 에너지 구도를 흔들어 놓을 것이다. 그러므로 중국의 에너지 확보와 에너지 해상교통로를 중심으로 전개되는 상황은 쿠글러와 제이거의 5단계 세력전이 중 2단계(도전국 저항 시작, 지배국 충분히 억지 가능)에 와 있으며, 지배국과 강대국 간의 힘의 격차가 없어지는 3단계(지배국과 도전국 상호 억지 또는 전쟁 가능)로 진입하고 있다고 평가할 수 있다.

따라서 향후 미국과 중국의 에너지 확보 전쟁은 정치 · 경제적으로 상당한 긴장을 조성하게 될 것이며 군사적으로 해양충돌이 일어날 가능성이 크다. 특히 군사적인 지원을 통해 동맹관계를 재편하려는 중국의 에너지 전략은 미국이 상당히 우려하고 있는 수준이다. 향후 중국은 미국의 에너지 국제질서에 대해 적극적인 도전을 지속할 것이고, 미국은 이에 대응하는 양상으로 전개될 가능성이 클 것으로 전망된다.

2. 미국의 대중 에너지 정책과 해상교통로 확보 경쟁

미국은 미래 에너지 문제와 해상교통로의 안전이 미국이 전 세계에 구축해 놓은 자유경제질서 체제의 중요한 가늠자가 될 것으로 전망하고 있다. 2차 세계대전 당시 일본과 독일이 타국을 침략하게 된 것도 그들의 군대 운영에 필요한 에너지 자원을 확보하기 위함이었다. 현재 미 해군은 세계에서 가장 많은 석유를 소비하는 국가이다. 세력전이 측면에서 볼 때 미국의 에너지 정책에 동조하는 동맹국들도 있지만 반대로 불만족하고 있는 국가들도 있다. 특히 중국과 같이 산업후발국은 급속도로 경제가 발전하면서 에너지 소비가 증가하여 불만족도가 증대되고 있으며, 미래 자국의 생존과 경제적 발전을 위하여 필히 현재의 에너지 경제 및 안보 질서 체제를 변화시키고자 하는 의도를 갖고 있다. 미국은 에너지 문제가 세계의 안보 상황과 맞물려 수시로 변화될 가능성이 있다는 것을 인식하고, 미국의 에너지 수급체제에 도전하는 불만족 국가들의 움직임을 예의주시하고 있다.

미국이 중동의 바레인에 해군기지를 확보하고 있는 것도 중동 석유 안보 상황이 불안전할 때 석유생산국으로 군사력을 투사하기 좋은 전략적 위치를 보유하기 위함이다. 미 해군의 해외기지 운영은 석유자원 확보와 깊이 연계되어 있다.[27] 미국은 에너지 확보가 해양패권 구도를 결정짓는 요소이며 에너지 확보 경쟁이 단지 에너지만의 문제가 아니라 국제사회에서 어느 국가가 주도권을 갖고 해양에서 영향력을 행사하느냐 하는 전략적 문제로 인식하고 있다. 따라서 미국은 중국을 비롯한 타 국가들과의 에너지 확보 경쟁에서 유리한 고지를 선점하기 위하여 산유국들에 대해 정치 · 경제 · 군사 · 사회적인 정책들을 총괄적으로 구사하고 있다.

2006년 미 · 중 경제안보평가위원회(USCC: U.S-China Economic and Security Review Commission)는 중국이 석유와 천연가스 확보를 확대하려는 전략이 미국의 경제와 안보에 큰 영향을 미치는 것으로, 미국이 다른 지역에서 석유를 확보하는 데 영향을 준다고 평가하고 있다. USCC는 현재 중국의 에너지 정책이 국제체제 속의 책임 있는 국가가 취해야 할 경제 및 지정학적 행위와 부합되는 것이 아니며, 중국이 에너지 시장을 왜곡하고 취약한 지역을 더욱 불안하게 만들고 있다고 비난한 바 있다.[28]

---

27) Lieutenant Douglas L, Marsh, "Our Lethal Dependence on Oil", *Proceedings*, June 2010, pp. 48-52.

28) *Ibid.*, p. 317.

2001년 부시 행정부는 국가 에너지 정책을 통해 미국의 회사들이 해외에서 에너지를 확보하는 데 있어 정부가 적극적으로 지원하는 역할을 담당해야 한다고 주장하면서, 국가 에너지 정책이 미 대통령과 정부가 추진하는 무역 및 외교정책에서 가장 중요한 순위가 되어야 한다고 강조하고 있다.[29] 2006년 3월 미국의 루가(Richard Lugar) 의원은 미국이 석유에 지나치게 의존하고 있다는 사실과 전 세계적으로 석유의 매장량이 점차 줄어들고 있다는 사실은 이미 미국의 안보와 번영을 위협하는 상황을 조성하고 있으며, 국제 불안정을 야기시키고 있다고 언급하면서 에너지 정책에 혁명적인 변화가 없는 한 미국은 국민의 생활수준을 제약할 수밖에 없게 되고, 불량국가의 의도에 아주 취약하게 될 것이라는 다중적인 위기설을 주장했다.[30]

최근 미국이 중국과 에너지 확보에서 가장 강하게 갈등을 벌이고 있는 곳은 아프리카 지역이다. 미국은 9 · 11사태 이후 중동의 정세 불안으로 인한 석유수급이 불안전한 상태에서 석유개발 접근성이 용이하고, 수송상의 이점을 지니고 있는 서아프리카 기니 만 일대에 관심을 집중하고 있다. 그리고 미국은 일부 아프리카 지역의 석유 및 천연가스 등 에너지 자원의 확보가 중동 석유를 대체할 수 있는 대안으로 지목하고 있다.[31] 2003년 PFC 에너지 상담회사의 제이 로빈슨 웨스트(J. Robinson West)는 미 의회에서 서아프리카 석유 생산은 바닷

---

29) *Ibid.*, p. 43.

30) 마이클 T. 클레어 지음, 이춘근 옮김, 『21세기 국제 자원 쟁탈전: 에너지의 새로운 지정학』, p. 46.

31) 황규득, "중국과 미국의 대아프리카 에너지 안보 전략과 향후 전망", 『주요 국제문제분석』, 2008년 9월, p. 4.

속 유전에 의한 것으로 테러 위협의 영향력을 받지 않기 때문에 매력이 있다고 주장했다. 서아프리카와 미국의 동부에 있는 정유 공장들을 연결하는 석유 해상교통로는 페르시아 만의 호르무즈 해협과 터키의 보스포러스 해협과 같이 해상 테러 위협 병목점(Checkpoint)이 없는 양호한 항로를 유지하고 있고, 미국 해군에 의해 완벽하게 장악되어 있는 안전한 항로이다.[32]

이처럼 아프리카 에너지가 각광을 받기 시작한 것과 달리 미국은 냉전 이후 전 세계를 무대로 경찰국가의 역할을 수행하면서 아프리카 국가들과 유대관계를 소홀이 한 반면, 중국은 서구 세력에 부정적인 인식을 갖고 있는 아프리카 국가와 오래전부터 유대를 강화해 왔다. 미국의 외교협회(CFR: Council on Foreign Relations)는 2005년 12월 "인도주의를 넘어서: 미국의 아프리카에 대한 전략적 접근"이라는 아프리카 전략보고서를 통해 미국이 중국의 급속한 영향력 확대로 아프리카에서 중국에 대한 새로운 대응 접근전략이 필요함을 제시했다. 이 보고서는 이미 중국이 국제적 지위와 개도국의 이미지를 내세워 아프리카의 에너지를 장악하고 수단, 짐바브웨 등과 같은 '불량국가'들에게 군사무기를 제공하는 등 무차별적인 지원책을 펼치고 있다고 밝혔다.[33]

이에 미국은 고위급 국무성 관리들이 서아프리카 국가 정치지도자들과 외교관계를 강화하고 에너지 생산국들의 '안보환경'을 증진

32) 마이클 T. 클레어 지음, 이춘근 옮김, 『21세기 국제 자원 쟁탈전: 에너지의 새로운 지정학』, pp. 294-295.

33) 황규득, "중국과 미국의 대아프리카 에너지 안보 전략과 향후 전망", 『주요 국제문제분석』, 2008년 9월, pp. 10-11.

시키기 위한 목적으로 군사력을 지원하고 훈련 프로그램을 확대하는 계획을 세우도록 하였다. 미국 국방성은 2002년 아프리카 지역에 미국 중앙군사령부의 지휘를 받는 연합 합동작전군 '혼 오브 아프리카(Combined joint Task Force-Horn of Africa)' 부대를 반영구적으로 배치했는데, 이 부대는 지부티(Djibouti)의 캠프 레모니어(Camp Lemonier)에 자리 잡고 있다.[34] 2007년 2월 미국이 아프리카 사령부를 창설하였다고 발표한 것은 미국이 아프리카를 중시하고 있는 것으로 볼 수 있다.[35]

미국은 아프리카에서 에너지 세력전이가 진행되고 있으며, 중국에 의해 그 강도가 갈수록 빨라지고 있음을 현실적으로 직시하고 있다. 미국이 아프리카에 통합사령부를 창설한 것도 중국의 도전을 원천적으로 봉쇄하기 위해 군사적 지원을 강화하기 위한 전략의 일환으로 해석할 수 있다. 향후 미국은 아프리카 해안에 미국의 군함들을 더 많이 배치할 것이고, 아프리카 원해 및 연근해에서 석유 해상교통로를 철저히 통제해 나갈 것이다. 따라서 향후 중국이 아프리카에 대해 에너지 정책을 확대하고 미국의 국가이익에 도전한다면 미국은 아프리카 지역에서 중국에 대한 군사적 봉쇄정책을 추진할 가능성이 더욱 커지게 될 것이다. 이는 중국이 중동으로부터 인도양을 거쳐 말라카 해협을 통과하여 중국 남단의 항구로 연결되는 원유 해상교통로에 대해 미국의 해군을 의식하는 것과 같은 효과를 거둘 수 있다.

---

34) 마이클 T. 클레어 지음, 이춘근 옮김, 『21세기 국제 자원 쟁탈전: 에너지의 새로운 지정학』, p. 298.

35) 위의 책, pp. 318-319.

다른 한편으로 보면 미국의 아프리카 안보력 강화는 상대적으로 동아시아의 해상 전력 배분에 영향을 주는 결과로 이어질 수 있다. 특히 중국의 해군력이 급성장하고 있고, 미 태평양사령부 전력과 그 격차를 줄이고 있는 시점에서 미국은 아프리카와 동아시아에 대한 해군력 배분의 딜레마에 빠질 수 있다.

다음으로 중동지역에서의 대중에너지 정책이다. 미국은 중국이 자신들의 에너지 안전 지역을 점차 침범해 오고 있음을 예의주시하고 있다. 미국은 중국이 중동의 안보 상황 변화를 이용하여 틈새전략으로 에너지 산유국들에게 정치 · 경제 · 군사적으로 영향력을 확대하는 것을 인식하고, 자신들의 에너지 안보 환경을 복원하기 위하여 중국의 접근을 막고 있다. 특히 최근 이집트의 무바라크 정권에 대한 시민운동과 시리아, 요르단 등 여러 국가들에서 나타나고 있는 정권퇴진 운동이 향후 미국의 중동 에너지 안보 환경에 직접적인 영향을 미칠 것으로 보고 정치 · 경제 · 군사 측면에서 예의 주시하고 있다. 이는 중국의 대 중동 접근 전략과 깊이 연계되어 있다.

미국은 최근 중동지역에 군사력을 강화하고 있는데, 미 해군은 석유를 적재하는 자국의 유조선들이 정박하고 있는 항구를 보호하기 위해 2007년 11월 지휘통제시설을 이라크 앞바다인 걸프 지역 석유생산시설 위에 설치하였다는 계획을 발효하였다. 미국은 이란이 호루무즈 해협의 북방지역에 다양한 미사일을 배치하는 등 연안 공격과 방어 능력을 강화하는 데 대해 우려하고 있다. 중국의 중동에너지 정책에서 설명하였듯이 이란은 100대의 미사일 발사 차량에 중국의 C-802와 CSSC-3 지대함 미사일을 장착하여 최소 4곳의 기지를 운

영하고 있다.[36)]

이란 미사일 함정에 장착되어 있는 C-802 대함미사일과 잠수함의 정보수집 능력도 호르무즈 해협에서 미국이 해상교통로를 통제하는 데 위협요소로 작용하고 있다. 이에 따라 미국은 이를 해결하기 위하여 호르무즈 해협에서 연안작전능력을 배양하는 데 힘을 쏟고 있다. 미국은 2008년 1월 5척의 이란 고속정들이 호르무즈 해협의 국제 수역에 있는 미 군함들을 향해 공격적인 작전을 전개했던 사실을 심각하게 생각하고 있다.[37)]

2007년 봄 부시 대통령은 페르시아 만 해역에 2개 항모단을 파견하여 10여 척의 군함들과 함께 호르무즈 해협을 항해하면서 해상훈련을 실시했으며, 미국 헬리콥터 항공모함 본홈 리처드(USS Bonhome Richard)를 중심으로 순양함, 미사일 장착 구축함, 상륙강습함들로 훈련부대를 구성하여 상륙강습훈련을 실시한 바 있다. 지휘함에서 훈련을 참관했던 체니 부통령은 미국은 중동지역에서 해상교통로를 안전하게 지킬 것이며, 미국의 동맹국들과 함께 극단주의와 전략적 위협에 대응해 나갈 것이라고 강조했다.[38)]

미국이 동아시아 해역과 인도양에서 중국의 에너지 해상교통로를 압박하는 방법은 직접적인 해군력 대응과 미국의 의도를 전달하는 해군력 현시, 그리고 중국의 부상을 우려하는 인도 및 동아시아 국가

---

36) Commodore Stephen Saunders, *Jane's Fighting Ships 2007-2008*, Cambridge University Press, 2008, p. 353.

37) 마이클 T. 클레어 지음, 이춘근 옮김, 『21세기 국제 자원 쟁탈전: 에너지의 새로운 지정학』, p. 360.

38) 위의 책, pp. 419-420.

들과의 해양동맹을 강화하는 것이다. 조셉 나이는 현재 중국 해군력은 동아시아에서 에너지 해상교통로를 확실하게 유지할 수 있는 수준이 아니나 중국이 경제성장을 바탕으로 해군력을 급속도로 강화하게 되면, 미국을 중심으로 주변국들의 군사적 동맹에 의해 견제를 받게 될 것이라고 전망하고 있다. 즉 그는 미국과 인도, 미국과 일본, 미국과 타이완 등 주요 국가들과 군사적 동맹이 중국에게 압력을 가할 것이라고 주장했다.[39)]

미국은 중국의 에너지 도전이 과거 미미한 상태에서 벗어나 적극적인 도전 국면으로 변화되었다는 데 이견이 없다. 또한 동아시아 지역 주변에 머물고 있었던 중국의 에너지 정책과 해상교통로에 대한 도전이 단일 해역을 벗어나 전 세계로 확대되어 동시다발적으로 진행되고 있다는 데에도 큰 이견이 없다. 미국은 중국이 원해에서 미국을 직접적으로 상대하여 해상통제권에 도전하기에는 부족하지만 경제외교와 간접적인 군사지원 전략으로 미국의 동맹체제에 변화를 주고, 미국의 에너지 정책에 만족하지 않고 있는 산유국과 수입국들에 대해 틈새전략을 통해 도전을 확대하고 있는 것을 우려하고 있는 실정이다.

39) Joseph S. Nye Jr, The Future of American Power: Dominance and Decline in Perspective, *Foreign Affairs*, November/December 2010, pp. 4-5.

3. 소결론

중국은 미국이 주도하고 있는 에너지 경제 질서와 에너지 해상교통로 체제에 대해 불만을 갖고 있다. 중국 안보 분석가들은 중국의 에너지 확보 문제에 대해 많은 우려를 표명하고 있으며, 이를 해결하기 위해 추가적인 에너지원 확보와 말라카 해협으로 집중된 에너지 해상교통로의 분산을 강조하고 있다.[40] 중국은 에너지원을 확보하고 에너지 해상교통로의 안전을 도모하기 위해서는 지금까지 미국이 구축해 놓은 해양질서체제에 도전을 할 수밖에 없음을 잘 인식하고 있다.

중국은 미국이 우려하고 있음에도 불구하고 아프리카, 중동, 동아시아에서 미국의 체제에 불만을 가지고 있는 국가들에게 경제적 원조와 외교력을 강화하고 있다. 특히 미국에 적대적인 관계를 유지하고 있는 국가들에게 미사일, 전투무기, 군사훈련 등 여러 가지 군사적 원조를 적극적으로 제공하고 있다. 미국은 이미 국회와 정부 차원에서 이 문제를 심각하게 보고 있으며, 중국의 군사적 원조를 고려하여 아프리카와 중동에 해군기지와 해군력을 확대 배치하고 있다. 미국 입장에서는 이러한 조치가 태평양과 동아시아의 해군력 운영에 다소 영향을 주고 있음을 인식하면서도 어쩔 수 없이 군사적 조치를 강구하고 있는 것이다.

이러한 여러 가지 상황을 볼 때 미국의 대중 에너지 정책과 해상교

40) Andrew S. Erickson and Gabriel B. Collins, China's Oil Security Pipe Dream, *Naval War College Review*, 22 Mar 2010, p. 90.

통로 보호 전략은 쿠글러와 제이거의 5단계 세력전이에서 3단계(지배국과 도전국 상호 억지 또는 전쟁 가능)에서 일어날 수 있는 대등한 마찰로 나타나고 있는 실정이다. 향후 미국은 쿠글러와 제이거의 세력전이 5단계 중 2단계(도전국 저항 시작, 지배국 충분히 억지)에서 중국의 한정적인 도전만을 허용하려고 하고, 중국은 3단계의 대등한 수준으로 미국에 대한 도전을 강화할 것이다. 따라서 미국과 중국의 에너지 갈등은 쉽게 타협될 수 없을 것으로 전망된다. 이에 미국은 중국이 틈새전략을 구사하는 것을 봉쇄하기 위하여 정치 · 경제 · 군사적 측면을 강화할 것으로 전망되고, 중국은 미래 중국의 생존과 번영을 위해 근본적으로 미국의 에너지 질서체제에 도전할 수밖에 없는 현실에 직면하게 될 것이다. 그러므로 향후 미국과 중국은 에너지 세력전이에 대한 차단과 확대 노력을 통해 상호 경제 · 군사적으로 충돌할 가능성이 다분히 있다.

이상과 같이 해양패권 경쟁에서 제일 중요한 에너지 해상교통로를 중심으로 미국과 중국의 세력전이와 향후 전망을 분석해 보았다. 다음으로 미국과 중국의 세력전이를 좀 더 확실하게 분석하기 위해서 미국과 중국이 직접적으로 마찰과 갈등을 벌이고 있는 동아시아 해역으로 축소하여 분석할 필요가 있다.

미 · 중 해양패권 경쟁은 동아시아 주요 해역마다 서로 다른 정치 · 경제 · 군사 · 역사적 요인들을 가지고 있으므로 동아시아 전체를 기준으로 하여 분석하기보다는 남중국해, 동중국해, 서해 3개 해역으로 구분하여 분석하고 그 연관성을 통해 재분석하는 것이 효율적이다.

제 4 장
동아시아 주요 해역별 미 · 중 해양패권 경쟁 분석

1절. 남중국해 미 · 중 해양패권 경쟁과 세력전이 분석

1. 남사 · 서사군도 영토주권과 미 · 중 관계
2. 남중국해의 해양안보적 가치와 미 · 중 해양패권 경쟁 3. 소결론

2절. 동중국해 미 · 중 해양패권 경쟁과 세력전이 분석

1. 타이완 해협과 미 · 중 해양패권 경쟁 2. 다오위다오/센카쿠 열도와 미 · 중 해양패권 경쟁 3. 소결론

3절. 서해 미 · 중 해양패권 경쟁과 세력전이 분석

1. 한 · 중 해양안보 관련 마찰 분석 2. 천안함 피격사건과 미 · 중 해양패권 경쟁 3. 소결론

남중국해 미 · 중 해양패권 경쟁과 세력전이 분석

1. 남사 · 서사군도 영토주권과 미 · 중 관계

남중국해에서 미 · 중 해양패권 경쟁의 주요 관심은 남사군도를 비롯한 4개 도서군의 해양 영토주권과 관련된 해양안보에 있다. 중국은 국가이익을 '안전'과 '발전'으로 요약하고 있는데, 여기서 '안전'이란 국가안보의 의미로서 주권과 영토의 보존을 말한다.[1] 남사군도와 서사군도 영토주권 분쟁은 중국과 베트남, 말레이시아 등 영토분쟁 관련 국가들의 문제이지만, 미국이 군사적 측면과 경제이익을 고려하여 관련 국가들과 영토주권 문제에 대해 직간접적으로 개입해

1) 박병광, "중국의 동아시아 전략: 인식, 내용, 전망을 중심으로", 『국가전략』 제16권 2호, 2010년 여름(통권 제52호), p. 43.

〈그림 4-1〉 남중국해 주요 분쟁 지역

출처: http://google.co.kr//news.chosun.com/site/data(검색일: 2011. 9. 12).

있는 실정이다.

〈그림 4-1〉과 같이 230km^{2}의 남중국해에는 남사(南沙, Spratlys), 서사(西沙, Paracels), 중사(中沙, Maccelesfield Bank), 동사(東沙, Pratas) 4개 군도가 위치해 있다. 남사군도는 남중국해의 남단에 위치한 약 73만 km^{2}의 해역으로 중국의 하이난다오(海南島)로부터 1,500km, 베트남으로부터 400km, 필리핀의 팔라완에서는 120km, 말레이시아의 보르네오에서는 100km의 해역에 위치하고 있다.

남사군도는 30여 개의 작은 섬과 40여 개의 암초 및 산호초 등으로 이루어진 군도(群島)로서 현재 중국, 타이완, 베트남, 필리핀, 말레이시아, 브루나이 6개국이 각각 영토주권과 배타적 경제수역에 대한 관할권을 주장하고 있으며, 브루나이를 제외한 5개 분쟁 당사국이 자국 점령 도서에 군 병력과 무기를 배치하고 있어 무력충돌의 가능성이 상존하고 있다. 서사군도는 중국 하이난다오 남쪽 336km, 베트남 동쪽 445km에 위치하고 있으며, 40여 개의 소도, 사주, 암초로 구성되어 있는 군도이다. 1970년 이전에는 중국이 서사군도의 동쪽 군도를, 베트남이 서쪽 군도를 소유하고 있었으나 중국이 1974년 베트남전을 틈타 베트남의 서쪽 군도를 무력으로 점령하여 전체 군도를 중국이 실효적으로 지배하고 있다. 중사군도는 20여 개의 섬이나 대부분 수면 하 암초로 구성되어 병력과 주민이 거주하고 있지 않는 군도이며 중국 하이난다오 남동쪽 560km 지점에 있다. 동사군도는 타이완이 실효적으로 지배하고 있으며 동사도(東沙島)에 타이완 병력 200여 명을 주둔시키고 있다.[2)]

4개 군도 중 분쟁 가능성이 가장 큰 군도는 남사군도와 서사군도이다. 남사군도와 서사군도 영토주권 분쟁은 중국을 비롯한 5개 국가들이 주 대상국이지만 이 해역들에 대한 해상교통로 확보와 해군전략 및 작전술 측면에서 미국이 포함되어 있다.[3)]

중국은 남사군도를 놓고 베트남 · 타이완 · 필리핀과 분쟁 중에 있으며, 서사군도를 두고 타이완 · 베트남과 갈등하고 있다. 중국이 남사군도와 서사군도를 자국의 영토라고 주장하는 데에는 중국의 중화주의 인식이 강하기 때문이다. 중국은 역사적으로 서한 및 동한 시대부터 중국인들이 이 섬을 지배하였고, 중국 선원들이 사용했던 중

---

2) "남사군도", "서사군도", "중사군도", "동사군도", http://terms.naver.com/item.nhn?, 검색일: 2010년 12월 30일.

3) 마크 E. 로젠, "중국의 해양관할권 주장과 미국의 입장", 『중국 해군의 증강과 한 · 미 해군 협력』(서울: 한국해양전략연구소), pp. 68-71.

간 정박지라고 주장하고 있다. 1958년 중국은 남사군도, 서사군도, 중사군도(Macclesfield Bank), 평후군도와 타이완에 대한 영유권을 주장하였다. 이에 베트남과 중국은 영유권을 두고 갈등을 나타냈다. 1988년 중국은 베트남과 해상 전투를 통해 영서초(Fiery Cross Reef)에 군사시설을 건설하였다. 이처럼 각국은 역사적으로 영토주권에 대해 국가의 자존심을 놓고 대결을 벌이고 있다. 남사군도와 서사군도의 영토주권 문제는 국가마다 다소 차이가 있는데 민족주의가 강한 중국, 베트남, 타이완 등은 경제발전을 지원할 수 있는 자원에 대한 경쟁보다는 국가의 자존심과 관련되어 있는 영토주권에 대한 소유의 정당성에 더 큰 무게를 두고 있다.

중국은 다른 국가와 달리 동아시아에서 도서 영토주권과 배타적 경제수역에 대한 관할권(EEZ) 문제가 하나가 아닌 여러 지역에 걸쳐 있다. 즉 중국은 남중국해뿐만 아니라 동중국해에서 일본과 센카쿠(중국명: 다오위다오) 열도 그리고 동북아 해역에서 한국과 이어도에 대해 영토주권 마찰을 갖고 있고, 이 도서들의 주변에 대한 배타적 경제수역과 대륙붕에 대해 갈등의 요소를 안고 있다. 그리고 타이완에 대한 통일의 문제도 안고 있다. 따라서 중국은 남사군도와 서사군도의 영토주권 문제를 남중국해의 한 부분으로만 인식하지 않고 다른 해역에서도 갖고 있는 영유권 문제와 연결시키고 있다. 동아시아 해역 여러 곳에서 중국이 가지고 있는 영토주권과 경제수역 관할권 문제들은 미국과 동맹관계를 형성하고 있는 국가들과의 문제로 미국이 직간접적으로 개입할 여지가 많은 문제를 가지고 있다.

남사 · 서사군도 해역에 매장되어 있는 에너지 및 전략적 광물자원 측면에서도 미국과 중국은 영토주권 문제에 매우 민감한 반응을 나타내고 있다. 남사군도에는 석유 및 천연가스, 구리, 망간, 주석, 알루미늄 등의 광물자원이 대량으로 매장되어 있고 수산자원도 풍부하다. 1969년 아시아 해저광물자원 합동조사조정위원회(ECAFE)는 남사군도 해저에 세계에서 4번째 규모의 석유와 천연가스가 매장되어 있다는 보고서를 발표하였다. 중국의 언론매체들은 남사군도를 제2의 페르시아 만으로 보도했다.[4] 또한 남중국해 군도 주변 해역에는 어족자원도 풍부하여 연간 어획량이 전 세계 어획량의 10%에 달하고 있다. 이러한 경제적 가치를 중요하게 여긴 중국 외무성은 1974년 1월 11일 남사군도, 서사군도, 중사군도, 동사군도는 모두 중국 영토의 일부이며 그 주변해역의 자원도 모두 중국에 속한다고 발표한 바 있다.[5]

2010년 천안함 피격사건 이후 서해상에서 한국과 미국이 한・미 해군 연합훈련을 실시하려 하자 중국은 서해상에서의 훈련에 적극 반대하면서, 자신들의 배타적 경제수역에서의 군사활동은 위법이라고 주장한 바 있다. 중국의 친강 대변인은 외국 군함과 군용기가 서해 및 중국 근해에 진입해 중국의 안보이익에 영향을 미치는 활동을 하는 것에 대해 결연히 반대한다고 발표했다. 여기서 중국이 서해만을 언급한 것이 아니라 '중국 근해'를 추가한 것에 유의할 필요가 있다. '중국 근해'는 서해뿐만 아니라 타이완 주변 해역, 일본과 이익이

---

4) 전황수, "중국과 ASEAN의 스프래틀리군도(南沙群島) 분쟁: 갈등양상과 해결노력", 『국제정치 논총』 제39집 1호(1999), p. 260.

5) 위의 글, p. 264.

부딪치는 동중국해, 필리핀 · 베트남 · 말레이시아 등과 분쟁이 있는 남중국해를 언급한 것이라고 평가할 수 있다. 또 중국 군사과학원의 뤄웬 소장은 인민일보 인터넷판인 인민망의 대화 코너에서 "남중국해에서 우리의 핵심이익을 확보하는 문제와 관련하여 우리는 반드시 주권을 널리 선포하고 알려야 한다."고 했다.[6)]

중국이 천안함 피격사건 이후 한국과 미국의 서해상 연합훈련을 언급하면서 서해에 국한하지 않고 '중국 근해' 전체를 언급한 것은 영토주권 문제와 관련된 국가들뿐만 아니라 미국에도 신호를 보낸 것이다. 한마디로 미국이 중국 근해에 있는 영토주권과 경제수역 및 대륙붕 문제에 개입하지 말라는 신호를 보낸 것이다. 과거 중국은 남중국해 또는 동중국해에서 영토주권 문제가 생길 때 당사국 간의 문제에 집중하였으나, 천안함 피격사건에 따른 서해상에서의 훈련을 확대 해석하여 중국 근해의 해상통제와 영토 문제로 확대한 것은 처음 있는 일이다. 중국이 남중국해 도서들의 해양관할권과 영토주권을 차지하게 되면 이 부근의 해양 수역에서 주도권을 차지하게 되어 미국이 추진하고 있는 해상교통로 확보전략에 막대한 지장을 주게 될 것이다.

이러한 일련의 중국의 조치들은 중국이 과거 미국에 대해 소극적인 해양패권 이미지에서 탈피하여 적극적이고 공격적인 이미지를 표출하고 있는 것이라고 평가할 수 있다. 따라서 현재 중국은 미국 주도의 동아시아 해양질서체제에 강력하게 도전하고 있는 상태로,

---

6) 지해범, "서해는 우리가 잠자는 침대 옆……. 안마당에서 소란 피우지 마라, 속내는 미국 배제한 아시아 패권", 『주간조선』, 2010년 8월 2일자, pp. 13-14.

그 수준은 쿠글러와 제이거의 5단계 세력전이에서 3단계에 해당하는 도전으로 해석할 수 있다. 즉 미국과 대등한 수준에서 강력한 도전의 메시지를 전달하고 있는 것이다.

2. 남중국해의 해양안보적 가치와 미 · 중 해양패권 경쟁

(1) 남중국해의 해양안보적 가치

남사군도에서 영토분쟁과 관련된 국가들이 도서를 점령하고 있는 현황을 보면, 현재까지 베트남은 25개, 말레이시아는 6개의 섬을 점령하고 있으며, 필리핀은 팔라완 서쪽으로 10개의 섬, 중국은 9개의 섬, 타이완은 남사군도에서 가장 큰 섬인 이투아바(Itu Aba)를 점령하고 있다. 이들 점령지 도서 중 베트남은 21개의 섬, 필리핀은 8개의 섬, 중국은 6개의 섬, 말레이시아는 3개의 섬, 타이완은 1개의 섬들에 대해 군사기지와 등대, 항구들을 설치하고 있다.[7)]

남중국해는 미국과 중국에 있어 군사적 측면에서 서태평양과 인도양에까지 영향력을 미칠 수 있는 중요한 해역이다. 미국 입장에서 볼 때 남중국해는 아시아 주요 지역으로 군사력을 투사하기 위해 반드시 거쳐야 할 핵심 해역이며, 중국의 동아시아 해양패권 도전을 억

7) 전황수, "중국과 ASEAN의 스프래틀리군도(南沙群島) 분쟁: 갈등양상과 해결노력", p. 261.

제하기 위해 반드시 통제하고 있어야 할 해역이다. 또한 미국은 경제적 이익을 위하여 말라카 해협과 연결되어 있는 남사군도 해역이 미국이 주도하는 해양질서체계로 유지되고 있어야 한다는 것을 잘 인식하고 있다. 미국은 이 해역이 미국의 해상교통로상 중요한 길목(Choke Point)들을 포함하고 있고, 인근 국가들의 배타적 경제수역(EEZ)과 연계되어 있다는 사실을 잘 알고 있다.[8] 미국은 중국을 비롯한 베트남, 인도네시아 등 동남아 여러 국가가 배타적 경제수역에 대해 독단적 영유권을 확대해 나가는 것을 예방하기 위해 외교적으로 관련 국가들과 유대를 강화하고 있으며, 군사적으로 태평양 함대 세력을 이용하여 해양 우세권을 유지하고 있다.

중국의 입장에서 보면 남사군도와 서사군도는 첫째, 중국이 주장하는 영토를 보호한다는 역사 문화적 대상이며, 둘째, 중국의 본토를 원거리에서 방어할 수 있는 전진기지 역할을 할 수 있는 군도이고, 셋째, 안보 차원에서 태평양과 인도양으로 영향력을 확대하기 위해 중간 거점지 역할을 할 수 있는 군도이다. 반면에 미국의 입장은 남사군도는 동맹국들의 영토주권을 지원해야만 하는 문제이고, 중국을 근거리에서 봉쇄하는 데 반드시 통제해야 할 대상이며 중국이 태평양과 인도양으로 진출할 수 없도록 장악하고 있어야 할 전략적 요충지이다. 또한 남중국해는 해상교통로 측면에서 서태평양과 인도양, 중동을 연결하는 해상 수송의 핵심 해역이며 세계 해양물류의 50%와 원유의 66%가 통과하고 있고, 특히 한국과 일본은 원유의 99%가

---

8) Admiral Robert F. Willard, "Regional Maritime Security Engagements: A US Perspective", *Realilsing Safe and Secure Seas for All International Maritime Security Conference 2009*, p. 76.

이 해역을 통과하고 있다. 따라서 남중국해는 미국과 동맹국인 한국과 일본에게 있어서도 매우 중요한 해역이다.

중국은 그동안 동남아 및 동북아에서 미국의 해상통제를 고려하여 이 해역에서 해양권익을 주장하는데 있어 군사력 위주의 대처보다는 아세안 국가들과의 양자 간 외교적 협력을 바탕으로 문제를 해결해 나갔다. 그러나 최근 중국은 센카쿠 열도에 대한 일본의 적극적 조치와 남사군도에 대한 미국의 직접적 개입을 계기로 자국의 해양권익을 위해 군사적 조치를 회피하지 않고 적극적으로 대응할 움직임을 보이고 있다.

(2) 중국의 배타적 경제수역 관할권 확대와 미국의 견제

미국은 경제 · 안보적으로 중요한 남중국해에서 중국의 배타적 경제수역(EEZ)에 대해 민감한 반응을 보이고 있다. 중국이 주장하는 남사군도와 서사군도의 영토주권과 배타적 경제수역에 대하여 미국이 영토분쟁 관련 국가들과 정치 · 군사적으로 협력 관계를 확대함에 따라 중국과의 마찰 강도가 점점 더 강해지고 있다. 남사군도와 서사군도의 배타적 경제수역 문제는 중국과 베트남 등 당사국들 간의 직접적인 문제이지만 크게 보면 중국이 미국의 남중국해 해상통제권에 강력하게 도전하고 있는 모습을 읽을 수 있다. 이에 대해 자세하게 분석해 본다.

1992년 유엔해양법은 군함의 무해통항권, 해양경계 획정, 군도수역의 통항로 지정 문제, 배타적 경제수역의 군사적 사용, 해양환경보호와 해양과학조사 등 주요 이슈에 대해 명확한 규정을 결여하거나 규정을 구체화하지 않아 갈등의 소지를 남겨두고 있다.[9] 1989년 중국 해군의 임치업(林治業) 소장은 '함선지식'에 게재한 논문에서 유엔해양법 협약에 기초하여 중국이 관할할 남중국해 해역은 약 300만 km^{2}가 되는데, 이 관할해역에서 도서의 영유권, 영해선의 획정, 해양자원 및 해상으로부터의 군사적 위협 등의 문제가 존재한다고 주장했다.[10]

중국은 과거 해양법 분야에 있어 소극적이었으나 경제가 급성장하고 유엔해양법이 발효된 1992년부터 국가안보 문제, 도서 영토주권 문제에 대한 법적 지위, 그리고 대륙붕에 관련된 해양관할권 등 해양법에 대한 관심이 높아지기 시작했다. 이는 최근 중국이 비물리적인 전략으로 법률전(法律戰), 여론전(輿論戰), 심리전(心理戰) 등 삼전론(三戰論)을 강조하고 있는데, 법률전은 해양법을 포함하고 있으며 그 목적은 국제적으로 중국의 군사행동에 대해 예측되는 반발에 국제법적으로 대처하는 것과 연관이 있다.

중국은 1992년 2월 25일 중화인민공화국 제7차 전국인민대표대회 제24차 회의에서 중화인민공화국 영해 및 접속수역에 관한 해양법을 제정했는데 주요 내용은 다음과 같다.[11] 첫째, 외국 선박의 영해

---

9) 외교안보연구원, "유엔해양법 협약의 발효와 한국의 대책", 『주요 국제문제분석』, 1995년 5월 31일, p. 5.

10) 김종두, 『중국 해양 전략론』(서울: 문영사, 2002), p. 122.

11) 위의 책, p. 124.

통항[12]에 대해 외국의 비군용선에 대해서는 법률에 따라 중국 영해를 무해 통항할 권리를 주되 외국의 군용 선박이 영해에 들어오기 위해서는 반드시 중국 정부의 허가를 얻어야 한다. 둘째, 외국의 잠수함 및 그 밖의 잠수기기는 중국의 영해를 통과할 때 부상 통항해야 하며 또한 국기를 게양해야 한다. 셋째, 항로의 안전 또는 그 밖의 필요에 따라 영해를 통과하는 외국 선박에 대해 지정된 항로대 또는 분리운항 방식을 이용하도록 요구할 수 있으며, 구체적인 방법은 중국 정부 또는 주관부처가 이를 공표한다. 넷째, 영해를 통과하는 외국 선박이 중국 영해법을 위반했다고 판단될 경우 당해 외국 선박에 대해 추적권을 행사할 수 있으며 중국의 군용 선박, 군용 항공기, 또는 중국 정부가 권한을 부여한 선박 또는 항공기가 이를 행사한다.

한편, 1998년 중국이 선포한 배타적 경제수역 및 대륙붕에 관한 법률의 주요 내용은 다음과 같다.[13] 첫째, 중화인민공화국의 배타적 경제수역은 중화인민공화국 영해에 인접한 수역 중에서 영해기선에서 200해리(360km)까지의 수역으로 한다. 중화인민공화국의 대륙붕은 중화인민공화국 육지 영토의 전부가 중국 영해이원으로 자연 연장되어 대륙붕에서 외연까지 뻗어나간 해저 구역의 해저와 그 하층토이며, 만약 영해기선에서 계산하여 대륙변계 외연까지의 거리가 200해리에 못 미칠 경우에는 이를 200해리까지 확장한다. 둘째, 중화인민공화국은 배타적 경제수역에서 해저의 상부수역 · 해저 및 그

12) 영해통항은 국가의 통치권이 직접적으로 미치는 해역으로 해안선을 기준으로 12해리 범위 내에서의 통항을 말한다.

13) 김현수, 『해양법규』(대전: 해군대학, 2006), pp. 321-324.

하층토의 천연자원에 대한 탐사 · 개발 · 보전 및 관리하는 활동과 해수 · 해류 및 해풍을 이용한 에너지 생산 등 경제적 개발 및 조사를 위한 활동에 대하여 주권적 권리를 행사한다. 중화인민공화국은 배타적 경제수역에서 인공섬 · 시설 및 구조물의 설치 · 사용, 해양과학 연구 및 해양환경의 보호와 보전에 대하여 관할권을 행사한다. 셋째, 어떠한 국제기구, 외국의 조직이나 개인은 중화인민공화국 주관 기관의 비준을 거쳐야 한다. 넷째, 중화인민공화국은 대륙붕의 탐사와 대륙붕의 천연자원 개발을 위하여 대륙붕에 대한 주권적 권리를 행사한다. 다섯째, 어떠한 국가도 국제법과 중화인민공화국의 법률 · 법규를 준수한다는 전제하에서 중화인민공화국의 배타적 경제수역에서 항행과 비행의 자유를 향유할 수 있으며, 배타적 경제수역과 대륙붕에서 향유하는 권리 중에서 본 법에 규정하지 않은 것은 국제법과 중화인민공화국의 법규에 의거하여 행사한다.

이처럼 중국은 영해와 배타적 경제수역, 대륙붕에서의 주권적 조치를 강화하여 해양 이익과 군사적 조치를 최대화하는 법적 정비를 마쳤다. 유엔해양법과 달리 중국은 자신들의 법규를 법적 조치권의 범위로 포함시켜 중국의 해양관할권을 강화하고 있다. 따라서 중국이 자신들의 영토라고 주장하고 있는 남사군도와 서사군도를 그대로 인정할 경우 중국은 영해와 배타적 경제수역에서 중국의 국내법을 내세워 군함과 외국 선박의 항해 자유에 제한을 가할 수 있는 여지를 남겨두고 있다.

중국은 영해와 배타적 경제수역에 대한 국내법을 정비하고 남사군도에서 관할해역을 확장하려는 움직임을 현실화하고 있다. 〈그림

〈그림 4-2〉 중국의 U자형 관할해역

출처: *Naval Forces*, No. V/2008, Vol. xxix, p. 122 인용.

4-2〉와 같이 중국은 2009년 처음으로 중국이 독단적으로 설정할 'U자형 관할해역'을 명시한 해도를 유엔에 제출했는데, 'U자형 관할해역'은 남중국해의 거의 대부분을 포함하고 있다. 중국은 'U자형 관할해역'을 1992년 유엔해양법에 근거하지 아니하고 자신들의 역사적 사실을 근거로 설정하고 있어 베트남, 말레이시아, 필리핀, 부르나이 등 주변 국가들과 큰 마찰을 일으키고 있다.[14)]

미국은 중국의 'U자형 관할해역'을 인정하지 않고 있다. 그 이유는 중국이 남중국해에서 독단적으로 배타적 경제수역을 선포하여 이를

14) "China's South China Sea Claim, Bilateral or Multilateral? Internationalization or deinternationalisation?", http://www.asiasentinel.com/index.php?option, 검색일: 2011년 1월 2일.

근거로 미국 해군의 활동을 원천적으로 봉쇄하겠다는 의도를 가지고 있기 때문이다.

중국이 남중국해에서 미국의 해상교통로 통제에 도전할 가능성이 있는 잠재적 시나리오는 다음과 같다.[15]

- 중국은 남중국해의 영유권을 주장하고 있는 섬들과 인접한 배타적 경제수역에서 미국의 군사활동을 제한할 수 있는 권리를 주장할 것이다.
- 중국은 군도수역 내의 통항의 자유를 제한할 것이다.
- 중국은 섬 주위에 '위험지역(danger area)'을 선포할 것이다. 중국은 1979년, 1982년에 하이난다오(Hainan Island)와 서사군도 영역에 위험지역을 2회에 걸쳐 선언하였다.

중국은 남사군도의 200해리 배타적 경제수역에 대한 영유권을 강화하여 미국 함정이 남중국해에서 자신들을 압박하는 포위전략을 저지하려 하고 있다. 중국은 미국이 자신들에 대해 'C자형 포위전략'을 구사하고 있다고 생각하고 있다. 즉 미국이 한국, 일본, 타이완, 싱가포르 등 동남아 국가 그리고 인도와 함께 동아시아 해역과 인도양에서 C자형으로 압박을 가하고 있다는 것이다. 중국은 미국이 'C자형 포위전략'을 외교와 군사적 분야로 추진하고 있다고 인식하고 있으며, 특히 군사적 분야는 동북아 해역과 동남아 해역 그리고 인도양에서의 해상통제 기능을 강화하고 있다고 주장하고 있다.

15) 백진현, "동아시아 지역의 변화하는 해양안보 환경", 『동아시아 지역의 해운과 해로안보』, p. 71.

이에 중국은 미국의 'C자형 포위전략'을 돌파하기 위하여 인도와 외교 및 군사적 협력을 강화하고 있다. 2010년 12월 14일 환구시보 등 중국의 언론에 의하면 원자바오 총리는 만모한 싱(Manmohan Singh) 인도 총리의 초청으로 12월 15일부터 17일까지 인도를 공식 방문하였다. 원 총리의 방문은 2005년 4월에 이어 두 번째다. 중국은 양국 수교 60주년을 맞아 이뤄지는 원 총리의 인도 방문에 각별한 의미를 부여했다.[16)]

중국 국가 해양국이 정리한 '2010년 중국해양발전보고서'는 남중국해와 동중국해 등 중국 관할해역에서 해양이익을 확고히 하기 위하여 해상통제 능력을 강화할 것이라고 밝혔다. 이는 미국의 'C자형 해양포위전략'을 타개하기 위한 해양전략으로 설명된다. 중국 해양국은 2020년까지 다른 나라의 도발과 위협에 대항하는 능력을 강화해 중간 수준의 해양강국 대열에 들어가겠다고 밝힌 바 있다.[17)] 중국은 미국이 구사하고 있는 'C자형 해양포위전략'이 중국의 영토와 부속도서 주권을 훼손시킬 것이며, 중국의 경제발전에 핵심이 되는 해상교통로를 위협하고 경제적 해양권익을 침해할 것으로 판단하고 있다. 따라서 중국은 경제성장과 주권적 국가이익을 안전하게 보장하기 위하여 미국의 해양패권 질서에 적극적으로 도전장을 던질 것으로 예상된다.

중국이 주장하고 있는 'U자형 관할해역'은 미국의 'C자형 포위전략'의 핵심해역이다. 중국은 영해와 배타적 경제수역에서 미국의 군

16) 조운찬, "중국 · 인도 손 맞잡나", 『경향신문』, 2010년 12월 15일자.

17) 조운찬 · 조홍민, "'中' 항모 건조 계획 첫 확인", 『경향신문』, 2010년 12월 17일자.

사활동에 대해 해양법상 적당한 이유를 제시하여 미 해군의 활동을 제한할 가능성이 있으며, 단계적으로 해군력을 확대 운영하면서 국제적 지지를 얻기 위하여 해양법을 근거로 미국의 접근을 저지하는 행동을 추구할 것이다. 따라서 중국은 미국의 군함이나 정보 수집선, 해양자원 탐사선 등이 'U자형 관할구역'에 진입하여 활동할 시 여러 가지 이유를 제시하여 이를 제한하는 대책을 적극적으로 추진할 것이다.

남사군도를 중심으로 영해와 배타적 경제수역에 대한 중국의 관할권이 강화되면 미국 군함이 자유 통항할 수 있는 해역이 감소되며, 중국이 미국에게 군함의 통항에 대하여 사전허가 또는 통고를 요구할 수 있으므로 중국의 관할수역 내에서 미국 군함의 활동력은 크게 제한을 받을 수밖에 없게 된다. 이렇게 되면 미 해군의 전략적 해군기동과 군사력 현시 효과는 감소하게 되며, 특히 해중에서 은밀한 기동을 통해 전략적 이점을 창출해 내는 잠수함의 기동이 제한하게 되어, 중국을 압박하기 위한 해군력 현시의 전략적 효과는 현저히 떨어지게 될 것이다. 또한 남중국해 해상통제에 필요한 해양정보 수집과 과학적 해양탐사활동이 제약받게 되어 남사군도에서 미국이 해군력을 유지하는 데 많은 제한을 받게 될 것이다.

중국은 남사군도와 서사군도를 많이 차지할수록 영해와 관할 수역의 범위가 확대되어 미국에게 영해 내 선박의 무해통항에 있어 많은 제한을 가할 수 있다는 점을 잘 알고 있다. 미국은 반대로 중국의 이러한 움직임이 성사되면 남중국해에서 해상 주도권을 빼앗기게 되어 아시아에서 미국의 국가이익을 지키지 못하게 되고, 서태평양의 주도권이 감소하게 되어 동맹국들의 안보에 큰 허점이 생긴다는 것을 잘 알고 있다. 향후 중국이 이들 군도에 대한 영유권을 확대하고 미 · 중 해군력의 차이가 감소하게 된다면 남중국해 해상교통로 통제권을 중국이 갖게 될 가능성이 많다.

앞에서 언급한 바와 같이 남사군도는 미국을 비롯하여 일본, 한국, 타이완 등 미국의 동맹국들이 아시아에서 세계 각국으로 상품을 수출하는 핵심 길목이며, 중동으로부터 에너지를 수입하는 사활적 해상교통로이다. 동아시아 국가들의 대외 수출은 국내 총생산의 평균 64%를 차지하고 있다. 무역의 주요 수단은 선박으로 이루어지고 있는데 수출입의 98%를 해상으로 수송하고 있다. 특히 동아시아 국가들은 에너지, 식품, 그리고 결정적인 원자재를 자급자족하지 못하고 있다. 그러므로 동아시아 무역의 중요성은 남중국해 해상교통의 안전과 직결되어 있다.[18)]

미국은 말라카 해협과 연결되어 있는 남사군도 해역에서 미국과 동맹국들의 경제적 이익을 위하여 반드시 안전한 해상교통로를 유지해야 한다는 것을 인식하고 있다. 미국은 이 해역이 미국의 해상교통로상 중요한 길목(Check Point)을 포함하고 있고, 인근 국가들의 배타적 경제수역(EEZ)과 연계되어 있다는 사실을 알고 있다.[19)] 미국은 남중국해의 지역안정에 악영향을 끼칠 수 있는 중국의 영토 주장이 미국의 선박과 미 해군 함정의 항행 자유에 영향을 끼칠 수 있다는 것

---

18) 백진현, "동아시아 지역의 변화하는 해양안보 환경", 『동아시아 지역의 해운과 해로안보』, p. 7.

19) Admiral Robert F. Willard, "Regional Maritime Security Engagements: A US Perspective", *Realising Safe and Secure Seas for All International Maritime Security Conference 2009*. p. 76.

을 인식하고 있다.[20] 이러한 배경으로 미국은 중국의 해양관할권 주장에 대해 오랫동안 이견을 제기해 왔다.

중국이 영해와 배타적 경제수역, 대륙붕 등에서 타국 선박의 접근을 제한하는 해양법을 만들게 된 배경에는 서태평양에 전개되어 있는 미 해군을 견제하기 위한 의도가 포함되어 있다. 중국은 1958년 9월 '영해에 관한 선언(Declaration on China's Territorial Sea)'에서 영해 12해리 선언에 반대하고 있던 미국과 영국에 항거하기 위해 12해리 영해를 선포한 적이 있었고, 제3세계 국가들이 자원보호, 경제개발 및 주권방위의 목적으로 200해리 수역에서 권리를 보호하기 위하여 투쟁하는 것을 확고하게 지지한 바 있다. 또한 중국은 200해리 경제수역에서 연안국이 배타적인 관할권을 행사해야 한다고 주장했다. 그리고 제3차 유엔해양법 회의에서 중국은 연안해군국의 입장을 가장 강력하게 대변했는데 이는 서태평양에 전개해 있는 미 해군이 타이완해협과 중국 해안의 턱 밑까지 치고 들어오는 상황을 고려한 전략적 견제였다.[21]

중국의 입장에서 볼 때 남사군도 해역은 군사적 측면에서 미국과 다른 아시아 국가들에 비해 매우 불안전하다. 그 이유는 첫째, 남사군도의 위치가 다른 국가들에 비해 중국으로부터 가장 먼 거리에 위치하고 있다는 것이다. 남사군도 위치는 위에서 설명한 대로 중국의 하이난다오로부터 1,500km, 베트남으로부터 400km, 필리핀 팔라

20) 마크 E. 로젠. '중국의 해양관할권 주장과 미국의 입장', 『중국 해군의 증강과 한· 미 해군 협력』(서울: 한국해양전략연구소, 2009). pp. 65-66.

21) 강영훈, "군함의 통항제도연구", 서울대학교 박사학위논문, 1984, pp. 121-126.

완으로부터 120km, 말레이시아 보르네오로부터 100km에 위치하고 있어 타 국가에 비해 3~10배 원거리에 있다. 반면에 미국은 싱가포르, 말레이시아 해군과 연합훈련을 실시하며 미 해군의 함정들이 이들 국가의 항구를 수시로 출입항하고 있다. 따라서 중국은 미국의 남중국해 접근을 원천적으로 제한하기 위하여 남사군도의 배타적 경제수역과 대륙붕을 포기할 수 없는 것이다.

1980년대 고르시코프가 국제해양법을 통해 미국을 견제한 것처럼 현재 중국이 이를 그대로 답습하고 있다. 중국은 미국의 해양 군사활동이 증가하고 있는 추세를 고려하여 '조화로운 바다(harmonious ocean)'를 구축해야 한다고 주장하고 있다. 중국 해군 참모총장 우셩리(吳勝利, Wu Shengli)는 칭다오 국제 해양 심포지엄에서 '조화로운 바다'를 주장하여 참가국들의 환영을 받았다. 우셩리는 '조화로운 바다'를 이루기 위해서는 첫째, 모든 해양활동과 해군 작전은 유엔헌장을 준수해야 하며, 둘째, 유엔해양법을 존중하여 공정한 해양 질서를 만들어 특정국의 해양 지배를 예방해야 하고, 셋째, 테러와 해적 활동, 마약 등 해양에서의 범죄를 공동으로 막아내야 한다고 주장했다. 그는 또한 '조화로운 바다'를 이룩하기 위해서는 국가 간의 국제적 협력이 필요함을 강조했다.[22)]

중국의 '조화로운 바다' 정책은 고르시코프가 1980년대에 국제해양법을 강조한 것과 매우 유사하다. 고르시코프가 국제해양법을 통해 미국의 해양력을 견제한 것은 냉전 당시 매우 공격적인 조치였다.

---

22) Rear Admiral Wang Xian Jing, *Regional Maritime Security Engagements: A Chinese Perspective: Realising Safe and Secure Seas for All* (Tanglin: Singapore Navy, 2009), pp. 83-85.

냉전 시 고르시코프가 강조한 국제해양법 주장은 주로 강대국보다 중진국과 약소국들에게 호응을 얻었는데 이러한 호응이 해양법 제정에 있어 세계 여론의 향방을 바꾸었다. 중국은 미국의 'C자형 해양 포위전략'을 타파하기 위하여 해군력을 증강하고 있으나, 아직은 미국의 서태평양 함대를 필적하기에는 힘이 부족하다는 것을 잘 인식하고 있다. 따라서 중국은 미국 해양력의 확장을 견제하기 위하여 국제해양법을 통한 견제를 추진하고 있다고 판단된다.

오늘날 중국이 '조화로운 바다' 정책을 주창하고 있는 것은 수세적인 해양정책에서 벗어나 공격적인 해양정책으로 전환하고 있음을 알려주는 것이다. 중국의 '조화로운 바다' 정책 특징은 다음과 같다. 첫째, 중국의 국가 이미지를 부드럽게 하고, 중진국과 약소국들의 편에서 공정하고 자유로운 해양정책을 펼치는 국가의 모습을 보임으로써 미국의 해양정책에 맞서고 있는 대표적 존재임을 나타내고자 하는 것이다. 둘째, 미국 해군이 중국 본토 가까이 군사력을 현시하거나 전진해 오는 것을 막기 위하여 남중국해에서 중간 거점지를 갖추고자 하는 것이다. 셋째, 과거 미국 해양력의 확대와 봉쇄에 맞서 적극적인 해양정책을 추진하고 있음을 천명하고 있는 것이다. 넷째, '조화로운 바다'라는 부드러운 이미지 속에서 남사군도, 타이완, 센카쿠 열도 등 타국과 영토적 마찰을 일으키고 있는 도서들에 대해 영유권을 강화하려는 속셈을 감추려는 의도이다. 따라서 중국은 과거 다소 소극적이며 한정적인 조치에서 벗어나 세계의 여론까지 주도하면서 중국의 해양 이익을 우선시하는 적극적인 활동을 전개해 가고 있다고 분석된다.

최근 중국이 남사군도와 서사군도의 영토 확장을 통해 남중국해를 자신들의 내해(內海)로 만들고자 하는 전략적 의도를 고려할 때, 국제법적으로 접근하는 중국의 의도는 미국을 견제하기 위한 일련의 공세적인 정책 중 하나로 평가된다. 중국은 200해리 배타적 경제수역을 기준으로 자신들이 독단적으로 설정한 'U자형 관할해역'을 지속적으로 밀고 나갈 가능성이 크다. 반면에 미국은 서태평양에서 미국의 국가이익을 보호하고 중국 해군이 원해로 진출하는 것을 막기 위하여 중국이 주장하는 'U자형 관할해역'을 불인정하고 동남아 국가들과 협력태세를 구축해 나갈 것이다. 따라서 중국의 공세적인 해양법적 정책과 이를 저지하려는 미국의 억제정책이 충돌할 가능성이 많으므로, 앞으로 남사군도와 서서군도를 중심으로 한 영토주권 문제와 배타적 경제수역에 대한 관할권 문제는 미 · 중 마찰을 심화시킬 것으로 평가된다.

남중국해에서 미국과 중국의 해양정책 대결을 분석해볼 때 중국은 과거 수동적인 모습에서 공격적인 모습으로 탈바꿈하여 미국의 해양패권에 대해 다양한 방법으로 도전을 하고 있다. 미국의 동맹 와해, 해양관할권 강화, 강력한 영토주권 의사 표시 등은 중국이 미국에 대해 대등한 수준에서 세력전이를 꾀하려는 전략을 구사하고 있는 것으로 평가할 수 있다. 미국은 이러한 중국의 강력한 도전에 대해 밀리는 모습을 보이고 있어 남중국해 주변 국가들의 미 · 중 정책에 변화를 가져오게 하고 있다. 따라서 남중국해 미 · 중 해양정책 대결은 쿠글러와 제이거의 5단계 세력전이 중 동등한 단계인 3단계(지배국과 도전국 상호 억지 또는 전쟁 가능)에 와있다고 평가할 수 있다.

(3) 미 · 중 해군력 마찰과 세력전이

① 남중국해의 반폐쇄적 해역 특징과 미 · 중 해양패권 경쟁

냉전 시절 미국은 남사군도 분쟁에서 '중립'을 지켜 왔다. 미국은 1990년대 초반까지 남사군도의 법적 · 역사적 영토 문제에 가급적 의견을 직접적으로 개진하지 않았으며 무력행사에 반대하는 태도를 일관되게 유지해 왔다. 즉 미국은 남중국해의 도서 영토 문제는 미국과 관련국가 간 체결한 방어조약의 범위에 속하지 않는다는 입장을 취하고 있었다. 그러나 1995년부터 미국은 남사군도 분쟁에 관심을 보이기 시작했으며 남중국해에서 중국에 대한 '적극적 개입(Positive Engagement)'을 강화하기 시작했다.[23] 이후 미국과 중국이 남사군도와 서사군도 해역에서 군사적 마찰이 잦아졌는데 그 이유는 중국의 군사적 활동의 확대와 미국의 견제, 그리고 남중국해가 가지고 있는 군사전략적 특성 때문이다.

〈그림 4-3〉에서 보는 바와 같이 남사 · 서사군도를 포함하고 있는 남중국해는 동남아시아의 핵심 해역으로 서쪽으로 중국, 베트남, 싱가포르, 말레이시아에 의해 둘러싸여 있고, 남쪽으로는 인도네시아, 말레이시아에 의해 갇혀 있으며, 동쪽으로는 브루나이와 필리핀, 그리고 북쪽으로는 중국과 타이완에 의해 갇혀 있는 반폐쇄적(semi-enclosed) 해역이다. 반폐쇄적 해역의 특성을 지니고 있는 남중국해는

---

23) 박병구, 『중국의 해양자원 개발 연구-해양에너지 자원을 중심으로』(서울: 한국해양수산개발원, 2008), pp. 117-118.

〈그림 4-3〉 반폐쇄적 해역의 남중국해

출처: http://100.naver.com/100.nhn?docid=35926(검색일: 2011. 5. 25).

유럽의 지중해와 매우 비슷하다.

제2차 포에니 전쟁에서 로마가 카르타고의 한니발에게 승리를 거둔 것은 카르타고가 장악하고 있었던 지중해의 해상통제권을 빼앗아 옴으로써 가능했던 것이다. 당시 로마는 해양력이 강한 카르타고를 치기 위하여 먼저 지중해의 북쪽과 서쪽을 에워싸고 있던 프랑스, 스페인의 연안을 완전히 장악하고, 지중해의 한가운데에 있는 작전적 거점 역할을 하는 사르디니아(Sardinia)와 코르시카(Corsica), 시실리

(Sicily) 섬들을 점령하였다. 이후 로마는 지중해에서 카르타고 해군을 격파함으로써 한니발이 지중해를 사용하지 못하게 하였던 것이다. 카르타고 해군은 지중해의 작전적 거점인 사르디니아와 코르시카 등 도서들을 로마에 빼앗기게 되어 병력 및 보급품 등 전투지원이 원활하지 못하게 되었고, 결국 로마 해군에게 패배하였던 것이다.[24)]

군사적으로 볼 때 반폐쇄적 해역에서는 반폐쇄해를 둘러싸고 있는 육지의 연안과 반폐쇄해 중간 지점에 있는 도서 기지의 보유 유무에 따라 해군의 작전이 큰 영향을 받게 된다. 연안에 해군 작전을 지원할 보급기지와 수리지원 기지가 없고, 반폐쇄해를 용이하게 통제할 도서 기지가 없는 해군은 이를 모두 갖춘 해군에 의해 포위되는 상황을 맞게 된다. 남사군도와 서사군도는 남중국해의 반폐쇄적 해역에 있어 종적으로나 횡적으로 중요한 역할을 차지하고 있다. 중국의 입장에서 볼 때 연안에서 멀리 떨어져 있는 남사군도는 필리핀, 말레이시아, 인도네시아로 진출할 수 있는 전략적 군사기지로 활용할 수 있다.

또한 미국이 하와이 태평양사령부와 괌 해군기지에서 발진한 해군력을 중국 쪽으로 전진 배치시키고자 할 때 남사군도는 원거리에서 미 해군세력을 감시하고 공격할 수 있는 조기경보 및 타격을 위한 전진기지로 활용할 수 있다. 〈그림 4-4〉에서 보는 바와 같이 최근 중국은 1988년 베트남으로부터 점령한 영서초(Fiery Cross Reef)에 조기경보 레이더를 설치 운영하고 있다. 중국 칭다오 북해함대사령부 소속

---

24) 알프레드 세이어 마한, 『해양력이 역사에 미치는 영향 1』, pp. 51-62.

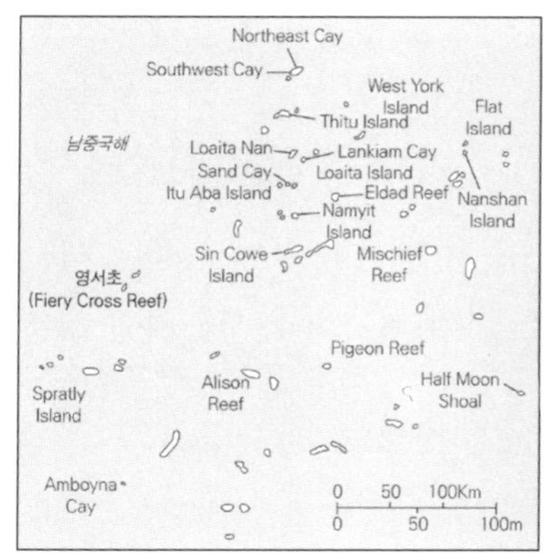

〈그림 4-4〉 중국의 남사군도 영서초 조기경보기지

출처: http://www.google.co.kr/imglanding?=fiery%20cross%(검색일: 2011. 5. 25).

함정들과 공군기들이 영서초 조기경보 레이더를 이용하여 은밀기동 능력을 시험한 바 있다.

서사군도 역시 이러한 전략적 효과를 가지고 있으며, 특히 타이완 해협과 가까운 거리에 있어 타이완 통일에 대한 무력마찰이 있을 경우 타이완에 대한 미국의 지원세력을 차단할 수 있는 조기경보와 타격 전초기지로 활용할 수 있다.

미국과 중국은 남중국해의 반폐쇄해가 가지고 있는 군사전략적 특징을 잘 알고 있으며, 과거 유럽 각국들이 강대국이 되기 위하여 지중해를 장악했던 것처럼 21세기에는 남중국해를 장악하는 국가가 아시아의 해양패권을 갖게 될 것이라는 점을 인식하고 있다. 이러한 이유로 최근 미국과 중국은 남중국해에서 군사적 마찰이 잦아지고 있다. 남중국해의 지리안보적 가치는 중국이 오늘날 공세적인 군사력 전개를 추구하는 안보정책에서 더욱 그 중요성이 높아지고 있다.

중국이 미국의 해상통제에서 벗어나기 위하여 중국 본토로부터 원해에 위치한 도서에 조기경보 레이더 기지를 운영하는 시도는 과거 수동적인 대응에서 벗어나 적극적으로 군사적 조치를 강구하고 있는 것으로 해석할 수 있다. 그러나 단순히 방어적 차원과 중국 해군의 자체 작전 기동을 위한 시험 등을 볼 때 미국의 해상통제에 대등한 수준의 도전으로는 볼 수는 없다.

② 미 · 중 군사적 마찰과 세력전이 분석

1990년 중반 이전까지 중국은 미국이 남중국해 문제에 개입하거나 남사군도 영유권 관련 국가들과의 외교를 강화하는 데 있어 군사적으로 대응하지 않고 주로 외교적으로 대응했다. 중국이 1949년부터 1992년까지 한국, 타이완 해협, 인도, 인도차이나, 소련과의 국경문제 등에서 군사력을 동원하여 대응한 경우는 총 118건 이하로 연평균 2.7회에 불과하다. 이 시기에 중국 지도자들은 이를 부끄럽게 생각하지 않고 오히려 국가의 장기전략 차원에서 군사적 대응을 자제하는 경향들을 보였다.[25] 1984년 2월 덩샤오핑은 미국 조지타운 대학교 '전략과 국제문제연구센터' 대표단과의 회담에서 중국은 많은 분쟁을 정상적으로 해결할 수 있는 방법을 찾고 있으며, 전쟁을 하지 않고 평화적 방식으로 문제를 해결하기 바란다고 주장했다. 그리고 일부 영토문제에 대해서 주권을 논하기보다는 먼저 분쟁국가

25) Evan A. Feignbaum, "China's Military Posture and the New Economic Geopolitics", *Survival The IISS Quarterly*, Summer 1999, p. 75.

가 자원의 공동개발을 진행하면서 새로운 해결방안을 찾아야 한다고 역설했다.[26)]

그러나 중국은 1990년 중반 이후 경제가 급속도로 발전하면서 남중국해에서 남사 · 서사군도의 영토주권과 지하자원, 해양안보의 중요성을 인식하고 미국의 압박에 대해 공격적인 해양정책을 구사하고 있다.[27)] 이에 미국은 남사 · 서사군도가 서태평양에서 미국의 국가이익을 수호하는 데 있어 전략적 핵심해역임을 인식하고, 중국의 영향력을 차단하기 위하여 적극적인 군사적 조치와 영토주권 관련국들과 외교적 조치를 더욱 강화하고 있다.

2010년 3월 중국 외교부 고위 공무원은 미국이 남중국해 문제에 간섭하는 행위를 더 이상 묵과하지 않을 것이라고 언급하면서 남중국해는 중국의 핵심적 영토주권 사항이라고 말했다. 또한 중국은 2010년 4월 1일부터 남사군도에서 조업하고 있는 어선들을 안전하게 보호하고 타 국가들이 중국이 주장하는 배타적 경제수역에서 조업을 하지 못하도록 하기 위하여 하이난다오 해군기지에서 해당 해역으로 경비정을 파견하고 있다. 경비정들이 감시활동을 하고 있는 해역은 베트남, 필리핀, 말레이시아 군대가 주둔하고 있는 섬들의 해역으로 군사적 마찰이 우려되고 있는 상황이다.[28)] 또한 중국은 서사군도에서 미국의 해양정보선들의 활동을 감시하고 타국의 어업활동을 통제하기 위해 400톤급 어로감시선을 상주시키고 있다.

---

26) 박병구, 『중국의 해양자원 개발 연구: 해양 에너지 자원을 중심으로』, p. 134.

27) Evan A. Feignbaum, "China's Military Posture and the New Economic Geopolitics", pp. 76-77.

28) "Beijing projects power in South China Sea", 검색일: 2011년 1월 1일.

이에 대응하여 미국은 2007년 2월 필리핀 남부의 졸로 섬에서 미-필리핀 연합군사훈련을 실시하였고, 10월에는 필리핀 루손 섬에서 필리핀 해군과 대규모 대테러 해군 합동훈련을 실시했다. 미국 태평양함대사령관 게리 러프헤드 제독은 2007년 1월 베트남 하노이를 방문하여 응우옌반히엔 해군사령관을 만나 양국 간 해상협력 강화에 합의했으며, 5월에는 미 국무부 동아태담당 차관보가 베트남을 방문하여 응우옌민찌엣 베트남 주석과 면담하였다. 그리고 7월에는 응우옌민찌엣 베트남 주석이 미국을 방문하여 군사협력에 대해 협력방안을 논의한 바 있다.[29)] 이처럼 미국은 동남아시아 국가들과 군사외교 측면에서 활동을 강화하면서 동시에 중국의 해군력 확대 정책에 대응하기 위하여 남중국해에서 군사활동을 강화하고 있다.

중국은 과거와 달리 미국의 군사활동에 대해 적극적으로 대응하고 있어 남중국해에서 미국과 중국의 군사적 이미지는 상호 공세적인 양상을 보이고 있다. 중국 입장에서 볼 때 미 해군 함정이 중국 근해에서 활동하는 것은 마치 미국의 남부 플로리다 반도 멕시코 만에서 외국 군함이 미국을 압박하는 것과 같다고 인식할 수도 있다. 현재 중국은 남중국해를 국가적 핵심이익 해역임을 선포하고, 이를 타이완, 티베트, 신장 지역과 동일시하고 있다. 따라서 수십 년간 지속해 왔던 부드러운 접근(Soft Approach)을 버리고 점점 더 공세적 정책을 추진하고 있다.[30)]

29) KIDA, 『2007-2008 동북아 군사력』(서울: KIDA, 2008), pp. 130-131.

30) "Avoiding a Tempest in the South China Sea", http://www.cfr.org/publication/2285, 검색일: 2011년 1월 3일.

2001년 4월 미 해군의 EP-3 정찰기는 중국이 주장하는 배타적 경제수역인 남사군도와 연계되어 있는 하이난다오 인근 동중국해에서 초계활동 중에 정찰 비행을 간섭하는 중국 전투기와 충돌하였다. 이에 중국은 미국 정부에 강력히 항의하고, 미국은 중국에게 편지를 보내어 유감을 표명했다. 이는 중국이 남사군도를 비롯한 동중국해에서 미국에 대해 강력하게 군사적으로 대응한 것으로 미국이 중국의 적극적 대응에 한 발 뒤로 물러났음을 의미한다.

2006년에는 중국의 해양순시선이 타이완과 남서제도, 규슈 동중국해에서 정보수집을 벌이던 미국 군함들을 추적하면서 작업을 중지시킨 사건이 있었으며, 2009년 3월에는 하이난다오로부터 120km 남쪽의 해역에서 해양관측 임무를 수행하던 미국의 해양관측함 임페커블(Impeccable)호[31)]가 5척의 중국 어선에 의하여 항해 기동 방해를 받아 음향탐색기인 예인소나(Surtass array)를 인양한 사건이 발생했다. 당시 중국 어선은 임페커블호에 8m까지 근접 기동하면서 임페커블호의 항행을 방해하였다. 미국은 공해상에서 정상 항해를 실시하고 있었다고 했으나, 중국은 임페커블호가 자신들의 배타적 경제수역 내에서 하이난다오 해군기지의 잠수함 활동에 대한 음향정보를 수집하고 있었다고 주장했다. 그리고 사전에 자신들의 승인 없이 배타적 경제수역으로 진입했기 때문에 위법행위라고 성명을 발표하고 군함들을 즉각 투입했다. 중국 군함은 임페커블호 선수 전방을 100yds로 통과하면서 지속적으로 위협 기동을 하고, 자신들의 배타

---

31) 임페커블호는 5,500톤급 미 해양관측선으로 미 해상수송사령부 예하에 25척이 있다.

적 경제수역에서 허가되지 않은 해양관측 활동을 하지 말 것을 요구하였다.[32] 이에 미국 오바마 대통령은 즉각 미 구축함 수 척을 현장으로 급파하여 임페커블호를 호송하도록 했다. 이후 오바마는 워싱턴에서 주중대사와 만나 임페커블호의 정당성을 이야기했으나, 주중대사와 중국정부는 자신들의 입장을 번복하지 않고 남중국해에서 미국의 불법적인 활동을 중지할 것을 요구했다.[33] 이러한 중국의 적극적인 군사 대응은 미국의 동아시아 해양패권에 대해 확실하게 도전하고 있는 모습을 보이고 있다.

2010년 7월 천안함 피격사건에 대응하기 위해 실시한 한 · 미 연합훈련을 중국이 반대하면서 남중국해에서 대대적인 해상기동 및 화력훈련을 감행한 사실은 이를 더욱 확실하게 재인식시켜 주고 있다. 중국은 서해상에 미국 항공모함이 진입하는 것을 반대하면서 자신들의 배타적 경제수역 내에서 한 · 미 군사훈련을 반대하고 나섰는데, 남중국해 해상훈련에 한국 서해와 인접한 산둥 반도 칭다오에 위치한 북해함대사령부 소속 최신예 로조우(Luzou)급 구축함과 일본 오키나와와 가까운 동해함대사령부 소속 루양(Luyang)급 구축함, 남중국해를 관장하는 남해함대사령부 소속 지앙카이(Jiangkai)급 호위함 그리고 동해 및 남해함대사령부 소속 K급 잠수함[34]들을 대거 투입하였다.[35] 이

---

32) Robert Beckman, "The Lawfulness of Military Activities in the Exclusive Economic Zone under the 1982 United Nations Convention on the Law of the Sea", *Realising Safe and ecure Seas for All International Maritime Security Conference 2009*, p. 127.

33) "US warships head for South China Sea, after standoff", http://www.timesonline.co.uk/tol/news/world/us, 검색일: 2011년 1월 2일.

34) 루조우급 구축함 제원은 만재 톤수 7,000톤, 최대속력 시속 54km, 경제속력 시속 27km로 8,100km를 항해할 수 있다. 전장은 155m, 전폭은 17m이며 무장은 대수상함 미사일 8기(최

는 한 · 미 해상훈련을 빌미로 중국이 미국에게 남중국해의 해상통제에 대해 맞대응 도전 신호를 보내는 의미를 갖고 있는 것이다.[35)]

남사군도에서 중국과 군사적 충돌을 경험한 동아시아 국가들은 미국이 간접적으로 개입하여 중국을 견제해 주기를 바라고 있다. 베트남은 1994년 중국과의 영토주권 갈등을 불러일으키는 해역에 미국의 모빌(Mobil) 사를 주축으로 한 일본의 MJC 원유콘소시움을 끌어들여 석유 탐사를 하게 하였는데, 중국은 이에 민감하게 반응하면서 해군을 동원하여 무력시위를 전개한 적이 있다. 필리핀은 1998년 12월 10일 미국 하원의원을 필리핀 공군기에 태워 남사군도의 미시초프 산호초 주위에 정박 중인 중국 군함을 보여주며, 남사군도를 국제문제로 확대하려는 노력을 하였다. 또한 중국의 미시초프 점령 시도에 대해 맹비난을 퍼부으면서 1951년에 체결된 미국-필리핀 상호방위조약에 의거하여 미국의 지원을 요청하고 있다.

한편 타이완은 이투아바(Itu Aba) 섬[36)]을 군사 전초기지로 활용한다는 생각에 변함이 없으며, 중국을 포함하여 어떤 국가의 도전도 묵과하지 않겠다는 의도를 가지고 있다.[37)] 타이완의 이투아바 섬은 거리

대사정거리 155km), 대공미사일 6기(최대사정거리 150km), 대잠수함탐색 음향장비(sonar), 어뢰 등을 적재하고 있다. 지앙카이급 호위함은 만재 톤수 3,900톤, 최대속력 시속 49km, 경제속력 시속 32km로 6,840km를 항해할 수 있다. 무장은 대수상함 미사일 8기(최대사정거리 150km), 대공미사일(최대사정거리 13km), 대잠수함탐색 음향장비(sonar), 어뢰 등을 적재하고 있다. K급 잠수함은 만재 톤수 3,076톤, 전장 73m, 전폭 10m, 승조원 52명으로 수중 최대속력이 시속 30km, 수상 최대속력은 10km이다. 무장은 수중발사 미사일을 적재하고 있는데 최대사정거리는 180km이다. 이 외에 어뢰와 기뢰를 적재하고 있다.

35) "China's three-point naval, http://www.iiss.org/publications/strategic-commands/par=iisses strategy", 검색일: 2011년 1월 3일.

36) 남사군도에서 가장 큰 섬으로 전장 1.4km, 폭 0.4km이다. 위치는 〈그림 4-4〉 참조.

37) 전황수, "중국과 ASEAN의 스프래틀리군도(南沙群島) 분쟁: 갈등양상과 해결노력", p. 265.

상 중국의 최남단 하이난다오보다 510여 km 멀리 떨어져 있어 타이완 단독으로 이투아바 섬을 방어하기에는 능력이 부족한 형편이다. 따라서 타이완은 미국이 구사하고 있는 남중국해 해상통제에 편승하여 중국의 도서 영유권 도전에 대응할 가능성이 농후하다. 미국의 입장에서도 타이완이 점령하고 있는 이투아바 섬은 남사군도에서 가장 큰 섬으로 중국을 견제할 수 있는 군사적 가치가 큰 만큼 타이완의 이투아바 정책을 적극적으로 지지할 것이다. 남중국해에서 중국과 도서 영토주권 및 배타적 경제수역에 대해 분쟁을 겪고 있는 여러 국가들은 최근 중국의 이러한 군사적 대응에 우려를 표시하고 있다. 그리고 동남아 국가들이 미국과 군사 외교를 강화하고 미국으로부터 무기를 수입하고 있는 상황도 남중국해에서 중국과 미국의 군사적 마찰 가능성을 높이고 있는 실정이다.

종합적으로 볼 때 최근 미국이 남중국해 해상과 공중에서 군사적 초계활동을 강화하는 조치를 취하는 것에 대해 중국은 동등한 수준으로 대응하고 있다. 오히려 미국이 중국의 도전에 대해 한 발 뒤로 물러서고 있는 자세를 취하고 있다. 물론 미국이 동아시아와 북한 핵문제 등에 대해 중국과 정치적 협력을 모색하는 측면도 있지만, 결론적으로 보면 중국의 군사적 대응으로 미국의 해양패권 위상에 금이 가고 있다는 것이다.

동아시아의 여러 국가들도 이러한 점에 대해 우려를 표하고 있는 실정이다. 따라서 남중국해에서 미국과 중국의 해양패권에 대한 세력전이는 쿠글러와 제이거의 5단계 세력전이 중 3단계에 진입하고 있다고 분석된다.

③ 미 · 중 군사력 투사정책과 세력전이

장원무는 '중국 해권(海權)에 대한 논의'에서 중국은 지금 세계로 향하고 있고 해권에 대한 우리의 요구는 오늘날처럼 강렬했던 적이 없다고 주장했다. 그는 해군은 중국의 해권과 관련되어 있고 해권은 중국의 미래 발전과 관련되어 있다고 주장하면서, 해권이 없는 대국은 그 발전도 앞날도 없는 것이며, 강한 해군이 없는 중국은 위대한 미래를 보장할 수 없다고 덧붙였다.[38)]

중국은 최근 남사군도 영토주권 및 배타적 경제수역 영유권과 관련한 문제가 발생할 때마다 적극적인 '전략적 군사대응(Strategic counter-attack)'을 추구하고 있다. 중국의 '전략적 군사대응'은 중국이 도모하고 있는 '전략적 군사력 투사작전(strategic military projection operation)'에 그 기반을 두고 있다. 중국이 전략적 군사력 투사 계획을 수립하여 시행하는 목적은 남중국해부터 태평양 · 인도양에서 에너지 해상교통로를 안정적으로 확보하고, 남중국해 · 동중국해 · 서해상에서 영토주권과 배타적 경제수역을 확실하게 쟁취하고자 하는 데 있다. 또한 중국은 에너지 해상교통로를 확보하기 위하여 해 · 공군력을 남중국해로부터 태평양, 인도양, 중동, 아프리카 해양으로 확대하려 하고 있다. 특히 중국은 최근 경제와 과학기술의 발전을 바탕으로 해군의 원거리 작전능력을 발전시켜 군사력을 대양으로 점차 확대하고 있다.[39)]

---

38) 장원무(張文木), 『中國 海權에 관한 論議』, p. 111.

39) "Chinese Military Seeks to Extend Its Naval Power", http://global strategy...., 검색일: 2010년 1월 2일.

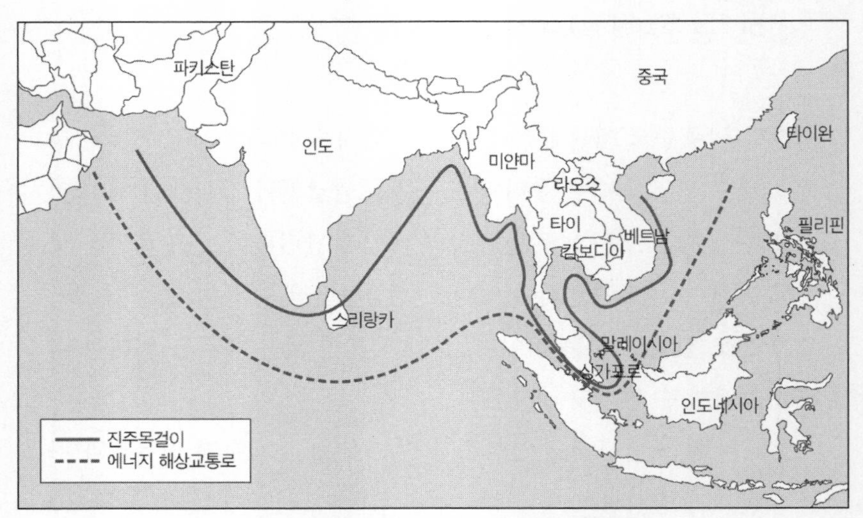

〈그림 4-5〉 중국의 에너지 해상교통로와 진주목걸이

출처: "String of Pearls (China)", http://en.wikipedia.org/wiki/string-of-pearls.

〈그림 4-5〉와 같이 중국이 추진하고 있는 '에너지 해상교통로와 진주목걸이(String of Pearls)'는 에너지 해상교통로를 기준으로 중국이 해상통제권을 확보하고자 하는 기준선이다. '진주목걸이' 에너지 해상교통로는 남중국해로부터 말라카 해협, 호르무즈 해협에까지 이르고 있으며, 중국은 이 선을 기준으로 남중국해와 인도양, 아라비아해에 이르기까지 해상통제 해역을 목표로 해군력을 건설하고 있고, 해군 함정들의 원양기동훈련을 강화하고 있다.[40)]

중국은 진주목걸이 해상교통로를 확보하기 위하여 파키스탄, 미얀마, 방글라데시, 캄보디아 등 여러 주변 국가들의 항구 사용을 추

40) "String of Pearls (China)", http://en.wikipedia.org/wiki/string-of-pearls, 검색일: 2010년 1월 3일.

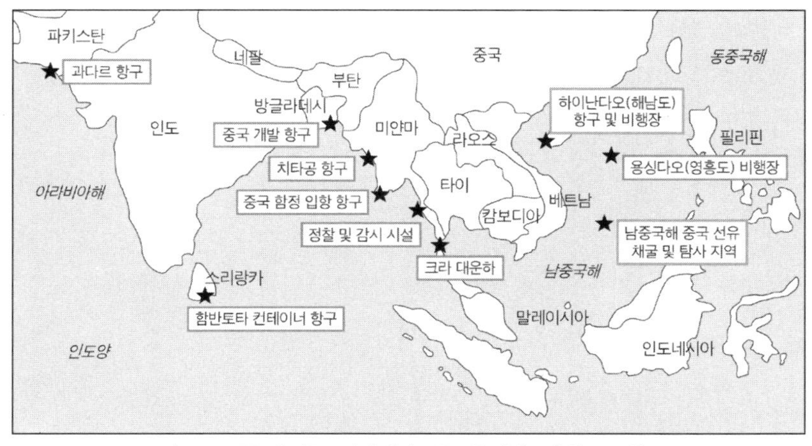

〈그림 4-6〉 중국이 진주목걸이 해상교통로를 위해 구축한 주요 항구들

출처: Lieutenant Colonel Daniel J. Kostecka, "A Bogus Asian Pearl", Proceedings, April 2011, p. 49.

진하고 새로운 항구 건설에 막대한 경제적 지원을 하고 있다. 그동안 중국이 이를 위해 개척한 항구들은 〈그림 4-6〉과 같다.

과거 중국이 추진하던 해양전략의 중심은 타이완 해협 문제 위주의 제한적 대응전략이었으나 2000년대 이후부터 적극적으로 전략적 군사력 투사작전을 시행하고 있다. 현재 중국은 소말리아 해적을 퇴치하기 위하여 아덴 만에 신형 구축함 2척과 대형 상륙함 쿤룬산(Kunlunshan)[41]을 보내고 있는데, 이는 원거리 해상작전능력을 배양하고 상륙작전능력을 시험하기 위한 일환으로 분석된다.

중국은 남중국해에서 베트남, 필리핀, 말레이시아 등 동남아 국가들이 지배하고 있는 도서들에 대해 상륙작전을 감행할 수 있는 작전

41) 쿤룬산 함은 1만 7,000톤으로서 최대속력 20kts이며, 공기부양정과 상륙병력 800명을 적재할 수 있는 대형 상륙함으로 상륙 전력을 원거리에 투사할 수 있는 능력을 보유하고 있어 남중국해 남사군도에 상륙작전을 감행할 수 있는 적절한 수단이다.

계획을 수립했다. 일본 아사히신문은 중국이 현 시점에서 상륙작전 계획을 실행해 옮기지는 않겠지만 장기적 관점에서 이를 준비하고 있다고 밝혔다. 중국의 남중국해 도서들에 대한 상륙은 1시간 이내에 상륙강습을 실행할 수 있는 상륙돌격헬기 4대를 적재할 수 있는 상륙함 '쿤룬산'과 호위 함대를 구성하여 목표 도서에 기습 상륙을 실시하고, 동시에 북해·동해 함대의 주력부대가 미 해군 항공모함 단을 저지하는 것이다. 해상 훈련에 참가한 광저우군구 관계자는 "미군의 항공모함 전단을 격파하는 능력이 있음을 알게 되었다."고 말한 바 있다.[42]

중국은 '전략적 군사력 투사작전'을 실현하기 위하여 항공모함 확보를 추진하고 있다. 장원무(張文木, 2010)는 중국이 항공모함을 갖추어야 한다고 주장하고 있는데, 그는 항공모함이 해상통제권을 실현하기 위한 가장 중요한 수단이 될 수 있다고 언급하면서 항공모함이 해상통제권만을 갖고 있는 것이 아니라 공중통제권도 보유하고 있으며 어떤 의미에서는 약간의 지상통제권도 포함하고 있어서 삼위일체적인 작전수행 개체가 될 수 있다고 주장한다. 또한 항공모함을 단순히 한 척의 전투함으로 이해해서는 안 되며, 기동성을 가장 많이 갖고 있는 국가 해상 작전 플랫폼으로 보아야 한다고 설명하고 있다.[43]

지난 2006년 3월 9일 베이징에서 개최되고 있었던 전국인민대표

---

42) 조홍민, "다른 나라 실효지배 남중국해 섬, 中, 상륙작전 계획 세웠다", 『경향신문』, 2010년 12월 31일자.

43) 장원무(張文木), 『中國 海權에 관한 論議』, p. 159.

대회에서 중국 인민해방군 총장비부 산하 과학기술위원회 부주임인 왕즈위안(王致遠)은 항공모함은 중국과 같은 대국의 해양주권 수호에 반드시 필요한 군사적 수단이라고 밝히고, 중국이 자체기술로 항공모함을 건조할 계획을 처음으로 밝혔다. 따라서 항공모함은 중국의 해양 전략상 매우 중요한 세력으로 자리 잡을 가능성이 크다. 중국 정부는 2016년까지 항공모함 3척을 건조한다는 계획 아래 항공모함에 탑재할 함재전투기를 러시아 Su-33 전투기로 선정하고 50대를 25억 달러에 구매하기 위한 협의를 진행하고 있다고 2006년 러시아 일간지 코메르산티지의 기사를 인용한 인민일보와 홍콩문화보가 보도했다.[44] 중국 해군은 2002년에 러시아에서 구매한 쿠즈네조프(Kuznetsov)급 항공모함 청공(成功)을[45] 개조하여 개조공정을 완료 후 러시아 Su-33 공격항공기를 탑재할 예정으로 주로 조종사 양성 훈련용으로 사용할 가능성이 많다.[46]

중국이 항공모함 세력을 구축하려는 배경은 다음과 같다. 첫째, 중국은 경제발전으로 세계 전역으로 확대되고 있는 해상교통로의 안전을 근해의 해군력만으로는 확보하지 못하기 때문에 원해에서 해상교통로 안전을 위하여 작전을 수행할 수 있는 해군력이 필요함을

44) KIDA, 『2007-2008 동북아 군사력』(서울: KIDA, 2008), pp. 43-44.

45) 쿠즈네조프급 항공모함은 만재 톤수 5만 8,500톤이며 전장 285m, 전폭 70m로서 최고속력은 시속 30kts이다. 러시아에서 승조원은 1,960명이었으며, 시속 18kts로 8,500nm을 항해할 수 있다. 무장은 고정익의 경우 18대의 SU-33를 탑재했었고, 회전익도 일부 탑재 가능했다. 이 외에 대함/대공미사일, 함포 등으로 무장되어 있으며, 중국은 이를 청공으로 명칭했는데, 청공은 1681년 청나라 때 타이완을 점령했던 수군 장수의 이름이다.

46) Commodore Stephen Saunders RN, *Jane's Fighting Ships 2007-2008* (Virginia: Cambridge University Press, 2007), p. 122.

잘 인식하고 있다. 둘째, 미국의 항공모함단에 의한 해상통제를 견제하기 위하여 항공모함단을 건조한다는 것이다. 중국은 미국이 타이완 또는 동중국해 국지분쟁에 개입할 시 인근 해역에 항공모함을 배치하여 대미 '접근거부전략'을 보강할 수 있으며, 남중국해 배치 시에는 중국 해군의 원해작전능력을 확대하는 효과를 가져올 수 있다. 또한 한반도 인근에 배치 시에는 과거와 다른 차원의 군사적 영향력을 행사할 수 있을 것이다. 셋째, 중국은 최근 자체적으로 최첨단 기술로 개발하고 있는 수상함의 대함미사일과 육지에 배치되어 있는 미사일을 합동으로 발사하는 작전능력을 배양하기 위하여 항공모함이 필요함을 인식하고 있다. 넷째, 남중국해의 도서 영유권을 주장함에 있어 주변국에 포함외교(Gun Boat Diplomacy) 차원에서 무력을 현시하기 위해서 항공모함을 보유하려 하고 있다.

최근 중국은 원거리 해상 · 해중 · 공중 입체작전능력을 갖추기 위하여 대양으로 원양항해와 해상기동훈련 기회를 증가시키고 있다. 중국 해군은 2007년 3월 인도양 파키스탄 해상에서 실시된 '아만(평화)-2007' 연합훈련에 동해함대 소속 최신예 구축함인 롄윈강(連雲港)함과 싼밍(三明)함을 파견하여 원해작전능력을 시험했다. 같은 해 8월에는 러시아와 블라디보스토크에서 '평화사명 2005'라는 명칭으로 대규모 해상훈련을 실시했는데, 미국은 이에 대응하여 항공모함 3척을 포함 약 30척의 함정과 280대의 항공기가 참가하는 대규모 군사훈련을 실시했다. 2007년 9월에는 중국 해군 역사상 최초로 대서양에서 영국 항공모함 아크 로열(Ark Royal)함과 연합해상구조훈련을 실시했으며, 중국 북해함대사령부 소속 구축함인 하얼빈함과 보급함으로 구성된 전대가 호주, 뉴질랜드와 함께 연합훈련을 실시한 바 있다.[47] 그리고 중국 해군은 2010년 4월 16일 연안 방어, 신속한 동원능력, 지휘통제, 원거리 군사력 투사 등에 중점을 두고 해상기동훈련을 실시했는데 중국 북해, 동해, 남해함대사령부 최신예 함정들이 남중국해로부터 일본 오키나와 근해 140km까지 대잠수함 훈련을 비롯해 공중작전까지 실시하는 원거리 입체작전훈련을 실시한 바 있다.[48]

〈그림 4-7〉에서와 같이 중국 해군은 남중국해에서 제1도련선(쿠릴 열도 - 유구 열도 - 타이완 - 필리핀 보르네오 - 나투나를 연결하는 중국 본토로부터 개략 1,000km권)을 넘어 제2도련선까지 해상작전 활동을 확대하고 있다. 그러므로 중국은 항공모함이 전력화되면 제2도련선(제1도련선을 넘어 호주 포함 태평양 외곽권을 연결하는 본토로부터 개략 2,000km권)까지 군사력을 더욱 확대운영할 가능성이 크다. 미국은 이러한 중국의 원해 진출 해양전략에 대해 매우 우려하고 있다.

중국의 원거리 기동훈련은 남중국해 여러 국가들에게 긴장감을 주고, 남중국해 국가들이 이에 대응하기 위하여 해 · 공군력을 증강하게 만드는 유발원인이 되고 있다. 또한 동아시아 국가들이 미국과 군사적 협력을 강화하게 하는 데 영향을 주고 있어 시간이 흐를수록 중국과 미국의 군사적 긴장감이 더해 가고 있는 실정이다.

그러나 미국은 중국이 대양해군으로 탈바꿈하기 위하여 군사 현대화를 적극 추진하고 있으며, 특히 미 항공모함전단(항공모함, 구축함,

---

47) KIDA, 『2007-2008 동북아 군사력』, pp. 46-50.

48) "China's three - point naval strategy", http://www.iiss.org/publications/strategiccomments/pars=iisues, 검색일: 2010년 1월 2일.

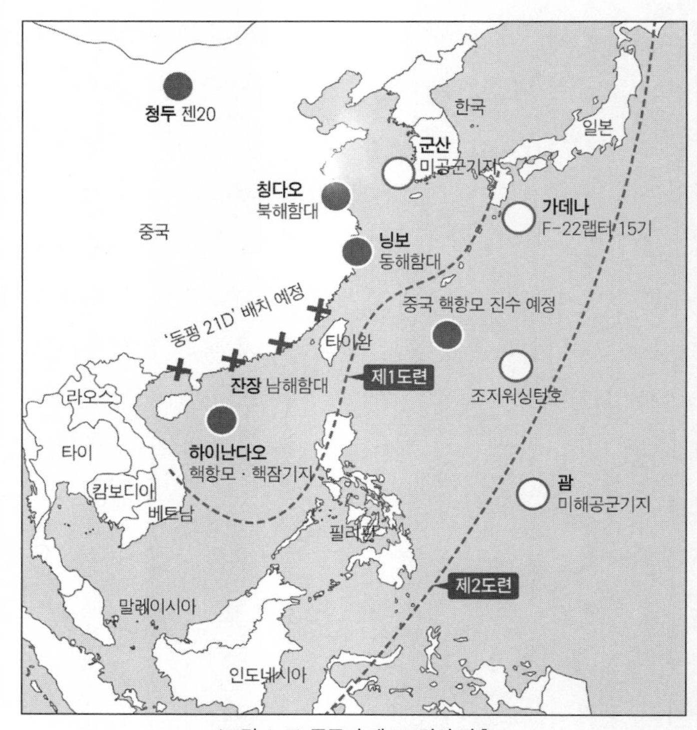

〈그림 4-7〉 중국의 제 2도련선 진출

출처: http://news.kukinews,com/서태평양 패권다툼, 진출하려는 中 사수하려는 美(검색일: 2011. 5. 25).

잠수함 전력)의 접근을 원거리에서 차단하기 위하여 비대칭 틈새능력 (asymmetric niche capabilities)을 강화하고 있음에 대해 우려를 하고 있다. 중국의 비대칭 틈새전력은 신형 재래식 잠수함, 핵공격 잠수함, 미사일 장착 잠수함, 신형 미사일 구축함, 지대함 유도탄 등을 말한다.[49] 중국이 비대칭 틈새능력을 강화하는 것은 중국의 무기획득 의사결정

49) Robert D. Kaplan, The Geography of Chinese Power: How far can Beijing Reach on Lance and at Sea, *Foreign Affairs*, May/June 2010, pp. 33-35.

에서 나온 결과물이다. 무기획득은 국가안보와 지속적인 경제발전을 지원하기 위하여 국가의 예산을 사용한다는 의미에서 공공정책적 성격을 가진다. 무기획득 시에는 현재 및 미래의 안보 위협에 대처하기 위한 군사전략과 그 군사전략 목표를 효율적으로 달성하기 위한 기술적 대안을 찾는 것이며, 이들 대안 중에서 가장 합리적인 비용과 효과적 방안을 선택하는 것이다.[50] 따라서 중국의 비대칭 틈새능력 강화는 이러한 무기획득의 의사결정을 통해 나온 것이다.

중국의 해군력 확장을 견제하기 위해 미국은 태평양 · 괌 군사기지에 총 125억 달러(약 14조 원)를 들여 핵추진 항공모함 정박시설과 미사일 방어 시스템, 실탄 사용 훈련장 등을 건설하고 기존 엔더슨 공군기지도 대폭 확장할 계획을 발표한 바 있다. 또한 미국은 인도양 디에고 가르시아 섬의 군 시설 개선에도 2013년까지 2억 1,400만 달러(약 2,390억 원)를 투자할 예정이다. 미국은 괌과 디에고 가르시아 거점기지를 통해 에너지 매장자원이 풍부한 남중국해 분쟁지역 해상통제권을 강화하고, 중국의 '진주목걸이(String of Pearls)' 전략에 제동을 걸 것이다.[51] 또한 미국은 중국이 남중국해와 인도양에서 인근 국가들에게 경제적 원조와 군사적 협력을 강화해 나가는 것을 차단하기 위해 아시아 지역 동맹국과의 군사협력을 강화하겠다는 의지를 표명했다. 로버트 게이츠 전(前) 미 국방장관은 2010년 11월 7일 호주 방문길에서 "미국은 아시아에서 군사협력을 강화하고 미군 주둔 확대방안을 검토 중"이라고 말했다. 미국은 이를 위해 한국과 일본에

50) 김종하, 『무기획득 의사결정』(서울: 책이된나무, 2000), pp. 32-34.

51) 김기홍, "中 견제……. 미, 괌에 초대형 군 기지 짓는다", 『세계일보』, 2010년 10월 27일자.

안정적이고 장기적인 미군 기지를 유지하고, 타이 · 필리핀 · 싱가포르 · 인도 등과 군사협력을 강화할 것으로 보인다.[52)]

오바마 대통령은 2010년 11월 인도, 한국, 일본을 방문하였으며 힐러리 클린턴 국무장관은 2010년 10월 하와이, 괌, 베트남 하노이, 캄보디아 프놈펜, 그리고 11월에는 말레이시아, 뉴질랜드, 호주 등을 연차적으로 방문했다. 그리고 로버트 게이츠는 2010년 7월 한국, 인도네시아, 베트남을 순방했다. 이에 중국은 미 지도부의 연쇄적인 아시아 순방은 중국이 동남아시아 및 동북아시아 해역에서 군사적 영향력을 강화하는 것에 대한 안보 외교적 대응활동으로 해석하고 있으며, 중국은 미국이 '반중연맹' 결성을 위해 국가들을 모으고 있다고 논평했다.[53)]

중국이 남중국해 해상통제권을 차지하기 위하여 빠른 속도로 해군력을 증강하고, 본토로부터 원해로 확장하는 전략을 추진하는 반면 미국이 이를 차단하려는 노력이 상충하면서 동아시아에서 군사력 투사의 세력전이 모습이 확연히 나타나고 있다. 물리적으로 중국이 미국의 해군력을 상대하기에는 아직 열세이나 중국이 추진하는 군사력 투사전략과 훈련 수준은 미국과 힘의 격차를 많이 줄이고 있는 실정이다.

---

52) 유신모 · 조홍민, "美, 해양패권 노리는 중국 견제 잰 걸음", 『경향신문』, 2010년 11월 9일자.

53) 최유식 · 이하원, "美 지도부 연쇄 아시아 순방……. 中 '反中연맹 구축' 반발", 『조선일보』, 2010년 11월 23일자.

3. 소결론

남중국해는 중국에게 있어 3가지 큰 의미를 가지고 있다. 첫째, 남중국해 도서들에 대한 영토주권은 중국의 위상에 직접적인 영향을 주는 것으로 도서 영토주권은 중국의 중화주의와 강한 민족주의의 대명사가 되고 있다. 둘째, 중국은 남중국해가 역사적으로 많은 외세 침입을 허용해 국가의 멸망을 초래한 무대라는 것을 기억하고 있다. 이에 중국은 미국이 주도하고 있는 남중국해의 해양질서에 반기를 들고 있으며, 미국이 중국의 원해 진출을 차단하기 위하여 'C자형 봉쇄전략'을 구사하는 것에 대해 군사적 · 국제해양법적 차원으로 적극 대응하고 있다. 셋째, 중국은 남중국해에서 미국과의 마찰이 남중국해로만 한정되는 것이 아니라 동중국해, 서해 등 중국의 연안과 근해 등 모든 영역과 관련이 되어 있음을 인식하고, 남중국해를 중국 전체 해역의 차원으로 끌어들여 통합적으로 대응하고 있다.

중국은 이러한 남중국해의 영토적 가치와 경제적 중요성을 인식하여 이 해역에서 미국의 해상통제권을 거부하기 위한 전력을 건설하고, 군사적 충돌을 감수하면서 적극적으로 대응하고 있다. 특히 남사군도는 향후 중국이 반드시 통제해야 할 군도로서 경제적 가치보다 군사적 가치를 더욱 중요시하고 있는 실정이다. 이 해역에서 중국은 미국의 해상통제에 대해 매우 공세적으로 도전하고 있는 양상을 보이고 있다.

미국과 중국은 2000년대에 들어서면서 군사적 충돌의 횟수가 증가하고 있고, 그 강도도 높아지고 있다. 중국은 2001년 미국의 EP-3

정찰기를 하이난다오 상공에서 퇴각시킨 바 있고, 2006년과 2009년에는 미 해양 정보수집함의 활동을 하이난다오 근해에서 중단시켰다. 2010년에는 남사군도를 포함한 남중국해 해상에서 3개 함대사령부의 구축함과 상륙함들이 참가한 군사력 투사훈련을 실시한 바 있다. 또한 중국은 전략적 군사력 투사능력을 보강하기 위하여 항공모함을 개조하고, 추가 건조사업을 진행 중에 있다.

중국이 남중국해의 해군력을 증강하고 공격적인 해양전략을 추구하는 반면에, 미국은 중국의 전략에 적극적으로 대응하지 못하고 외교적으로 대응하는 등 소극적으로 대응하고 있다. 그러나 최근 미국은 남중국해에서 중국에게 밀리면 동중국해와 서해상에서도 동맹국가들의 안보를 보장하기 어렵다고 판단하여 남중국해 인근 국가들과 외교 · 경제 · 군사 협력을 강화고 있다. 따라서 향후 남중국해에서 미국과 중국은 정치 · 외교적 타협보다는 군사적 충돌로 이어질 가능성이 크다. 왜냐하면 중국은 미국의 'C자형 포위전략'에 대해 적극적인 군사력 운영을 추진할 가능성이 크기 때문이다. 그러므로 남중국해에서 미 · 중 해양패권 경쟁은 쿠글러 · 제이거의 세력전이 5단계 중 3단계(지배국과 도전국 상호 억지 또는 전쟁 가능)에 들어섰다고 평가할 수 있다.

동중국해 미 · 중 해양패권 경쟁과 세력전이 분석

1. 타이완 해협과 미 · 중 해양패권 경쟁

(1) 미국의 타이완 무기판매와 미 · 중 패권 경쟁

동아시아에서 타이완은 미 · 중 관계와 동북아 해양질서체계에 가장 결정적인 변수이며 동아시아 해양패권 경쟁에서 가장 핵심적인 요소이다. 중국은 타이완이 국가의 주권문제, 영토통합문제, 국가적 통일 문제를 안고 있는 핵심지역으로서, 이 문제를 해결하는 것이 중국의 근원적인 국가 전략이라고 주장하고 있다. 그러나 1978년 발효된 타이완관계법(US-Taiwan Relations Act)에 의한 미국의 타이완 무기수출로 중국은 사사건건 미국과 동아시아 해역에서 긴장의 끈을 놓지 않

고 있다.[54)]

최근 미국과 중국은 미국의 타이완에 대한 무기판매를 두고 동아시아에서 패권적 대결을 하고 있다. 미국은 과거 소련을 견제하기 위하여 중국과 외교관계를 수립하고, 중국이 원하는 '하나의 중국' 정책에 대해 완전하지는 않지만, 1982년 '8 · 17 공동선언'[55)]을 통해 '하나의 중국' 정책에 대해 원칙적인 수준의 동의를 하는 등 국제질서체계를 유지하는 데 있어 중국과 유연한 외교정책을 펼쳤다. 그러나 미국은 냉전이 종식되고 소련이 더 이상 패권 경쟁의 대상이 되지 않는 상황에서 '8 · 17 공동선언'을 이행해 가지 않았다. 오히려 미국은 중국이 급속도로 경제성장을 이루어내고 군사력을 증강시켜 나가는 것을 보고 타이완에 대한 무기 수출을 강화했다.

미국의 타이완에 대한 무기판매와 미 · 중 관계를 세력전이 측면에서 분석해 보면 다음과 같다. 미국의 대외무기판매 요인은 크게 정치 · 외교적 요인, 경제적 요인, 군사적 요인으로 구분할 수 있다. 즉 미국은 대외무기판매를 통해 정치 · 외교적으로 동맹국들에게 국가안전에 관한 신뢰를 보장하고, 경제적으로 미국 군수산업과 국가 경제의 발전을 도모하는 것이며, 군사적으로 지역 내 동맹국과 무기체계의 호환성을 통해 연합작전능력을 제고하는 것이다. 미국이 타이

---

54) Edward Friedman, Power Transition Theory-A Challenge to the Peaceful Rise of World Power China, *China's Rise-Threat or Opportunity?*, p. 38.

55) '타이완관계법'에 대한 중국의 반발을 무마하기 위해 미국과 중국은 1982년 '8 · 17 공동선언'을 발표했는데, 이 공동선언문에서 미국은 "타이완에 대한 장기적인 무기판매 계획이 없고, 타이완에 대한 무기판매는 질적으로든 양적으로든 중 · 미 수교 이후의 수준을 초과하지 않을 것이며, 앞으로 타이완에 대한 무기판매를 점차 감축할 것"을 약속한 바 있다. 김중섭, "미중관계의 정상화와 타이완", JPI 정책포럼, No. 2011-9, 2011년 3월, p. 8.

완에 무기를 판매하는 목적에 대해 중국은 타이완에 대한 무기판매가 자국의 안전을 위협하는 요소로 인식하여, 과거와 달리 2000년대 들어서면서부터 미국에 매우 공격적인 정치 · 군사적 대응을 하고 있다.

미국은 2003년부터 2006년까지 총 41억 달러 상당의 무기를 타이완에 수출하였다. 2008년 미국이 타이완에 군 현대화를 위하여 패트리어트 미사일과 아파치 헬기를 포함한 64억 6,000만 달러(7조 9,000억 원) 상당의 무기를 판매하기로 발표하자, 중국은 미국의 타이완에 대한 무기판매가 중국 내정을 난폭하게 간섭하는 것이며, 중국의 국가안보를 위험에 빠뜨리는 것이라고 비난했다.[56] 그리고 2010년 버락 오바마 정부는 UH-60M 블랙호크 헬기 60대(31억 달러)와 신형 패트리어트 요격미사일(PAC-3) 114기(28억 1,000만 달러) 등 64억 달러에 해당하는 무기 5종을 타이완에 수출하는 계획을 의회에 제출했다. 이에 중국 양제츠 외교부장은 "미국은 양국 관계를 훼손하지 않으려면 중국의 핵심 이해관계를 진정으로 존중해야 한다."면서 무기판매 계획을 즉각 철회할 것을 요구하였다.[57]

중국 국방부 경안생 보도대변인은 2011년 9월 미국 정부가 타이완에 무기판매계획을 발표한 것과 관련해 미국이 타이완에 무기를 수출하는 것은 8 · 17 공동선언의 원칙을 위반한 것이라고 비난하고, 중국 군대는 미국 측의 중국 내정 간섭과 중국의 주권과 국가안전이익을 손상시키는 행위에 대해 강한 분노를 표하며 이를 강력히 규탄

---

56) 유강문, "타이완 판매 미국 무기, 미 · 중 관계 '폭격'", 『한겨레』, 2008년 10월 7일자.

57) 조찬제, "타이완 무기판매 미 · 중 충돌", 『경향신문』, 2010년 1월 31일자.

한다고 하면서, 미국 측이 타이완에 대한 무기판매를 중지하고 미국과 타이완 간 군사연계를 중지할 것을 요구했다.[58] 이에 미 오바마 정부는 중국과의 관계를 고려하여 타이완에 대한 무기판매를 포기하였다.

타이완의 일부 분석가들은 중국의 힘이 커진 관계로 동아시아에서 미국의 군사력이 더 이상 동맹국들을 보호할 수 없게 되었다고 주장했으며,[59] 미국 국방부는 최근 중국이 군 현대화를 통해 타이완을 향해 군사력을 배치하는 것이 타이완에 대한 미 군사력의 접근을 거부하고, 타이완에 대한 주도권을 장악하는 수준까지 도달했음을 인정하고, 이는 매우 우려할 사항이라고 발표했다.[60]

최근 미국의 타이완에 대한 무기판매는 동아시아에서 미 · 중 패권 경쟁의 모습을 그대로 나타내고 있다. 중국은 과거와 달리 미국의 타이완 무기수출에 대해 정치 · 경제 · 군사적 조치를 강력히 취하고 있다. 중국이 과거 외교적인 노력으로 일관하던 대응에서 벗어나 정치 · 경제 · 군사적으로 대응하는 것은 동아시아 해양패권 경쟁에서 미국에게 자신감을 갖고 있기 때문이다. 특히 중국은 타이완의 무기판매에 대해 미사일, 해군력, 인공위성 등 최첨단 무기를 동원한 전력을 타이완 해협에 집중하겠다는 위협을 미국에 가하고 있다.

---

58) "中 군부, 美이 타이완에 대한 무기판매와 군사연계 중지 요구", http://korean.cri.cn/1660/, 검색일: 2011년 10월 12일.

59) Edward Friedman, Power Transition Theory-A Challenge to the Peaceful Rise of World Power China, *China's Rise-Threat or Opportunity?*, p. 28.

60) China & US Focus, "Worries about China's Military Development Groundless", September 6, 2011.

미국은 중국의 강력한 대응에 대해 외교적인 대응으로 일관하고 있어 동아시아에서 종주국으로서 위신을 잃고 있다. 2008년부터 미국은 중국의 타이완 무기수출에 대해 중국의 요구에 굴복하고 있다. 따라서 미국의 타이완 무기수출을 기준으로 볼 때 동아시아에서 미 · 중 패권 경쟁은 중국이 미국에 대해 동등하거나 우세한 수준으로 전개되고 있다고 평가할 수 있다. 그러므로 이는 쿠글러 · 제이거의 5단계 세력전이이론 중 3단계(지배국과 도전국 상호 억지 또는 전쟁 가능)에 해당된다.

(2) 타이완 해협에서의 미 · 중 해상통제권 경쟁

미국과 중국이 무기판매를 두고 패권적 대결을 벌이고 있는 가운데 또 다른 패권적 경쟁은 타이완 해협에 대한 해상통제권에 있다. 미국과 중국은 타이완 해협을 군사적으로 중요한 위치로 인식하고 있다.

타이완 근해는 군사적으로 동북아와 동남아를 잇는 해상교통로상에 있는 전략적 특성을 갖고 있다. 타이완은 동중국해와 남중국해에 이르는 동아시아의 주요 해역의 중심부에 위치하고 있어 중국이 센카쿠 열도와 오키나와 제도 방면으로 군사력을 확장하는 데 감시와 통제 기능을 수행할 수 있는 전략적 위치를 보유하고 있다. 또한, 타이완은 남중국해 위쪽에 위치하고 있어 중국이 하이난다오 전략기지를 중심으로 남중국해로 진출하는 것을 감시하고 통제할 수 있는 위협적인 기능을 발휘할 수 있는 위치적 특성도 갖추고 있다.

타이완은 미국과 중국에게 서로 상이한 전략적 가치를 갖고 있다. 중국 입장에서 보면 타이완은 미국과 동맹관계를 유지하고 있어 중국이 타이완을 무력으로 통일하기 위해 군사력을 전개할 시 미국의 군사력을 의식할 수밖에 없는 입장이다.

특히 미국의 항공모함을 비롯한 주요 해군력들이 타이완 해협과 그 근해로 진입하여 중국에 대해 근접 봉쇄작전을 펼칠 시 중국은 타이완에 대한 군사력 투사를 할 수 없을 뿐만 아니라 본토의 안전도 장담할 수 없게 된다. 따라서 중국의 입장에서 타이완은 턱 밑의 가시와 같은 존재일 수밖에 없다. 반면에 미국은 타이완이 중국을 완벽하게 봉쇄할 수 있는 전략적 거점지로서 중요한 전략적 가치를 지닌 지역으로 인식하고 있다. 미국은 이미 냉전 시절 소련의 흐루시초프가 미국의 플로리다 반도 밑에 있는 쿠바에 핵 및 미사일 기지를 건설하려는 계획을 저지한 경험이 있다. 즉 미국은 본토 근해의 거점지에 적국의 해군력이 들어오는 경우 최악의 결과가 발생할 수 있다는 것을 잘 알고 있다.

중국은 이러한 타이완의 전략적 가치를 인식하여, 경제적 발전을 발판으로 삼아 타이완을 목표로 합동군사력을 증강하는 데 힘을 기울이고 있다. 2007년 미국이 평가한 타이완에 대한 중국의 주요 합동군사력 증강을 보면 다음과 같다.[61]

61) 이창영, "미 국방부의 「중국 군사력 보고서」와 중국의 반응", KIDA 동북아안보정세분석, 2007년 6월, p. 2.

중국은 고체연료를 사용하면서 이동식 발사가 가능한 DF 대륙 간 탄도미사일의 성능을 향상시켰으며, 사거리가 1만 1,120km로 연장된 DF-31A 미사일을 개발하여 배치했다. 그리고 중국은 타이완을 겨냥한 단거리 탄도미사일(SBRM)을 매년 100기씩 증가하여 현재 900기 이상을 배치하고 있다. 또한, 잠수함 발사가 가능한 신형 탄도미사일 JL-2를 2010년까지 배치할 것이며, 총 72척의 주력 전투함과 58척의 공격형 잠수함을 보유하고 있으며, 현재 진(晋)급 094형 및 상(商)급 핵추진 잠수함을 건조 중이다. 특히 중국은 사이버전 능력을 강화하여 유사시 타이완을 침공할 준비태세를 강화하고 있다.

미국은 타이완에 대한 중국의 군사력 증강이 매우 위험한 수준으로 격상하고 있다고 판단한다. 타이완 해협을 두고 미국과 중국이 해양패권 경쟁을 본격적으로 시작한 것은 1995년 타이완 총통선거를 앞두고 미 항모 2척이 타이완 해협에 출동한 사건부터이다. 당시 중국은 타이완 북쪽으로부터 60km 떨어진 해역으로 미사일을 발사하였고, 상륙훈련을 실시한 바 있다. 미국은 니미츠와 인디펜던스 항공모함단을 타이완 인근 해역으로 출동시켜 타이완 해협에 대한 강력한 해상통제권을 시위하였다.[62]

2007년 11월에는 미 항모 키티호크가 중국의 반대에도 불구하고 타이완 해협을 통과하여 일본 요코스카 기지로 귀환하였다. 미 키티호크 항모와 수 척의 구축함과 잠수함들이 중국이 영해라고 주장하는 타이완 해협을 통과하자 중국은 쑹(宋)급 잠수함과 미사일 구축함

62) http://en.wikipedia.org, "Third Taiwan Strait Crisis", 검색일: 2011년 10월 12일.

들을 출동시켜 추격하였으며, 미국의 행동에 대해 맹비난을 하면서 타이완 해협의 관할권을 적극적으로 주장한 바 있다.[63)]

이처럼 중국이 미국의 타이완 해협 해상통제권에 대해 점점 더 강도 높게 정치·군사적 대응의 수위를 높이고 있는 것은 타이완 문제가 중국 지도부의 최우선적 국가이익과 연계되어 있기 때문이다. 중국은 '하나의 중국'을 이루는 것이 중국의 최고 국가목표이고, 이를 달성해야 동아시아에서 중화주의 대국으로서의 지역패권국을 달성할 수 있기 때문이다. 중국은 타이완 문제에서 미국에게 밀리면 동아시아에서 해양패권을 차지할 수 없게 되고, 미국이 2차 세계대전 이후 펼쳐 놓은 국제질서체계에 순응할 수밖에 없게 되어 미래 국가 발전에 막대한 제한을 받게 된다는 것을 인식하고 있다. 따라서 중국의 입장에서 타이완 문제는 가장 우선시되는 국가목표이다.

군사적으로도 중국은 타이완 해협을 완전히 장악해야 미국의 근접해상 봉쇄에서 벗어난다는 것을 인식하고 있다. 중국은 현재 진행하고 있는 적극적 방어전략인 근해방어전략을 추진하기 위해서는 타이완 해협을 미국과 타이완에 내어주어서는 안 된다. 따라서 중국은 국가발전을 지원하는 데 반드시 필요한 타이완 해협에 대한 해상통제권을 장악하려 할 것이다. 이러한 인식 아래 중국은 과거와 달리 미국과 대등한 수준으로 미국과 타이완 해협 해양패권을 놓고 경쟁하고 있다. 따라서 현재 중국이 미국에 대해 타이완 해협을 두고 해양패권 경쟁을 벌이고 있는 양상은 쿠글러·제이거의 5단계 세력전

---

63) http://www.chosun.com/site/data, "미국 해군, 중국 허가 없이 타이완 해협 통행", 검색일: 2011년 10월 12일.

이이론 중 3단계(지배국과 도전국 상호 억지 또는 전쟁 가능) 에 해당된다고 볼 수 있다.

문제는 상호 억지 방향으로 전개될 것인가 아니면 전쟁으로 전개될 것인가에 대한 전망이다. 미국은 2000년대부터 타이완에 대한 무기판매와 관련하여 중국에게 밀리는 모습을 보여 왔고, 타이완 해협을 두고 중국이 군사력을 강화하는 데 적극적인 대응을 자제해 왔다.

이러한 일련의 과정 속에서 동북아와 동남아 국가들은 미국의 군사력이 동아시아 해역에서 감소되고, 중국에게 밀리는 것에 대해 매우 우려하면서 미국의 적극적인 개입을 요구하고 있다. 한편 최근 미국은 중국의 군사력 증강이 주변 동맹국들에게 군사적 위협이 되고 있음을 인지하고 해군력을 전진배치하면서 타이완 해협에 대한 해상통제권을 강화하려는 움직임을 보이고 있다.

동아시아 국가들도 중국의 군사력 증강과 영토분쟁, 배타적 경제수역 및 대륙붕 문제 등에서 중국의 힘에 밀리지 않기 위해 군사력을 강화하고, 미국과의 군사적 연대를 강화하고 있다. 따라서 향후 미국과 중국은 타이완 해협에 대한 해상통제권 문제에서 한 치도 뒤로 물러서지 않는 정책을 추진할 가능성이 크므로 국지전 규모의 해상충돌을 일으킬 확률이 높다.

2. 다오위다오/센카쿠 열도와 미 · 중 해양패권 경쟁

(1) 다오위다오/센카쿠열도 중 · 일 영토주권 분쟁과 미 · 중 해양패권 경쟁

센카쿠 열도는 중국어로 다오위다오(조어도)이다. 이 책에서는 일본이 실효적으로 지배하고 있는 점을 고려하여 센카쿠 열도로 표기하기로 한다. 중국과 일본의 센카쿠 영토분쟁이 미 · 중 동아시아 해양패권과 어떤 관계가 있는 것인가? 〈그림 4-8〉과 같이 센카쿠 열도가 포함되어 있는 동중국해는 일본 오키나와와 중국 대륙과의 사이에 위치한 바다로서, 센카쿠 열도는 중국 동부해안으로부터 360km, 일본 오키나와 남동쪽으로 360km, 타이완으로부터 216km에 위치해

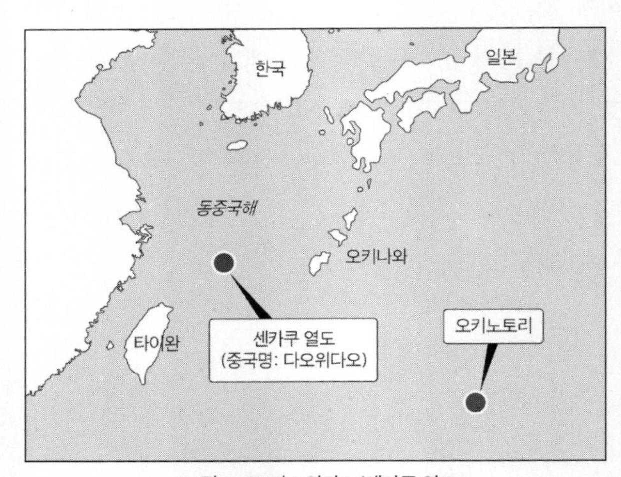

〈그림 4-8〉 다오위다오/센카쿠 열도

출처: http://www.google/co.kr/imglanding?q 참조하여 재구성(검색일: 2011. 5. 26).

있다.[64)]

센카쿠 열도는 한국과 일본이 중동으로부터 에너지를 수급해 오는 해상교통로의 길목에 위치하고 있어 중국과 일본의 영유권 분쟁이 양 국가에만 국한된 것이 아니다. 군사적인 차원에서 볼 때도 센카쿠 열도 해역은 한국과 일본 그리고 중국 및 타이완에게 있어서 매우 중요한 해역이다. 따라서 미국이 한국 · 일본 · 타이완과 동북아 안보 공동 연결망을 형성하고 있는 입장에서 볼 때 센카쿠 열도가 단순히 중국과 일본의 양자 간 문제로만 해석할 수 없다.

동북아시아에 있는 한국과 일본, 타이완은 미국이 중요시하고 있는 태평양 지역의 동맹 및 우호 국가들이다. 냉전시대에는 동북아시아 국가들보다 유럽의 나토 국가들이 더 중요한 미국의 동맹국들이었으나, 냉전 이후 지구화 시대에 들어서 세계경제의 축이 유럽과 미주 대륙에서 아시아로 옮겨 오면서 한국 · 일본 · 타이완은 유럽보다도 더 중요한 미국의 전략적 동맹국들이 되고 있다. 특히, 중국이 경제적으로 급성장하고 군사력이 날로 팽창해 가는 현 시점에서, 미국에게 있어 한국 · 일본 · 타이완의 해양안보적 가치는 날로 증가하고 있는 추세이며, 대부분 자원을 해외에 의존하고 있는 한국 · 일본 · 타이완 입장에서도 동북아 해역의 해상교통로 확보는 매우 중요한 과제이다.

아직까지는 동북아 해상교통로의 안전을 미국에 의존하고 있어 문제가 없지만, 중국이 센카쿠 열도 문제에 대해 지속적으로 적극적

---

64) 콜린스 바르톨로뮤 지음, 디자인하우스 옮김, 『The Times Atlas of the World』(서울: 디자인하우스, 2007), p. 18.

인 군사적 대응을 고집할 경우 미래 해상교통로 보호가 문제화될 수 있는 가능성을 안게 된다.

일본 오카자키연구소 소장인 히데아키 카데다는 동아시아 해로안보가 중요한 이유를 제시하고 있다. 그 이유는 유엔해양법 협약에 가입한 지역 연안 국가들의 해양에 대한 의존도가 높아지고 있고, 해양자원과 해양영토에 대한 잠재적 분쟁요소가 증대되고 있으며, 특히 급속한 군 현대화를 추진하고 있는 중국이 이 지역에 특별한 관심을 나타내고 있어 갈수록 해상교통로 안보가 중요해지고 있다는 것이다. 히데아키 카데다는 미래 일본의 해상자위대는 무엇보다도 먼저 동북아시아에서 해상교통로의 안전을 확보하고, 해상으로부터 적의 침입을 격퇴하기 위한 안전한 해양공간을 확보해야 한다고 주장하였다.[65)]

중국도 지정학적으로 동급서중(東急西重)형 안보 위협 환경을 안고 있다.[66)] 동급(東急)이란 타이완 문제와 중국 국가경제의 중심이 위치해 있는 동부연해지역에 대한 안보 확보가 우선되는 것으로, 센카쿠 열도 해역은 상기 두 가지 동급요소와 직결되어 있는 위치에 있다. 따라서 중국 입장에서 센카쿠 열도 해역은 중국의 안보에서 매우 중요한 해상교통로의 병목지점이라 할 수 있다.

중국은 해상교통로가 경제발전에 있어 해상무역을 원활히 진행시킬 수 있는 고속도로라고 인식하고 있다. 따라서 경제가 발전할수록

---

65) 히데아키 카데다, "일본의 동아시아 해로안보 전략", 『동아시아 해로안보』(서울: 한국해양전략연구소, 2007), pp. 141-148.

66) 장원무(張文木), 『中國 海權에 관한 論議』, pp. 185-186.

해상교통로에 대한 인식의 정도는 더 높아지게 될 것이다. 중국은 남중국해가 중동과 동남아시아를 연결하는 중요한 해역임을 알고 있으며, 동시에 미국과 동맹관계를 맺고 있는 한국, 일본, 타이완의 해상교통로인 동북아 해역을 주시하고 있다. 따라서 중국은 센카쿠 열도 해역을 포함하고 있는 동북아 해상교통로가 중국의 베이징, 청도 등 주요 도시로 무역품들이 도달하는 데 없어서도 안 될 해로임을 잘 알고 있다. 중국은 센카쿠 열도를 포함한 동북아 해상교통로 안보에 위협이 되는 국가로 미국과 일본을 인식하고 있으나, 일본보다 미국의 해상통제를 더욱 중요시하고 있다.[67]

미국의 동맹국인 일본은 오간스키가 주장하는 지배국과 강대국의 관계에 있다. 따라서 중국과 일본의 영토분쟁은 미국의 동아시아 해양질서 유지와 매우 깊은 관계에 있으며, 센카쿠 열도가 어느 국가의 영토가 되느냐에 따라 해상통제를 위한 군사적 측면에서 중국, 일본, 미국에게 유리하거나 불리한 안보환경이 결정된다. 그러므로 센카쿠 열도는 일본과 중국뿐만 아니라 중국과 미국에 있어 전략적 지렛대 위치에 있다. 센카쿠 열도 주변 해역을 중국이 획득할 경우 미국은 동북아에서 해상통제를 위한 해군력 운영에 타격을 받을 가능성이 크고, 중국 입장에서 보면 동북아로 해군력을 확대할 수 있는 전략적 거점지를 확보하게 됨으로써 군사적 효과를 높일 수 있는 계기를 만들 수 있다. 따라서 미국과 중국은 센카쿠 열도가 동북아의 안보 동맹체계에 영향을 미치는 중요한 변수가 된다는 것으로 평

67) 찌꾸어 까오, "중국의 동아시아 해로안보 전략", 『동아시아 해로안보』, pp. 175-178.

가하고 있다.

동북아시아는 지리적으로 중국, 일본, 한국, 시베리아 극동의 러시아 지역을 포함하고 있으며, 미국은 2차 세계대전 이후 이 지역에 정치 · 경제 · 군사적으로 깊숙이 개입하고 있다.[68] 중국은 2009년 미 · 중 전략 및 경제대회에서 국가의 핵심이익을 중국 공산당의 집정 능력, 영토와 주권, 지속적인 경제발전으로 명시하고 어떤 경우에도 핵심이익에 관해 양보하지 않겠다고 하면서 미국이 이를 존중해 줄 것을 희망한 바 있다.[69] 센카쿠 열도에 대한 중국과 일본의 마찰 그리고 이에 대한 미국의 개입을 분석해 보면, 중국과 일본의 센카쿠 열도 분쟁이 결코 중국과 일본의 양자 간 영토주권에 대한 문제뿐만 아니라 중국과 미 · 일 간의 해양패권 경쟁 문제라는 것을 알 수 있다.

이를 이해하기 위해서 먼저 센카쿠 열도가 중국에게 어떠한 영토주권적 가치가 있는가를 살펴보고, 그 가치 측면에서 중국과 일본 그리고 미국과의 갈등을 분석해 본다. 이는 오간스키가 언급한 문화적 측면에서 중국과 미국의 힘의 격차를 측정해 보는 일이다.

센카쿠 열도는 일본 입장에서 볼 때 오키나와 현에 소속되어 있는 섬이다. 중국은 2차 세계대전이 종료되면서 미국이 센카쿠 열도를 오키나와와 함께 일방적으로 일본에 양도하여 영토 분쟁이 시작되었다는 점을 기억하고 있다. 센카쿠 열도에 대한 분쟁의 단초는 1951년 9월 샌프란시스코 평화회의에서 발생하였다. 센카쿠 열도는

---

68) 김현기, "동북아의 해양분쟁과 한국 해군의 대응전략", 『전략논단』 제12호(해병대전략연구소, 2010), p. 73

69) 김순배, "돌돌핍인: 기세가 등등하다", 『한겨레 21』, 2010년 10월 11일자.

2차 세계대전이 종료되었을 때 미국에 있어 중요하지 않은 작은 섬이었다. 미국은 이 섬을 오키나와에 편입시키고 일본에 오키나와와 함께 반환하였다. 그러므로 중국 입장에서 보면 센카쿠 열도 영토주권 문제의 발단은 미국의 잘못된 행정 처리에서 비롯된 것이라고 판단할 수 있다.

중국은 일본이 센카쿠 열도를 미국과 함께 점유하고 있다고 생각한다. 북경항공대학 전략문제연구소 교수로 재직 중인 장원무(張文木)는 중국이 해양에서 추구하고자 하는 것은 해양패권을 차지하기 위해서가 아니라 '해양권리(Sea right)'를 정당하게 행사하는 것이라고 강조하고 있다. 장원무가 언급하고 있는 '해양권리'는 국제법에 따라 주권국가가 부여받는 해양에서의 권리이며, 그 권리를 일방적으로 힘에 의해서 침탈하거나 영향을 주는 행위를 '해양패권(Sea hegemony)'이라고 정의하고 있다. 그는 현재 미국과 일본이 동북아 해역에서 해군력을 행사하는 것은 해양패권적 행동이라고 규정하고 있으며, 중국이 센카쿠 열도를 자신들의 영토라고 주장하는 것은 정당한 해양권리라고 주장하고 있다.[70]

역사적으로 일본과 서구에 의해 중국의 본토가 유린되고, 많은 국민들이 정신적 · 물리적 피해를 당한 경험을 갖고 있는 중국은 센카쿠 열도를 국가의 자존심과 중화주의에 수모를 주고 있는 섬으로 인식하고 있다.

중국은 1960년대에 국가 경제와 군사력이 크지 않았기 때문에 센

70) 장원무(張文木), 『中國 海權에 관한 論議』, pp. 9-33.

카쿠 열도 문제에 외교적인 대응은 하였어도 그 강도가 약했고, 군사적 조치는 하지 못하고 있었다. 그러나 1968년 10월과 11월에 유엔의 극동아시아경제위원회(ECAFE)가 센카쿠 열도에서 많은 양의 석유 매장을 확인하자 중국은 처음으로 이 지역에 대해 영유권을 주장하기 시작했다. 당시 타이완도 센카쿠 열도 해역에서 자원탐사를 추진하면서 일본에 적극 항의했다. 이후 1971년 중국은 타이완을 밀어내고 유엔에 단독으로 가입하면서 센카쿠 열도에 대해 외교적 항의를 독단적으로 해나갔다.[71] 1980년대에 이르러 중국은 덩샤오핑의 도광양회(韜光養晦)[72] 정책에 따라 일본과 우호적인 관계를 유지함으로써 센카쿠 열도에 대한 갈등은 주요 현안으로 부상하지 않았다.

1990년 9월 일본청년동맹이 센카쿠 열도에 등대를 수리하고, 일본의 해상 항해지점으로 선포해 줄 것을 해상보안청에 건의하자 중국과 타이완은 이에 강력히 항의하여 없었던 일로 하였다.[73] 1990년까지 중국은 일본이 먼저 센카쿠 열도에 대한 영유권 문제를 제기하면 이를 시발점으로 하여 외교적 항의 또는 타협을 추구하는 소극적 정책을 펼쳐나갔다. 그러나 1992년부터 중국은 센카쿠 열도에 대해 적극적인 영유권 정책을 펼쳐나가기 시작했는데, 그 이유는 중국의 경제가 급속도로 발전하고 중국 군부의 영향력이 커졌기 때문이다.

---

71) 이홍표, "다오위다오(釣漁島) 영유권분쟁과 중 · 일 관계: 에너지 안보와 민족주의 측면", 『Strategy 21』, Summer 2005, Vol. 8, No. 1. pp. 119-123.

72) 도광양회(韜光養晦)는 자신의 재능이나 명성을 드러내지 않고 기다린다는 뜻으로 덩샤오핑 전 주석이 30년 전 강조한 중국의 오래된 국가정책의 함축어.

73) 이홍표, "다오위다오(釣漁島) 영유권 분쟁과 중 · 일 관계: 에너지 안보와 민족주의 측면", pp. 123-126.

중국 군부의 힘이 커진 배경은 1991년 8월 소련 연방이 해체되자 미국은 중국을 새로이 떠오르는 초강대국으로 보고, 중국을 견제하기 시작했으며 중국은 미국이 자신들을 분열시키고 약화시키려는 책동으로 인식하게 되었기 때문이다. 또한 미국이 타이완에 F-16 전투기를 판매하여 중국과 타이완의 관계를 악화시킨 것도 중국이 센카쿠 열도 문제에 강력히 대응하는 원인을 제공했다고 볼 수 있다. 중국 입장에서 볼 때 〈그림 4-8〉에서 본 것과 같이 타이완과 센카쿠 열도 양 측면에서 중국 본토를 포위하는 것은 중국의 안보에 매우 위협적인 것으로 간주될 수 있다.

이후 중국 정부가 센카쿠 열도를 중국의 접속수역에 포함하는 영해 및 접속수역법을 제정하고, 이를 침범하는 선박에 대해 긴급 추적권을 공포하자 일본이 거세게 항의한 것도 중국이 강경한 대응으로 전환한 동기가 된다. 중국 군부는 1995년과 1996년 타이완과 긴장사태가 발생했을 때 미사일 발사와 해군기동훈련을 감행하였고, 1996년 일본청년연맹이 다시 한 번 센카쿠 열도에 대해 새로운 등대를 설치하려 하자 중국은 센카쿠 열도 영유권 문제를 1930년대 일본의 제국주의적 영토팽창 정책과 동일시하였다.[74] 이후 2000년대 들어서면서 보다 적극적인 대응이 더 많아지게 되었으며, 대응의 범위도 외교뿐만 아니라 군사적 측면으로 더 많이 확대되는 경향을 보이고 있다.

미국은 1990년대까지 센카쿠 열도에 대해 가급적 중립적인 위치

74) 김기정 · 정진문, "다오위다오/센카쿠 제도 분쟁에 대한 중국의 정책결정 구조 분석: 군부의 영향력을 중심으로", 『중소연구』 제34권 2호, 2010년 여름호, pp. 94-103.

를 고수했으나 2000년 이후부터 적극적인 개입 의사를 표시하고 있다. 2004년 3월 당시 미 정부 대변인이었던 아담 에렐리(Adam Ereli)는 "센카쿠 열도는 일본의 영토이며 1960년도에 미국과 일본이 맺은 미 · 일 안보조약에 센카쿠 열도가 포함되어 있다."라고 발표했다.[75] 최근에는 중국과 일본의 영토분쟁 상황이 심각해지자 미국은 중 · 일 간 갈등을 완화하기 위하여 힐러리 클린턴 미 국무장관을 통해 미 · 중 · 일 3자 회담을 제기하였으나 중국은 이를 거부했다. 마자오쉬(馬朝旭) 중국 외교부 대변인은 "미국이 여러 차례 센카쿠 열도가 미 · 일 안보조약의 적용 대상이라고 언급한 것은 아주 잘못된 것으로 반드시 고쳐야 한다."고 말한 바 있다. 마 대변인의 이 발언은 미국이 센카쿠 열도 분쟁에 개입하지 말 것을 촉구한 것으로 분석된다.[76] 중국 입장에서 볼 때 미국이 센카쿠 열도 영토주권에 대해 개입하는 것은 중국의 자존심을 건드리는 일이라고 판단하고 있다. 즉 과거 미국이 2차 세계대전 후 센카쿠 열도를 행정적으로 지배하여 샌프란시스코 평화조약에 의해 일본으로 넘긴 것 자체도 잘못된 일이라고 생각하는 중국은 미국의 센카쿠 열도 개입을 역사 문화적 관점에서 인식할 뿐만 아니라 동아시아에서 중국의 안보에 위협을 주는 요소로 생각하고 있다.

따라서 중국은 센카쿠 열도 문제가 더 이상 일본과의 양자 간 문제가 아니라 미국이 동아시아에서 해상통제권을 유지하려는 정책의

---

75) "Senkaku/Diaoyutai", http://www.globalsecurity.org/military/word/war/senkaku.htm, 검색일: 2010년 1월 17일.

76) "美 '조어도 회담' 제의 中 '개입 말라' 거부", 『조선일보』, 2010년 11월 13일자.

일환으로 보고 있다. 중국은 최근 덩샤오핑의 도광양회(韜光養晦)에서 화평굴기(和平崛起)[77]로 대외정책을 전환하였지만 영토주권 측면에서는 유소작위(有所作爲)[78] 정책을 고수하여 적극적이고 공세적인 대외정책을 추구하고 있다.

이러한 맥락에서 볼 때 중국은 가급적 미국을 제외시키고 일본과 양자 간 문제로 센카쿠 열도의 영유권 문제를 한정시키려는 움직임을 보이는 반면, 일본은 미국과 함께 중국을 견제하는 3자 간의 군사적 대결 양상으로 몰고 가려 하고 있다. 2009년 당시 일본 수상 아소다로 총리는 일본 수상으로는 처음으로 행한 미 의회 연설에서 센카쿠 열도는 일본의 영토이며 미 · 일 상호방위조약 내에서 보호되야 한다고 말했다. 이에 대해 중국 외교부 대변인은 중국의 센카쿠 열도 영유권에 대한 도전은 있을 수 없으며, 미 · 일 상호방위조약으로 중국에 압력을 가하는 일체의 행동에 중국 국민은 참지 않을 것이라고 말하면서 미국은 이 지역에서 민감한 문제에 개입하지 말 것을 요구하고 나섰다.[79]

중국이 미국과 일본에 대해 강경 대응을 하는 것은 대양해군 전략을 추진하는 것과 연계되어 있으며, 경제발전에 필요한 에너지를 안정적으로 수급하기 위한 경제 측면과 긴밀한 관계를 갖고 있다. 특히

77) 화평굴기(和平崛起)는 후진타오의 정책 모토로서 평화스러운 가운데 우뚝 일어선다는 뜻이다.

78) 유소작위(有所作爲)는 2002년 11월 제4세대 지도부인 후진타오 체제가 들어서면서 중국정부가 취하고 있는 대외정책 가운데 하나로 하고 싶은 일은 적극적으로 참여해서 한다는 뜻이다.

79) "Senkaku/Diaoyutai" http://www.globasecurity.org/military/word/war/senkaku.htm, 검색일: 2010년 1월 17일.

중국은 2010년 센카쿠 열도에서 중국 어선과 일본 순시선의 충돌사건으로 중국 국민의 여론이 강한 민족주의로 회귀하고 있는 점을 이용하여 제2의 중·일 간 해상충돌과 같은 유사한 사건을 계기로 중국의 '힘의 외교'를 적극적으로 전개할 가능성이 크다.

반면에 일본은 미국을 센카쿠 열도 방위 문제에 끌어들이려 하고 있고, 미국도 과거와 달리 중립적 위치에서 벗어나 일본의 입장에 동조하는 의사를 표시하면서 미국과 중국의 동중국해 해양패권 경쟁이 과거에 비해 심화되고 있다.

지난 2010년 3월 한국 서해상에서 일어난 천안함 피격사건으로 한·미·일 3국의 해양동맹이 강화되는 모습이 나타나면서, 중국은 이 문제를 단순한 영유권 차원이 아닌 국가적 이익 차원에서 적극적으로 대응하고 있다. 동북아 해역에서 중국과 일본의 센카쿠 열도 문제는 러·일 북방도서 영유권 문제, 남중국해의 남사·서사군도 영유권 문제, 한국과 중국의 서해 대륙붕 관할권과 이어도 영유권 문제, 타이완 문제 등과 연계되어 연쇄반응을 일으키고 있다.

중국은 그동안 센카쿠 열도 영토분쟁에서 방어자의 위치에 있던 일본의 해양전략 체계를 변화시켜야만 센카쿠 열도 영유권을 확실하게 주장할 수 있으며, 안정적인 해상교통로를 확보할 수 있다고 인식함에 따라 과거의 수동적이고 조용한 방식에서 벗어나 군사적 충돌을 감수하는 적극적이며 공세적인 대응을 구사하고 있다.

중국과 일본의 센카쿠 열도 영토주권 분쟁이 중국과 미국의 해양패권 경쟁의 주요 요소로 완전히 부각은 되지 않고 있으나, 최근 미국무장관의 센카쿠 열도 개입 발언으로 센카쿠 열도의 정치·군사적 마찰 강도가 높아지고 있는 실정이다. 특히 영토주권에 대해 중·일 간 강한 민족주의가 표출되면서 센카쿠 열도가 동북아시아의 뜨거운 감자로 변화되고 있으며, 미국도 이 문제에서 어떤 방향으로든 정책결정을 해야 할 시기가 다가오고 있다. 따라서 센카쿠 열도의 영토주권 문제는 동북아 해역에서 미국과 중국의 해양패권에 있어 세력전이의 촉발제(trigger)가 되고 있다.

(2) 미·중·일 동중국해 해군력 운영과 세력전이

센카쿠 열도와 인근 해역이 갖고 있는 군사전략적 가치는 날로 증가하고 있다. 미국은 『QDR 2001』에서 처음으로 아시아 지역을 동북아시아와 동아시아 연해라는 두 해역으로 구분하여 군사적 중요성을 부여했다. 이는 미국이 한국과 일본 그리고 타이완이 위치하고 있는 해역에 대해 중요성을 인식하고 해군력을 강화하려는 전략차원의 일환이다. 미국이 동아시아를 동북아시아와 동아시아 연해라는 2개의 해역으로 구분한 데 대하여 중국은 매우 민감한 반응을 보이고 있다. 중국 본토의 동북방면 지역은 국방산업 기반이 많이 분포하고 있어 생존안보의 핵심지역이다.

그렇기 때문에 중국은 최소 해양경계선이 중국의 동남연해와 겹쳐서는 안 되며 적어도 타이완 이동(以東)해역까지 확장되어야 한다고 생각하고 있다. 동북아시아 연해가 위협을 당한다면 타이완이 중국의 통제에서 멀어지고 중국의 상하이, 베이징의 국경안보도 보장

받을 수 없다.[80] 장원무(張文木)는 1950년 마오쩌둥이 한국전쟁에 개입한 이유 중의 하나가 당시 중국 동북지역이 중국 중공업 기지의 핵심지역이었기 때문이라고 밝힌 바 있다.[81]

따라서 센카쿠 열도는 중국 본토의 핵심지역을 원거리에서 방어하고 말라카 해협을 통해 들어오는 에너지와 무역을 안전하게 보장할 수 있는 군사적 가치를 지니고 있는 중국 안보의 핵심 도서이며 해역이라 할 수 있다.

미국은 동북아시아 해역에서 중국의 대규모 잠수함 전력에 대한 대응과 중국의 중·단거리 탄도미사일의 격퇴, 그리고 타이완 해협에서의 억지력을 강화하는 것을 주요 목표로 설정하고 있다. 미국은 이러한 목표를 달성하기 위하여 해군력을 비롯한 군사력을 연안에 투사할 수 있는 접근성을 강조하고 있는데, 이를 위해 작전상 주요 거점 확보에 노력을 기울이고 있다. 현재까지는 동북아 전력 투사의 중심지로 괌과 오키나와 기지 그리고 한강 이남으로 이전될 오산·평택 기지가 그 역할을 담당할 것으로 예상하고 있다.[82]

괌 기지는 이미 미국이 태평양으로 전력을 투사하기 위하여 군사시설화한 전략적 요충지로서 중국이 이에 도전한다는 것은 매우 어

80) 장원무(張文木), 『中國 海權에 관한 論議』, p. 156.

81) 1950년 3월 중앙재정위원회에서 발표한 「전국재정경제현황」에 따르면, '석탄, 철강, 전력' 등 기초 공업이 모두 동북지역에 있었는데 제철능력은 중국 전체의 71%를 차지하고 있었고, 제강능력은 91%, 강철 제련능력은 50%를 차지하고 있다고 밝히고 있다. 동즈카이(董志凱) 편저, 『1949-1952년 중국 경제 분석(1949-1952 中國經濟分析)』, 中國社會科學出版社, 1996년, p. 285; 장원문(張文木) 지음, 주재우 옮김, 『中國 海權에 관한 論議』, p. 154에서 재인용.

82) 조성렬, "미국의 해양전략과 미·일 안보협력", 『미국의 해양전략과 동아시아 안보』(서울: 한국해양전략연구소, 2005), pp. 179-193.

려울 것으로 전망된다. 문제는 오키나와 기지와 센카쿠 열도이다. 센카쿠 열도는 오키나와로부터 360km밖에 떨어져 있지 않고, 오키나와가 포함된 류쿠 제도의 섬들과 근접해 있기 때문에 중국이 센카쿠 열도를 군사기지화하여 전략적으로 활용한다면 미국이 동북아 해역으로 군사력을 깊숙이 투사하는 데 제한을 받게 된다. 이러한 점을 인식하고 있는 중국은 이미 남중국해 도서를 장악하여 레이더를 설치하는 등 도서 군사기지화 경험을 갖고 있으며, 하이난다오에도 잠수함 기지를 건설한 바 있다.

군사적 대결 측면에서 볼 때 센카쿠 열도는 일본으로서는 '방어자(defender)'이고, 중국은 '도전자(challenger)'의 입장에 있다. 도전자인 중국은 그동안 일본이 구축해 놓은 방어적 구도를 변화시켜야 한다는 것을 잘 알고 있다. 중국은 일본의 방어적 구도를 변화시키기 위하여 센카쿠 열도 문제가 미 · 일 안보동맹 구도에 포함되어서는 안 된다는 것을 알고 미국이 센카쿠 열도 문제에 개입하는 것을 깊이 유의하고 있다. 1970년대 후반 미국은 닉슨 독트린(Nixon Doctrine)을 발표하면서 일본의 군사력 증강을 정책목표로 삼았다. 이것은 미국이 중동 지역에서 점증하는 소련 위협에 대처하기 위하여 태평양에 주둔하고 있는 제7함대의 일부 전력을 인도양으로 이동시킬 경우를 대비하기 위함이었다. 1980년대에 들어와서 일본은 미국이 인도양으로 해군력 일부를 이동시키는 것에 대비해 미국과 협상하여 센카쿠 열도 해상교통로를 안전하게 하기 위하여 '1,000해리 방어 계획'을 수립하였다. '1,000해리 방어 계획'에는 센카쿠 열도의 대륙붕을 대부분 포함하고 있다. 미국의 레이건 행정부는 1987년도 국방백서에서 일본이 1,000해리 해역에 대해 미국과 함께 방어 계획을 수립한 것은 중요한 대책이라고 평가한 바 있다.[83)]

1980년대에는 미국과 일본이 동북아 해역에 대해 주도권을 갖고 대응한 반면 중국은 센카쿠 열도를 포함한 동북아 해역에 대해 적극적인 대응을 하지 못하고 있었다. 1980년대 중국 해군은 연안방어, 자원보호, 해상교통로 보호, 해상 현시 등 4가지 임무를 가지고 있었으나 중국 해군력은 이 4가지 임무를 종합적으로 수행할 수 있는 능력을 구비하지 못하고 있었다. 또한 소련과 관계가 정상화되지 않아 육상 국경선과 중국 남부 해안에 대해 군사적 긴장을 늦출 수 없어 군사력 운영에 더욱 큰 어려움을 겪고 있었다. 그리고 중국은 1980년대에 국가 경제발전을 지속적으로 유지하기 위하여 미국을 비롯한 서방 국가들과 원만한 관계를 유지해야 했으므로 연안 해상작전 범위를 넘어 동북아 및 서태평양, 남중국해까지 해군력을 확대할 수 있는 실정이 아니었다.[84)]

그러나 탈냉전 시대로 접어들면서 중국은 지속적인 경제발전과 해군력 증강에 힘입어 센카쿠 열도를 포함한 동북아시아 해역과 남중국해 해역에서 1980년대와 다른 양상을 보이기 시작했다. 특히 동북아와 동남아 해역에서 소련의 위협이 사라지면서 아 · 태 지역의 해양안보 구도에 변화가 발생하기 시작했다. 일본은 탈냉전 후에도 미국과 해양안보 동맹을 유지하는 기본골격을 유지하면서 중국의

---

83) 김달중, "동북아 해상교통로를 위한 4강의 해상전략", 『한국과 해로안보』(서울: 법문사, 1988), pp. 163-167.

84) 위의 책, pp. 160-162.

부상을 견제하기 시작했으나, 미국 해군력이 감소되고 중국이 남중국해에서 영유권 문제에 적극적인 대응을 구사하기 시작한 점을 고려하여 센카쿠 열도에 대한 경계를 더욱 강화해 나갔다.

최근 일본은 방위전략 기조를 40여 년 만에 바꾸었는데, '주적'을 구소련에서 중국과 북한으로 변경하고, 중국의 대양 진출과 북한의 탄도미사일을 주요 위협으로 규정하여 육상자위대를 감축하고 해상자위대를 증강시킬 계획이다. 일본은 규슈(九州) 남단 가고시마에서 타이완까지 이어져 있는 남서제도까지 해역방어에 전력을 집중하고 있다. 잠수함을 현재의 16척에서 22척으로 증강시키고, 남서제도의 도서 지역에 2,000여 명의 병력을 새로 배치하고, 4척이 배치되어 있는 이지스함을 6척으로 증강 배치할 예정이다.[85] 일본이 방위전략 기조에서 중국의 해양진출과 북한의 탄도미사일을 같이 묶어서 주적 세력으로 규정한 것은 미국과 동맹구도를 확고히 하여 센카쿠 열도 영토분쟁에 공동으로 대처하기 위한 일환으로 평가할 수 있다. 특히 일본 해상자위대 전력을 타이완까지 이어져 있는 남서제도로 확대하여 배치하는 것은 센카쿠 열도에 대한 자체 경비를 강화하겠다는 의지가 담겨져 있다.

중국은 이러한 상황에서 동북아 해역 문제에 대해 나름대로 영향력을 행사하기 위해 해군력을 대폭적으로 증강하기 시작했으며 향후 영토적 국지 분쟁에 대응할 수 있는 태세를 구축하기 시작했다. 중국

85) 신정록, "日, '기동방위'로 전환……. 해상 · 항공 자위대 증강", 『조선일보』, 2010년 12월 14일자.

은 미래 영토적 국지 분쟁으로 센카쿠 열도를 생각하고 있다.[86] 중국은 1990년 후반부로 들어서면서 경제력을 바탕으로 해군력을 강화하고 센카쿠 열도의 대륙붕 관할권과 어업활동에 대해 일본에 강력한 대응을 하기 시작하였고, 특히 해양과학 조사와 해상훈련을 통해 자신들의 의지를 적극적으로 표명하기 시작했다. 일본 해상보안청의 자료에 의하면 1998년부터 중국은 일본 대륙붕(EEZ) 영역에서 해양과학 조사활동을 급격히 늘리고 있는데 1999년까지 모두 28회가 관찰되었으며 이 중 4회는 센카쿠 열도에서 조사활동을 벌인 것으로 나타났다. 중국이 일본의 대륙붕에서 해양과학 조사활동을 한 것은 단순히 해양과학적 자료 수집이 아니라 잠수함을 비롯한 해군력 운용에 필요한 지형적 자료를 얻기 위한 목적도 포함되어 있다.[87]

중국과 일본의 군사적 긴장은 2010년 9월 7일 센카쿠 열도 인근 해상에서 일본 해상보안청 소속 순시선 요나구니호(1,350톤)가 센카쿠 열도 근해 쿠바 섬(久場島) 북서방 6해리 해상에서 조업 중이던 중국 저인망 어선을 나포한 사건에서 폭발하였다. 일본은 중국 저인망 어선이 일본이 주장하는 영해 12해리를 침범하였다고 주장하면서 중국 어선을 몰아내기 위하여 나포했다는 것이다. 일본은 순시선 미즈키호(150톤)와 하테마루호(1,300톤)를 추가로 파견하여 중국 선장을 체포하여 이시카키 섬으로 이송했다. 이에 중국은 센카쿠 열도로 함정을 급파하고, 외교적으로 중국 기업인의 일본 여행 계획을 취소하고

86) 이홍표, "일본의 해군력 증강과 중국의 안보전략", 『일본의 해양전략과 21세기 동북아 안보』(서울: 한국해양전략연구소, 2002), pp. 197-202.

87) 이서항, "일본의 해양전략과 미 · 일 동맹", 『일본의 해양전략과 21세기 동북아 안보』(서울: 한국해양전략연구소, 2002), pp. 174-175.

각료급 이상 교류를 중단시켰으며, 희귀금속 희토류의 대일 수출을 금지시키면서 원자바오 총리가 중국 선장 등 선원의 무조건 석방을 요구하였다. 이에 일본은 무조건적으로 선장을 비롯한 선원들을 석방하였다.[88]

2010년 9월 7일 중 · 일 해상충돌사건은 우연히 일어난 사건이라고 할 수 없다. 중 · 일 해상충돌사건이 있기 전부터 센카쿠 열도 해역을 중심으로 한 동북아 해역에서 영토주권과 대륙붕 관할권 문제로 양측 간 해군력 대치가 있었기 때문에 긴장이 고도로 쌓여 있는 시점에서 충돌사건이 터진 것이다. 2000년 이후부터 중국은 남중국해에서 미국의 수상 함정 및 항공 정찰기, 해양관측선과 충돌사건이 있었고, 2004년 일본이 센카쿠 열도의 배타적 경제수역을 합리화하기 위해 오키노토리 섬을 배타적 경제수역 확정의 기준점으로 정하자 중국이 오키노토리를 일개 '바위섬'이라고 주장한 이래로 센카쿠 열도 해역은 그 어느 때보다도 양측 간 긴장이 고조되어 있는 상태였다.

〈그림 4-9〉에서 보는 바와 같이 중국해군은 2009년 6월 19~25일까지 1척의 구축함(DDGX), 2척의 호위함(2FFGX), 보급함 및 지원함 등 5척으로 구성된 중국의 해상 훈련 전대로 오키나와 섬과 미야고 섬 사이를 통과하여 오키노토리 섬 북동쪽 260km 근해에서 훈련을 하고 귀환한 사실이 있다.

이 함정들은 오키나와 본섬 남서쪽 약 170km 태평양 해역을 북서쪽으로 항해하다가 오키나와 본섬과 미야고 섬 사이를 통과해 복귀

88) 김순배, "돌돌핍인: 기세가 등등하다", 『한겨레 21』, 2010년 10월 11일자.

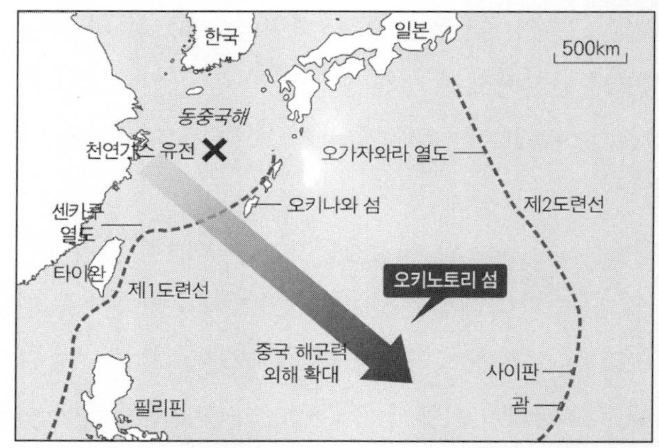

〈그림 4-9〉 중국 해군의 오키노토리 섬 근해 진출

출처: http://www.google/co.kr/imglanding?q=chinese%20navy%okino(검색일: 2011. 5. 26).

하였다. 2010년 3월에는 루조우급 구축함과 K급 잠수함 등 10여 척이 오키나와 본섬과 미야고 섬 사이를 통과하여 태평양으로 항해한 바 있다.[89] 그리고 중국해군은 2010년 4월 동해함대의 소브레미니급 구축함, 호위함, 잠수함으로 제1도련선에 진입하여 훈련을 실시하였으며, 이어서 미야코지마 해협을 통과하여 공군전력 엄호하에 총 1만 2,000km를 항해하였다. 이는 중국이 아시아 전체에 대해 총체적인 작전능력을 시현하는 것과 같다고 한 안보전문가가 논평했다.[90]

결국 그동안 미국 · 일본과 중국 해군 간의 직접적인 충돌과 해군력 현시로 인해 센카쿠 열도 영토주권과 배타적 경제수역 관할권 갈등이 고조된 시점에서 일본 해상 보안청 소속 순시선 요나구니호와 중국 저인망 어선이 충돌하게 된 것이라고 분석할 수 있다.

---

89) 이나사카 코우이치, "중국의 억지적인 해양진출", 『軍事硏究』 제45권 8호, 2010년 8월, p. 56.

90) "중국 3개 함대 동시훈련 실시", 『중국 동방군사방』, 2010년 4월 19일자.

2010년 12월 중국은 센카쿠 열도에서 중국 어선을 보호하고 타국의 선박을 감시하기 위하여 대형 해상 감시선을 투입하기로 하고, 선령이 오래된 감시선을 교체하기 위한 차원으로 헬기 2대를 장착하고 작전을 수행할 수 있는 3,000톤급 감시선을 건조하는 계획을 수립하였다.[91] 일본은 중국의 희토류 수출 제한조치에 대비하기 위하여 고위급 협의기구를 설치하기로 하면서 타이완에서 북동쪽으로 111km 떨어져 있는 일본 최서단의 섬 요나구니 섬(與那國島)에 200명가량의 육상자위대 병력을 주둔시키기로 했다. 요나구니 섬은 일본 규슈 남단에서 타이완까지 약 1,300km에 걸쳐 점점이 이어져 있는 남서제도 100여 개의 섬 가운데 중국 쪽으로 가장 가깝게 붙어 있는 섬이다. 일본 주둔 병력은 센카쿠 열도를 포함하여 주변해역에 대한 감시활동을 강화할 예정이다. 또한 일본 방위성은 남서제도의 섬이 중국군에 의해 무력으로 점령당했을 경우에 대비하여 미 7함대의 지원 아래 수복(收復) 훈련을 2010년 12월 중에 실시예정이라고 일본 언론들이 보도한 바 있다.[92] 미국은 원자력 항공모함 칼빈슨호를 오키나와 근해에 추가 배치했는데 2척의 항모가 동시에 동아시아에 투입되는 것은 이례적이다. 미국이 2개 항모전투단을 동시에 운영했던 사례는 소련 붕괴 후 중국이 타이완에 대해 압력을 넣었던 경우가 유일하다. 1996년 3월 타이완 총통선거에서 독립지향이 강한 총통후보자가 나오자 중국은 탄도미사일을 타이완 연안에 발사하는 위협 행

---

91) 조홍민, "중 · 일 동 · 남중국해 주도권 다툼 '긴장 재고조'", 『경향신문』, 2010년 12월 20일자.

92) 신정록, "日, 타이완 인접 섬에 육상자위대 병력 200명 주둔하기로", 『조선일보』, 2010년 11월 10일자.

동을 취했다. 이에 미국은 2개 항모전투단을 타이완 해역에 급파한 바 있다.

미 국방부는 2011년 2월 8일 공개한 국가군사전략(National Military Strategy)에서 중국의 부상에 대해 '협력과 경계'의 이중 접근 방침을 강조했다. 보고서는 "중국과 상호 협력 · 이해를 확대하되, 최근 전력을 증강하고 있는 중국군의 의도가 아직 불명확하기 때문에 전략적인 경계심을 갖고 감시해야 한다."고 했다.[93] 일본과 미국이 이처럼 오키나와 본섬과 주변 해역에 전력을 증강하고 있는 또 다른 이유는 연평도 포격 이후 긴장이 높아진 한반도 주변에서 북한의 추가도발을 억제하고, 최근 센카쿠 열도 해역으로 해양진출을 도모하고 있는 중국을 견제하려는 데 있다.[94] 따라서 센카쿠 열도 문제는 크게 보면 미 · 중 동아시아 해양패권 경쟁과 깊은 연관성을 갖고 있다.

최근 중국의 잠수함이 미 · 일 해군과 마찰을 일으킨 사건들을 요약하면 다음과 같다. 2004년 11월 중국 한(Han)급 핵 잠수함이 일본의 영해를 침범했고, 2005년 중국 쑹(Song)급 잠수함이 오키나와 남방 해안을 원해 초계하였으며, 2006년 10월 일본 근해에서 중국 쑹급 잠수함이 미 항모 키티호크의 대잠 경계망을 뚫었고, 2007년 11월 타이완 해협에서 키티호크 항모를 미행하였다. 중국과 미 · 일 간 해양에서 군사적 마찰의 횟수가 갈수록 증가되고 강도가 세지고 있는 배경들 중 하나는 중국 해군이 작전 구역을 원해로 확대하고 있고,

93) 임민혁 , "美 7년 만에 군사전략 개정……. 中 · 印 부상, 북핵에 亞 · 太서 큰 도전 직면", 『조선일보』, 2011년 2월 10일자.

94) 조홍민, "미 · 일 오키나와에 전력 증강", 『경향신문』, 2011년 1월 7일자.

미국의 해양 투사정책에 대항하기 위하여 접근 저지 · 지역 거부(anti-access/area-denial) 전략[95]을 적극적으로 시행하기 시작했기 때문이다. 이는 오바마 행정부가 「4개년 국방검토보고서(QDR)」에서 미국의 향후 군사정책을 '전진 배치, 재래식 전력과 핵 억지 등' 지역별 맞춤형 억제체제(regionally tailored deterrence architecture)에 상반되는 것이다.[96] 중국의 접근 저지 · 지역 거부 전략은 2010년까지 제1도련선(일본 본토-센카쿠 열도를 포함한 오키나와의 남서제도-타이완-필리핀-인도네시아를 연결하는 선)에 대한 해군력 진출능력을 구비하고, 2020년까지 제2도련선(이즈 열도-오카사와라제도-괌-파푸아뉴기니-오스트레일리아 서해안 연결선)의 해상통제권을 확보하는 것이다.[97] 제1도련선과 제2도련선 안에는 센카쿠 열도와 남사군도 도서 영유권 분쟁이 전부 포함되어 있어 일본, 베트남 필리핀 등 동아시아 국가들과 마찰의 소지를 안고 있다.

그러나 이보다 더 큰 문제는 중국이 주장하고 있는 제1, 2도련선의 해역은 미 제7함대의 활동 영역이라는 사실이다. 괌은 미 태평양사령부의 주요한 기지로서 중국을 원거리로부터 연안까지 깊숙이 압박할 수 있는 군사력을 투사시키는 전략적 군사기지이고, 센카쿠 열도 인근에 있는 오키나와에는 미 공군과 해병대가 주둔하고 있다. 미국은 동북아에서 사활적인 국가이익과 동맹국의 안전보장을 위해

95) 중국의 접근 저지 · 지역 거부(anti-access/area-denial) 전략은 중국 스스로 정한 방위라인에 미국 해양/공중 기동부대가 접근하는 것을 저지하고, 방위라인 내의 영역 · 해역에서 미군의 모든 군사행동을 거부하는 구상이다.

96) 이상현, "천안함 사태 이후 동북아 정세 변화 전망과 한국의 대응", 『국방정책연구』 제26권 제3호, 통권 89호, pp. 19-25.

97) 日本防衛研究所, 『東アシア 戰略槪觀』(2008), pp. 92-95.

중국이 1982년에 내세운 제1, 2도련선 전략을 그대로 묵과할 수 없기 때문에 이 해역에 대해 많은 관심을 갖고 있다. 미국이 중국에 대해 군사력을 투사하기 위해서는 동중국해의 경우 먼저 '오키나와·미야고 해협'을 통과하여 센카쿠 열도가 위치하고 있는 해역을 지나가야 하기 때문에 센카쿠 열도는 군사적으로 중요한 위치에 있는 것이다. 따라서 미·중 간 해양패권 구도가 자리 잡고 있는 동중국해에서 센카쿠 열도는 해양패권 경쟁의 불꽃을 점화시킴으로써 세력전이 촉발제 역할을 할 수 있는 요소가 될 수 있다.

또 다른 문제는 센카쿠 열도에 대한 중국 국민들의 민족주의 의식이 강해지고 있다는 것이다. 과거 중국 어선들은 센카쿠 열도 근해에서 일본이 주장하는 관할해역 이내에 진입하는 것을 자제하고 있었지만 중국의 경제력과 해군력에 힘입어 최근 과감하게 센카쿠 열도 해역에 자주 출몰하며 애국자적인 태도를 보이고 있다.

이러한 상황들을 종합해볼 때 최근 중국의 해상통제능력이 과거보다 급격히 향상된 것을 인식할 수 있는 반면 미국과 일본의 해양통제 능력은 상대적으로 감소하고 있음을 알 수 있다. 중국은 일본이 중국 잠수함의 일본 근해 활동과 센카쿠 열도에 대한 중국 어선들의 진입에 항의를 보내와도 이에 굽히지 않고 줄기차게 군사적 활동과 어업활동을 지속하고 있다. 중국 후진타오 국가주석은 2009년 4월 개최된 미·중 정상회담에서 미·중 양국은 광범위한 이익을 공유하고 있다고 주장하면서 적극적·협력적·포괄적인 21세기의 미·중 관계를 함께 구축하자는 취지를 밝힘으로써 대미 관계 발전을 중요시했다. 그리고 2006년부터 미·중 상호 함정방문, 국방 당국 간

핫라인 개설, 훈련 옵서버 파견 등 군사 교류를 확대하고 있다. 그러나 중국은 센카쿠 열도에 대한 영유권 문제에서는 한 치의 양보도 없이 자국의 역량을 최대로 구사하고 있는 실정이다. 결국은 미국과의 군사교류 문제와 센카쿠 열도 영유권 문제는 별도의 문제로 구분 짓고 있는 것이다.

결론적으로 센카쿠 열도가 있는 동중국해에서 미국과 중국의 해양패권 경쟁은 일본과 중국의 센카쿠 열도 영토분쟁이라는 촉발제(trigger)를 통해 양상이 격해지고 있다. 센카쿠 열도가 가지고 있는 군사적 가치는 미국과 중국 모두 양보할 수 없는 것이므로 중국의 도전에 대해 미국이 방관할 수 없는 입장이다.

일본은 미국과의 해양동맹을 갈수록 강화하려 하고 있으나, 중국의 견제에 의해 미국이 확실하게 일본의 입장을 지원하지 못하고 있다. 특히 2010년 9월 일본 순시선과 중국 저인망 어선의 충돌로 중국 국민의 민족주의가 강렬하게 발산되어 일본 제품 불매운동까지 일어난 상황을 미국은 예의주시하고, 일본에 적극적인 지원을 추진하지 못하였다. 이는 동중국해에서 미국의 해양질서에 도전하는 중국의 해양정책이 먹혀들고 있음을 의미한다.

(3) 동중국해 자원개발과 미 · 중 · 일 충돌

동중국해에서 중국과 미 · 일 해군이 자주 충돌을 일으키는 이유는 중국이 경제적 해양권익을 확대하고 있기 때문이다. 1994년에 제

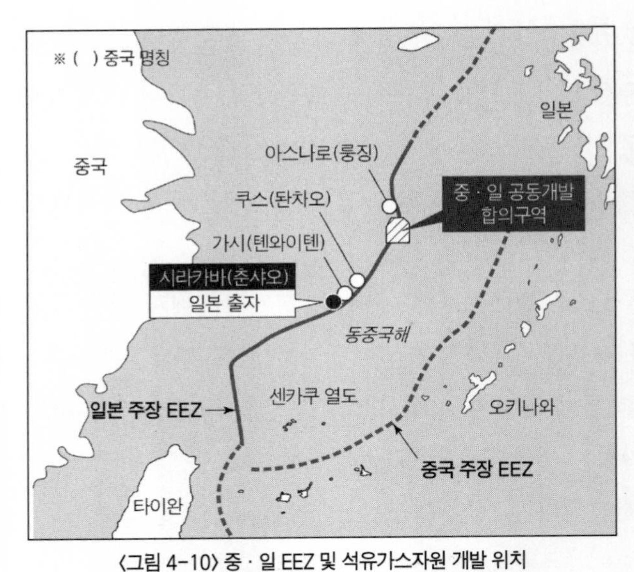

〈그림 4-10〉 중 · 일 EEZ 및 석유가스자원 개발 위치

출처: http://www.google/co.kr/imglanding?q(검색일: 2011. 5. 26).

정된 유엔해양법 조약에는 연안으로부터 200해리(360km)를 배타적 경제수역(EEZ)으로 정하고 어업권이나 해양자원 취득권이 연안국에 귀속되도록 하고 있지만, 〈그림 4-10〉과 같이 센카쿠 열도가 있는 동중국해는 360해리로 중국과 일본이 연안으로부터 독립적으로 200해리를 확보할 수 있을 만큼 넓지 않아 중 · 일 쌍방의 경계선 확정이 마무리되지 못하고 있다. 특히 중 · 일 간 중간 해역 40해리에 석유 및 가스자원이 집결되어 있다. 중국과 일본은 춘샤오(春曉) 유전 지역이 자신들의 배타적 경제수역 안에 위치한다고 주장하고 있다. 이에 따라 중 · 일 해저자원 개발과 어업권 등에서 마찰을 일으키고 있고, 중국이 해군력을 증강하면서 중 · 일 해양 마찰은 횟수와 강도 면에서 점점 더 심각한 양상을 보이고 있다.

중국은 1968년 동중국해 대륙붕 석유 매장 탐사 이전에는 센카쿠 열도에 대해 적극적인 대응을 보이지 않았다. 그러나 1970년부터 자원개발의 중요성을 인식하고 센카쿠 열도에 대한 영토주권에 대해 외교부 차원의 대응을 확대해 나갔다. 중국이 동중국해에서 추진하고 있는 해양자원 개발과 어업 해양권익 활동을 보면 다음과 같다.

중국은 1974년부터 1984년까지 지질부 동해지질조사국이 지질 및 중력 해저지도를 완성하였고, 국가해양국 · 석유공업부 · 중국과학원이 동중국해 대륙붕 조사를 했다. 이후 중국은 1988년까지 14개의 시추공을 뚫어 양질의 석유를 발견하였다. 2004년부터 중국은 동중국해 춘샤오 가스전을 성공적으로 채굴하였고, 절강성(浙江省) · 강소성(江蘇省) 일대에 천연가스를 공급하고자 했다. 이에 일본은 중국의 가스 채굴은 일본이 주장하는 '중간선 원칙'에 부합하지 않고, 국제관습법에도 부합하지 않는다고 주장하면서 중국의 가스 채굴을 중지할 것을 강력하게 촉구했다.[98]

2004년 11월 중국은 일본이 자국의 배타적 경제해역이라고 주장하는 춘샤오 해역에 잠수함을 파견했고, 일본의 해상자위대는 이 일로 말미암아 5년 만에 처음으로 전면적 경계 태세에 돌입하였다.[99] 한편, 2004년 2월 2일 미국의 아미티지(Richard Amitage)는 미 · 일 안보조약의 범위에 센카쿠 열도가 포함된다고 말했다.[100] 춘샤오 유전 등

98) 박병구, 『중국의 해양자원 개발 연구: 해양에너지 자원을 중심으로』(서울: 한국해양수산개발원, 2008), pp. 123-126.

99) 마이클 T. 클레어 지음, 이춘근 옮김, 『21세기 국제자원 쟁탈전: 에너지의 새로운 지정학』, pp. 422-423.

100) 박병구, 『중국의 해양자원 개발 연구: 해양에너지 자원을 중심으로』, p. 142.

중 · 일 간의 자원 분쟁은 크게 볼 때 중국을 견제하려는 친미 동맹국가의 압박과 중국의 반응으로 평가할 수 있으며, 동북아 해역을 둘러싼 해군력의 긴장으로 이어지게 마련이다.[101]

3. 소결론

2009년 3월 일본 수상 아소 다로 총리가 센카쿠 열도 문제는 미 · 일 상호안보조약의 적용을 받는 자신들의 영토임을 주장한 데 대해, 중국 외교부장은 센카쿠 열도는 고대부터 중국의 영토였으며 센카쿠 열도를 미 · 일 상호안보조약을 통해 억지 주장하는 것은 구시대 패권적 태도라고 몰아붙였다.[102] 일본이 센카쿠 열도의 주권을 확실히 하기 위하여 미국을 개입시키는 이유는 중국의 국력이 커지고 있고 해양력이 증강되고 있기 때문이다. 중국은 이미 센카쿠 열도가 미국이 2차 세계대전 이후 잘못된 행정 처리로 일본으로 넘어간 것에 대해 분노하고 있는 상태이다. 이에 일본이 이 문제를 다시 당시의 상황으로 되돌리는 미 · 일 상호안보조약을 이용하는 것에 대해 매우 불쾌하게 생각하고 있다.

2010년 9월 중국 어선과 일본 순시선의 충돌 이후에도 일본과 중

---

101) 김재도, "21세기 국제질서와 에너지 안보", 『협력과 갈등의 동북아 에너지 안보』(서울: 인간사랑, 2008), p. 26.

102) Senkaku/Diaoyutai Islands, http://www.globalsecurity.org/military/war, 검색일: 2011년 9월 23일.

국은 아직도 그 긴장 상태를 놓지 못하고 있다. 2011년 3월 중국 헬리콥터가 센카쿠 열도 상공을 선회하자 일본 정부는 즉각적으로 F-15 전투기를 출격시킨 바 있다. 또한 일본 해군 함정이 센카쿠 열도 근해를 항해하자 중국은 헬리콥터를 출격시켜 일본 구축함을 상공 40m로 통과하였다.[103] 2011년 9월 21일 중국 트롤어선 2척이 센카쿠 열도 일본 통제해역 안으로 진입하여 일본 경비정이 이들을 통제해역 밖으로 퇴각시킨 일이 발생했다. 당시 일본 경비정이 중국 트롤어선 선원에게 경고 방송을 하자 중국 선원들은 "자신들이 조업하는 해역은 다오위다오 해역으로 중국 정부의 통제를 받는다."라고 응답하였다.[104] 이와 같이 센카쿠 열도는 중국과 일본 간 도서 영토주권 문제의 불씨를 안고 있는 동아시아의 전략적 지점이다. 중국은 제1도련선과 제2도련선을 확보하기 위하여 센카쿠 열도가 반드시 필요한 만큼 이를 포기하지 않을 것이다. 반면에 미국은 센카쿠 열도가 일본을 포함한 동아시아 동맹국의 상호 안보에 중요한 도서임을 인식하고 있다. 따라서 미국은 향후 이 문제에 대해 개입의 강도를 확대할 것으로 예상된다. 그러므로 센카쿠 열도는 향후 중국과 미 · 일의 해상충돌을 일으키는 촉발제(Trigger)가 될 가능성이 크다.

미국과 중국이 타이완 해협 해상통제권을 장악하기 위해 정치 · 군사적으로 상호 적극적이고 공격적인 해양전략을 추진하고 있는 양상은 과거 중국이 미국의 항공모함을 두려워하던 시절과 완전히

103) Japan, China & Senkaku Islands: Bitter Fight Over oil & Natural Gas, http://www.beinformedjournal/2011/3/8, 검색일: 2011년 9월 23일.

104) The Mainichi Daily News, Chinese patrol boat enter Japanese water of Senkaku islands, September 23, 2011.

다른 모습을 보이고 있다. 중국은 미국의 항공모함과 잠수함, 항공기, 수상함, 상륙함 등 모든 해상전력에 대해 동등한 수준의 군사적 대응을 취하고 있다. 오히려 중국은 미국의 군사적 조치에 대해 더욱 공격적인 정책을 구사할 때도 있다. 이처럼 중국이 공격적인 해양전략을 추진하는 것은 중국이 미국의 해군력에 대해 열세라는 인식에서 탈피하여 자신감을 갖고 있는 것에 기인한다고 볼 수 있다. 이는 제2장 1절의 미 · 중 해군력의 격차에서 살펴보았듯이 동아시아 해역을 기준으로 할 때 결코 중국의 해군력이 미국의 해군력에 비해 열세라고 평가할 수 없는 것과 일맥상통한다. 그리고 미국과 중국은 타이완 해협문제를 센카쿠 열도와 연계하여 정치 · 군사적으로 인식하고 있다.

이러한 점들을 종합하여 판단해볼 때 현재 타이완 해협과 센카쿠 열도에서 중국이 미국과 일본, 그리고 미국과 타이완에 대해 도전하는 패권 경쟁은 쿠글러 · 제이거의 세력전이 5단계 중 3단계(지배국과 도전국 상호 억지 또는 전쟁 가능)로서 동등한 수준의 패권 경쟁이 이루어지고 있다고 평가된다. 그리고 미래 미국과 중국의 국가이익과 경제발전 그리고 양국 간의 정치 · 군사적 정책들을 고려해볼 때 미국과 중국은 동아시아 해역에서 국지전 규모의 해상충돌을 일으킬 가능성이 높다.

서해 미 · 중 해양패권 경쟁과 세력전이 분석

1. 한 · 중 해양안보 관련 마찰 분석

서해에서 미 · 중 해양패권 경쟁을 분석하기 위해서는 먼저 한 · 중 해양 마찰을 분석하고 미국과 중국의 관계를 조명해 보아야 한다. 중국이 북한을 순망치한으로 여기어 조 · 중 우호조약을 맺은 지 50년이 되었으며 한국과 미국이 상호방위조약을 맺고 있는 현 시점에서 한국과 북한 그리고 미국의 안보 관련 상황을 측정하는 것이 미 · 중 해양패권을 분석하는 기본개념이다. 그러나 미 · 중 해양패권 분석을 위해서는 실질적으로 한국과 중국이 마찰하고 있는 해양주권과 관할권 문제를 기준으로 한 한 · 중 해양안보 인식부터 살펴보아야 한다. 왜냐하면 영토주권과 해양관할권은 경제 · 군사적으로 서로 연관되어 있으며 그 가치가 크기 때문이다.

한국과 중국이 해양주권과 관할권에 대한 문제를 안고 있는 것들은 이어도 해양주권 문제, 서해상 대륙붕 경계 문제이다. 상기 2가지 해양주권과 관할권 문제는 천안함 피격사건 이후 한 · 중 해양안보 대결 문제로 선명하게 드러났으며 미국과 중국의 동아시아 해양패권 문제로 연결되고 있다.

(1) 한 · 중 이어도 마찰과 미 · 중 관계

이어도는 한국의 제주도 서귀포시 대정읍에 소속된 암초로 '파랑도'라고도 불린다. 중국은 장쑤 성 소속으로 이어도를 편입시키고 쑤엔자오라고 부르고 있다. 이어도는 〈그림 4-11〉과 같이 제주도 마라도로부터 남서쪽으로 149km 거리에 있으며 중국 서산다오로부터 287km, 일본 도리시마로부터 276km에 위치해 있다.

한국은 이어도가 한국의 대륙붕상에 위치하고 있으므로 과학조사, 광물자원 개발, 어업자원 관리 등의 배타적 관할권을 가질 수 있으며, 이어도에 인공시설물을 설치하는 것은 문제가 없으므로 1995년부터 이어도에 탐사인원 7명이 14일씩 상주할 수 있는 종합과학기지 공사를 시작하여 2000년도에 완공하였다.

중국은 2006년 9월 15일 외교부 대변인을 통하여 "쑤엔자오는 양국의 배타적 경제수역(EEZ)권이 미치는 중첩 수역 내에 위치하고 있으므로 한국 측의 어떠한 일방적 행동에 대해서도 유엔해양법 협약

〈그림 4-11〉 이어도 위치

출처: http://www.google.co.kr/search?, 이어도 위치 참조해 재구성.

상의 법적 효력을 가질 수 없다"고 공표하였다.[105] 이처럼 중국이 이어도에 대해 한국의 관할권을 인정하지 않는 이유는 무엇인가? 단지 이어도 부근의 해양자원 때문에 한국의 관할권 주장에 대해 반대하고 있는 것인가? 중국이 이어도 관할권에 대해 사사건건 시비를 거는 이유는 이어도가 가지고 있는 경제적 가치[106]뿐만 아니라 이어도의 군사전략적 가치 때문이다. 이어도는 〈그림 4-11〉에서 보는 바

---

105) 신학용, "중국의 이어도 해양과학기지 감시비행에 대한 우리의 대응방안", 2006년도 국정감사정책자료집-10, pp. 4-6.

106) 이어도 해역은 우리나라 수출입 물동량의 60% 이상이 통과하고 있고, 특히 원유의 경우 98.3%가 이 해역을 통과하고 있다. 그리고 이어도 근해까지 올라온 선박들이 서해와 동해 그리고 남해로 갈라지는 기준점 역할을 하고 있다. 현재 제주도와 이어도 인근 해저에는 천연가스 72억 톤 등 230여 종의 지하자원이 매장되어 있다. 『경향신문』, 2011년 8월 24일자.

와 같이 동중국해와 서해를 연결하는 해상교통로의 중간 지점에 위치해 있다. 즉 이어도는 타이완과 센카쿠 열도 해역을 거쳐 올라오는 선박들이 통과하는 길목에 위치하고 있어 중국은 필히 이 해역의 안전을 확보해야만 한다. 중국 측에서 보면 이어도는 자국 안보에 핵심적 의미가 있는 연안 수역이기에, 해양군사력에 의한 해양통제권의 우위를 유지하기 위하여 부단히 노력할 것이다.[107)]

이어도 부근의 수심은 40~60m 정도로 천해의 특성을 갖고 있다. 천해의 특성은 잠수함을 탐지하기가 매우 어렵다는 것이다. 잠수함을 탐지하기 위해서는 음파 에너지를 발사하여 그 음파 에너지가 상대 잠수함의 금속 표면에 도달한 후 반향되어 오는 음파 에너지를 전기적 신호로 바꾸어 식별하게 되어 있는데, 천해는 수심이 낮아 음파가 분산되고 해저에 많은 난파선, 어구류 등이 산재해 있어 반향 되어 오는 음파의 신호가 대단히 미약하여 식별하는 데 어려움이 많다. 또한 상대 잠수함의 음향신호를 들을 수 있는 기능도 현저히 떨어져 수중에서 잠수함을 탐지하고 공격하는 데 많은 어려움을 안고 있다. 이러한 수중 환경에서 이어도에 잠수함을 탐지하고 추적하는 군사시설을 설치하면, 그 설치국은 상대국보다 엄청난 전술적 이점을 확보할 수 있게 되는 것이다. 이어도는 이 밖에도 해상 탐지 및 조기경보 시스템을 운영할 수 있는 장소로 활용할 수도 있다. 이어도 관할권이 주어지면 부근 해상과 수중에서 탐사 및 해저 발굴의 주도권을 갖게 되므로 이를 군사적 목적으로 활용 시 그 이점은 더욱 크게 되

107) 김영구, 『이어도 문제의 해양법적 해결방법』(서울: 동북아역사재단, 2008), p. 22.

어 있다.

서해와 동중국해 해역은 반폐쇄적 해역의 특성을 갖고 있어 전술적 요충지의 역할이 그 어느 곳에서보다 더욱 중요하다. 〈그림 4-11〉과 같이 이어도는 중국의 동해함대사령부와 북해함대사령부, 그리고 일본에 위치하고 있는 미 제7함대 세력 사이에 위치해 있다. 또한 이어도는 한국의 작전사령부 및 3함대 사령부, 일본의 88함대 사이에 위치해 있는 전략적 요충지이기도 하다. 이어도의 관할권을 한국이 유지하고 있는 한 중국은 동중국해와 서해상에서 적극적인 군사활동을 하는 데 제한을 가질 수밖에 없다. 따라서 이어도는 동중국해와 서해상에서 군사적 역할을 담당하는 기지로 활용될 수 있는 암초이다. 제주도와 이어도 인근 해역을 지키기 위해서 한국 기동함대는 유사시 부산과 목포에서 출발하여 상황에 대응할 수밖에 없다. 이 경우 이어도까지 도착하는 데 걸리는 소요시간은 21시간 30분이 된다.[108]

그러나 제주도에 해군기지가 생기면 7시간이면 충분히 도착될 수 있다. 그러므로 이어도에 군사적 중간 정박지를 건설할 경우 함대가 긴급한 상황에 대해 인근 국가보다 먼저 유리한 지점을 확보할 수 있으므로 이어도는 제주 해군기지 건설 예정지와 함께 매우 중요한 위치적 가치를 지니고 있다.

중국의 영토분쟁에 대한 태도는 주로 중국 지도자들의 지정학적 인식과 전략적 고려에 의해 영향을 받아 왔으며, 세계의 세력균형에

---

108) "제주 해군기지 논란: 안보 · 해양권익의 보호", 『경향신문』, 2011년 8월 24일자.

많은 영향을 받았다.[109] 현재 이어도는 미국과 중국에 있어 과거와 달리 지정학적 환경과 동북아의 세력균형에 의해 정치 · 군사적 가치가 중시되고 있는 상태에 있다. 최근 중국의 지도자와 민간단체들이 남중국해의 남사군도 영토주권 문제, 일본과의 센카쿠 열도 문제, 천안함 피격사건 이후 서해에 대한 관할권 문제 등 일련의 영토주권적 요소를 모두 연계하여 고토회복 인식 차원에서 중요시하고 있는 상황에서 이어도 문제는 과거와 다른 정치적 상황에 놓여 있다고 평가된다. 그러므로 중국은 제반 영토문제들에 대해 미국의 개입이 증가하는 상황을 우려하여 이어도에 대해 강경한 입장을 견지할 것으로 예상된다. 이는 천안함 피격사건과 연계된 결과이다.

경제적으로 볼 때 이어도는 〈그림 4-12〉에서 보는 바와 같이 제4광구에 위치해 있는데, 제4광구는 중국의 북부광구 유전개발구역과 중첩되어 있으며 우리의 구역을 넘어오고 있는 실정이다. 따라서 이어도는 미래 에너지 자원 확보 측면에서도 중요한 자원으로 중국이 이어도의 관할권을 인정하지 않는 것은 이어도 부근의 제4광구에 대한 침범 의도를 갖고 있는 것으로 판단된다.

(2) 한 · 중 서해 대륙붕 경계 문제와 미 · 중 관계

천안함 피격사건 이전 한 · 중 간 서해 마찰 문제는 자원 중심의 대

109) 이동률, “중국의 영토분쟁과 해결-쟁점과 요인”, 『중국의 영토분쟁』(서울: 동북아역사재단, 2008), pp. 27-30.

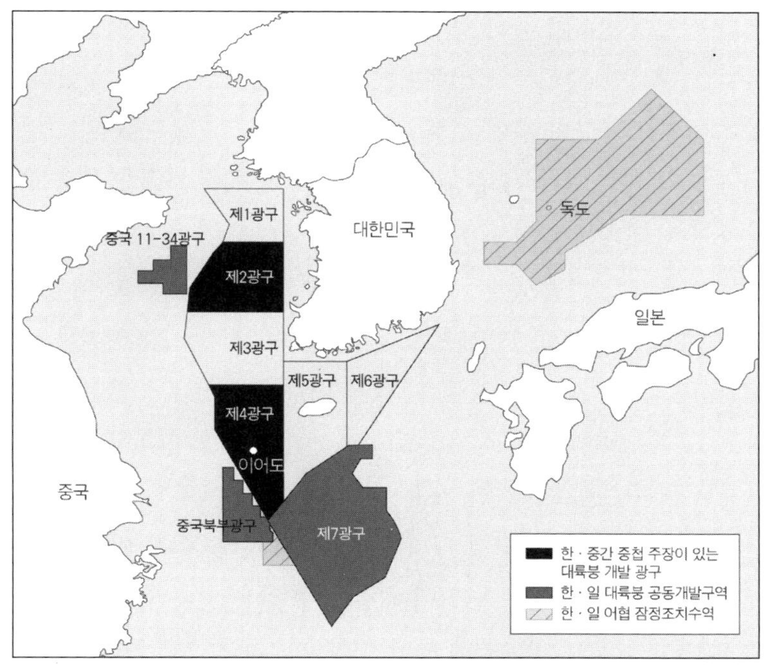

〈그림 4-12〉 서해 및 동중국해 대륙붕 개발

륙붕 관할권 문제가 주요 이슈를 이루어 왔다. 그러나 천안함 피격사건 이후 서해 한 · 중 대륙붕 관할권 문제는 경제적 문제뿐만 아니라 군사안보적으로 중요한 지역으로 전환되고 있다. 서해 한 · 중 대륙붕 관할권 문제를 보면 다음과 같다. 먼저 서해 대륙붕에 있는 에너지 및 광물자원에 대한 문제이다.

〈그림 4-12〉에서 보는 바와 같이 서해에서 한국과 중국이 대륙붕 개발에 있어 마찰을 일으키고 있는 곳은 제2광구와 제4광구이다. 1998년 6월 발효된 중국의 「배타적 경제수역 및 대륙붕에 관한 법률」 제2조에 따르면, "중화인민공화국의 대륙붕은 중화인민공화국

육지 영토의 전부가 중국 영해 밖으로 자연 연장되어 대륙변계 외연까지 뻗어나간 해저구역의 해저와 그 하층토"로 규정하고 있다.[110] 2007년 7월 중국의 관영 신화통신 자매지인 국제선구도보는 "한국이 중국의 동의 없이 서해 대륙붕에서 석유탐사를 진행해 중국의 해양주권 및 권익에 피해를 주었다"고 주장했다.[111] 유엔해양법상 배타적 경제수역은 영해로부터 200해리까지 설정할 수 있고, 대륙붕은 350해리까지 설정할 수 있다. 서해는 한 · 중 양국이 200해리를 주장할 때 거리가 중첩되어 정할 수 없기 때문에 한국은 중간선을 주장하고 있다. 그러나 중국은 자신들이 설정한 법률에 따라 육지의 자연 연장선을 기준으로 중간선 기준 설정 제안을 거부하고 있다. 중국이 경제적 상황만을 고려하고 있다면 한국과 마찰을 일으키고 있는 제2광구에 대해 일부 조정을 통해 해결할 수 있을 것이다. 그러나 중국은 제2광구뿐만 아니라 서해 전역에 대한 배타적 경제수역과 대륙붕 설정에 있어 육지로부터 자연 연장설을 억지 주장하면서 합의에 협조하지 않고 있다.

다음으로 최근 한 · 중 간 해상마찰이 심하게 전개되고 있는 어업조업 문제이다. 〈표 4-1〉에서 보다시피 한국 해양경찰은 매년 배타적 경제수역(EEZ)과 북방한계선(NLL)에서 중국 불법조업 어선 수백 척을 단속하고 있다. 중국 어선들은 날이 갈수록 척수가 늘고 있으며, 조직적으로 움직이고 있다. 이로 인하여 한국 해양경찰의 인적

110) 김택기· 정장선· 김성호, "한 · 중 · 일 대륙붕전쟁 이미 시작됐다", 제225회 정기국회 국정감사 공동정책 자료집(2001. 9), p. 11.

111) http://www.dokdocenter.org/dokdo-news, 검색일: 2011년 7월 15일.

〈표 4-1〉 중국 어선 불법조업 단속 현황

구분	2002	2003	2004	2005	2006	2007	2008	2009	2010
중국 어선 단속 총계	176	240	443	584	522	494	432	381	370
EEZ 해역 단속건수	145	139	352	508	472	438	391	332	327
NLL 해역 단속건수	31	101	91	76	50	56	41	49	43

출처: http://www.index.go.kr, 해양경찰청 행정자료(검색일: 2011. 12. 30).

손실이 증가하고 있다. 최근에는 전갑수 군산해양경찰서장과 인천해양경찰 소속 이청호 경장이 안타깝게 순직한 사건이 발생한 바 있다.

한국 정부는 중국 정부에 매번 불법어선 단속을 촉구하고 있다. 그러나 중국 어선들의 불법조업은 날이 갈수록 증가하고 있으며, 그 형태도 집단적인 불법 항해를 통해 한국 해양경찰 함정의 기동을 저지하고, 특히 선박 검색요원들의 승조를 거부하기 위해 여러 종류의 불법 무기와 장비를 동원하고 있다. 한국 정부의 여러 차례 촉구에도 불구하고 중국 어선들이 불법조업을 하는 데에는 여러 가지 이유가 있다. 첫째는 중국 정부가 서해상에서의 배타적 경제수역과 대륙붕 관할구역을 확대하기 위해 고의적으로 중국 어선들의 활동을 방조하고 있는 것이다. 중국 정부는 한국과의 서해 대륙붕 경계선에 대해 합의한 바가 없다. 〈그림 4-13〉과 같이 한국과 중국은 서해상에서 조업을 할 수 있는 해역을 연안국의 배타적 경제수역(EEZ) 내의 배타적 조업이 인정되는 해역과 각 기국이 공동으로 조업할 수 있는 잠정조치수역으로 구분하고 있다.

따라서 중국은 서해상 한국의 배타적 조업 해역 내에서 조업을 하기 위해서는 사전에 한국의 허가를 받아야 함에도 불구하고 이를 방

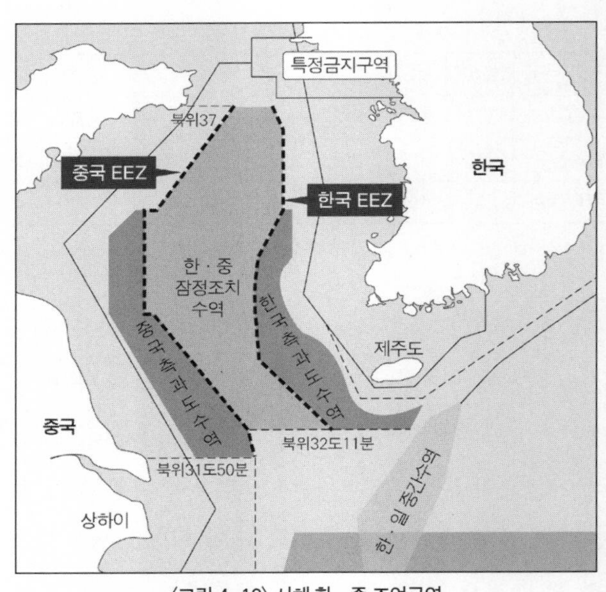

〈그림 4-13〉 서해 한 · 중 조업구역

출처: http://www.index.go.kr, 해양경찰청 행정자료(검색일: 2011. 12. 30).

조하고 있다. 중국은 2010년도 천안함 피격사건 시에도 서해상 배타적 경제수역을 근거로 미국의 항공모함이 진입하는 것을 반대한 사실이 있다. 이러한 일련의 움직임을 고려해볼 때 중국은 서해상에서 배타적 경제수역을 자신들이 원하는 방향으로 확대하여 미국과 한국의 해군함정들이 서해에서 활동할 수 있는 범위를 축소시키는 의도를 다분히 가지고 있다고 평가된다. 앞에서 설명하였듯이 서해에는 중국의 경제개발 도시와 정치 · 외교적으로 중요한 도시들이 집결되어 있기 때문에 중국은 서해상에서 한 · 미 연합해군력이 중국 본토와 가까운 해역으로 진입하는 것을 매우 위협적인 요소로 보고 있다. 이는 중국이 서해를 경제적 관점으로만 보는 것이 아니라 군사안보적 관점에서 보고 있는 것이다.

서해상에서 중국이 해양관할권을 주장하고 있는 것은 남중국해와 센카쿠 열도 해양관할권과 매우 밀접하게 연계되어 있다. 중국은 남중국해에서 U자형 관할해역을 주장함으로써 남중국해 대부분의 해역을 자신들의 관할 구역으로 편입시켜 경제 · 군사 · 정치적 이점을 추구하려 하고 있다. 2000년대 들어 중국이 적극적인 근해방어전략과 제1도련선 확보를 위해 원해로 해군력을 확대 운영하고 있는 시점에서 남중국해의 U자형 관할해역 주장은 근본적으로 미국에 대한 공세적 도전으로 분석된다. 이러한 중국의 남중국해에 관한 관할권 문제를 볼 때, 서해에 대한 중국의 접근은 거의 유사한 모습을 띄고 있다. 중국은 서해에 대한 한 · 미 연합군사동맹을 간과하지 않겠다는 의미로 한국의 서해상 해양관할권 문제에 비협조적으로 나오고 있다고 판단된다.

둘째는 중국의 경제가 성장되면서 중국 연안에서 건져 올리는 어족자원으로는 소비 요구에 도달할 수 없게 되었다는 점이다. 중국의 경제발전 지역은 대부분이 중국 연안으로 집결되어 있어 상대적으로 부유한 경제 소비층들이 요구하는 어족자원을 충당하기에는 중국 연안의 어족자원으로 한계가 있다. 그리고 중국 어선들에 종사하는 선원들이 고소득을 올리기 위하여 한국 연안으로 접근하고 있다.

이처럼 중국 어선의 불법조업이 늘어나고 있는 것은 중국 어선들 자체만의 문제도 있지만, 중국 정부가 경제 · 군사적으로 다른 생각을 하고 있기 때문이다. 그러므로 중국 어선들의 불법조업 문제를 해결하기 위해서는 어족자원 보호 차원에서 접근해서는 안 되며 서해의 군사적 가치와 경제적 가치가 모두 적용된 통합적인 차원에서 대응해야만 한다.

2. 천안함 피격사건과 미 · 중 해양패권 경쟁

(1) 천안함 피격사건 이전 미 · 중 해양패권 경쟁

천안함 피격사건이 있기 전 서해상에서 미 · 중 해양패권 경쟁은 큰 움직임이 없었다. 중국은 한국과 미국이 연례적으로 추진하는 연합해상훈련 시 우리 측에 별다른 항의 표시나 군사적 움직임을 보이지 않았다. 또한 북한이 서해 또는 동해에서 해상 도발을 감행할 때 한국과 미국의 동맹체제에 대해 천안함 피격사건 때처럼 강경한 태도를 보이지 않았다. 이러한 전례로 중국은 1996년 북한 잠수함 침투 사건 후 유엔안보리 성명 발표 시에 참여하여 북한이 사과하게 하였으며,[112] 1999년 연평해전과 2002년 제2연평해전 시 한국과 미국이 북한에 대한 재발을 방지하기 위하여 해상억지력을 증가시켰을 때에도 중국은 한반도의 안정화만을 주장했을 뿐 별다른 군사적 조치를 취한 바 없었다. 이는 1990년대부터 중국이 지속적인 경제 성장을 도모하고 동아시아에서 강대국으로 자리매김하기 위하여 주변

112) 이태환, "미국, 중국과 한반도 평화체제 구축", 『세종정책연구』 제5권 제1호, 2009, p. 175.

국들과 외교적 관계를 강화하고 있었기 때문으로 분석된다. 또한 동아시아에서 중국의 영유권 문제와 관할권 문제 등에서 급진적인 정세의 변화가 없었기 때문에 중국은 남·북 해상충돌 문제 시 외교적 수준으로 대응하고 있었다.

그러나 중국이 한·미 해군 협력 움직임에 별다른 조치를 취하지 않고 있다가 천안함 피격 시 강력하게 대응하게 된 배경에는 남중국해와 동중국해에서 일련의 미·중 해양패권 도전 국면들과 관계가 있기 때문이다. 2001년 들어서면서부터 중국은 미국이 남사군도 영유권 문제에 개입하면서 주변국들과 해상훈련을 실시하고, 외교적 관계를 강화하는 데 대해 적극적인 견제에 들어가기 시작했다. 남중국해에서 2001년 미 해군 EP-3 정찰기와 중국 전투기와의 충돌 이후 잦은 미·중 해상충돌이 있었으며, 2009년 3월 하이난다오 근해에서 미국의 정보수집함과 중국의 어선 및 군함의 대결이 있었다. 중국은 미 군함이 중국 본토 가까이 들어와 항행하는 것을 군사정보 수집행위라고 인식하였고, 미국은 정상적인 항행이었음을 주장하였으나 양국 간 타협점 없이 사건이 진전되었었다. 중국은 이러한 미국의 남중국해 해상활동을 자신들에 대한 근접 봉쇄 의미로 받아들이고 있었다. 동중국해에서는 미국이 2000년도부터 센카쿠 열도에 대해 적극적으로 개입하여 센카쿠 열도가 미·일 안보조약에 포함되어 있다는 발표가 몇 차례 나오자 중국은 이 해역에서 미·일 군사동맹에 대해 경계를 강화해 나갔다. 또한 2009년 일본 수상 아소 다로 총리가 미 의회에서 센카쿠 열도가 미·일 안보조약 내에서 보호되야 한다고 주장한 것에 대해 중국은 강력하게 반발하였다. 이에 중국은 2009년 6월 수 척의 구축함과 호위함으로 구성된 훈련단대로 일본 오키나와와 미야고 섬을 돌파하는 원양 훈련을 강행하여 미국과 일본의 경계심을 자극하였다.

중국의 대한반도 전략은 미 · 일과의 전략적 경쟁과 연결되어 있다. 아직도 중국은 한반도를 미국과 끝나지 않은 냉전의 잔재 지역으로 여기고 있으며, 국가목표상 가장 우선적으로 취급하고 있는 타이완과 함께 동아시아 '화약고'에 불을 당길 수 있는 발화점이 될 수 있다고 보고 있다. 중국의 입장에서 북한은 중국의 안보에 중요한 전략적 완충지대이며, 미국의 중국에 대한 전략적 포위망을 저지할 수 있는 보호막이다. 이에 중국은 미국의 동맹체제, 미사일 방어, 군사력 배치, 한 · 미 · 일 연합군사훈련 등을 경계하고 있다.[113] 따라서 남중국해와 동중국해에서 일어나고 있었던 일련의 미 · 중 해양패권 경쟁 구도와 한반도에 대한 중국의 인식이 통합적으로 연계되어 천안함 피격사건 후 중국의 대응에 영향을 주었다고 분석된다. 2010년 천안함 피격사건은 중국과 미국의 동아시아 안보 문제상 중요한 전환점 역할을 했다고 평가된다.

(2) 천안함 피격사건과 미 · 중 해양패권 경쟁

중국이 과거와 달리 천안함 피격사건 시 한 · 미 안보동맹에 대해

113) 박창희, "북한 급변사태와 중국의 군사개입 전망", 『국가전략』 제16권 1호, 2010년 봄(통권 제15호), p. 37.

적극적인 정치 공세와 군사적 대응 수준을 높인 이유는 크게 정치안보 및 군사적 이유로 구분하여 분석할 수 있다. 따라서 정치안보적 미 · 중 관계와 군사적 미 · 중 관계를 분석함으로써 중국이 미국을 상대로 한 해양패권 도전의 양상과 세력전이의 단계를 추출해낼 수 있다.

먼저 남중국해와 동중국해에서 미 · 중 정치안보적 대결과 군사적 충돌 현황을 보면, 2010년 3월 천안함이 피격되어 침몰하기 전 미국과 중국은 남중국해와 동중국해에서 해양패권적 경쟁을 지속적으로 하고 있었으며, 중국은 미국이 남중국해와 동중국해에서 동맹국을 비롯한 주변국들과 해양안보 활동을 강화하는 것에 대하여 적극적인 대응을 취하고 있었다.

이러한 관점에서 볼 때 천안함 피격사건은 동아시아 역 내 미 · 중 세력구조의 변화를 가져올 수 있는 '전략적 현실'로 작용하였다고 평가할 수 있다. 최근 중국은 미국의 타이완 무기판매, 달라이 라마 초청, 구글 사태, 남중국해 분쟁과 천안함 피격사건, 센카쿠 열도 분쟁에서 미국의 개입으로 심한 갈등을 겪었다. 특히 2010년 7월 베트남에서 개최된 아세안지역 안보포럼(ARF)에서 힐러리 클린턴 미국 국무장관이 남중국해 분쟁의 평화적 해결이 미국 국익과 직결된다고 발언한 데 대해 미국을 강하게 비난하면서 대립의 각을 세웠었다.[114] 천안함 피격사건 이후 미국은 동아시아에서 주도적인 역할과 안정적인 국제질서 유지 역할, 일련의 동맹과 방어조약 등을 유지하고 있

114) 이태환, "2011년 중국 정세 전망", 『정세와 정책』, 2011년 1월호(통권 177호), p. 9.

는 반면 중국은 미국에 대해 공세적인 외교 및 군사적 조치를 강화하고 있다.[115)]

천안함 피격사건 이후 한국을 중심으로 전개된 정치 · 군사 상황은 미국과 중국을 중심으로 한 신냉전적 국제질서를 형성하였다. 한국 정부는 천안함 피격사건 이후 먼저 미국과 상호 긴밀한 협력관계를 유지했다. 정부는 주미대사관을 통해 미 국무부 · 국방부 · 국가안전보장회의 관계자들과 접촉하고, 정부의 고위급 인사 방미 및 국무부 인사 면담 등을 통해 미국과 지속적으로 입장을 조율하면서 상호 긴밀히 협력했다. 중국에게도 적극적인 협조를 요구하였으나 중국 정부는 천안함 침몰 이후 상당 기간 동안 논평 등의 공식 입장을 표명하지 않았다.[116)]

한국 정부는 미국과 동맹관계를 강화하면서 북한에 대한 군사조치를 전개하여 북한을 압박하였다. 주요 대북 군사조치는 다음과 같다. 첫째 대북심리전을 재개하고, 둘째 〈그림 4-14〉와 같이 2004년 5월과 8월에 체결한 남북 해운합의서 및 부속합의서와 「북한 선박 제주해협 통과 관련 수정 · 보충 합의서」에 따른 북한 선박의 우리 해역 진입을 차단하고 이에 불응할 경우 강제퇴거 등의 조치를 취하는 것이다. 셋째 한 · 미 연합해상훈련 및 대잠수함 훈련을 서해에서 실시하기로 하였다. 넷째, 우리 군은 대량살상무기 확산방지구상(PSI)에 따라 북한의 핵 및 대량살상무기의 확산을 적극적으로 차단

115) 김태호, "천안함 사태 이후 동북아 안보 정세와 해군의 역할", 『STRATEGY 21』 통권 제26호 (2010, Vol. 13 No. 2), p. 186.

116) 대한민국 정부, 『천안함 피격사건 백서』(서울: 인쇄의 창, 2011), pp. 176-177.

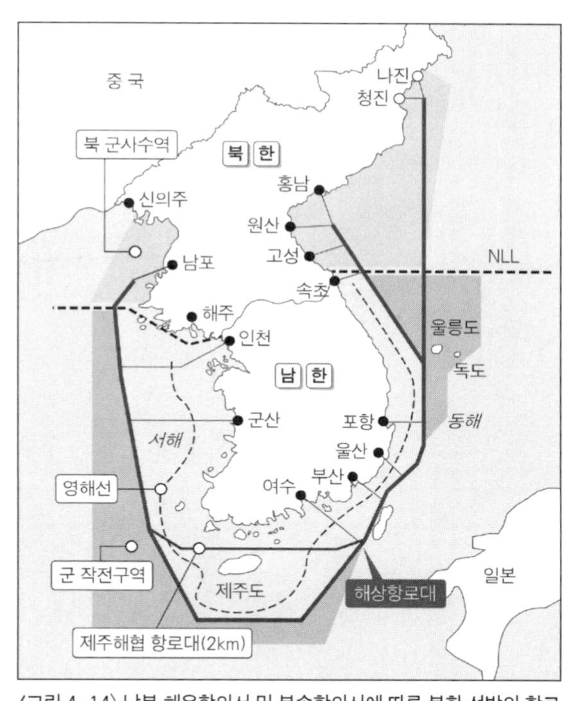

〈그림 4-14〉 남북 해운합의서 및 부속합의서에 따른 북한 선박의 항로

출처: http://www.goole.co.kr, 남북 해운합의서 북한 선박 항로(검색일: 2011. 12. 30).

하기 위해 역내에서는 부산항 및 인근 해역에서, 역외에서는 한국 · 미국 · 호주 등 아태지역의 PSI 참여 국가와 함께 해상차단 및 검색 훈련을 실시하였다.[117] 상기의 대북 군사조치 중 서해 해역과 관련된 사항은 남북 해운합의서 및 부속합의서와 「북한 선박 제주해협 통과 관련 수정 · 보충 합의서」에 따라 북한 선박이 우리 해역으로 진입하는 것을 금지하고 차단하는 것이고, 한 · 미 연합해상훈련 및 대잠수

117) 대한민국 정부, 『천안함 피격사건 백서』, pp. 169-171.

함 훈련의 서해 해상 실시, 북한의 핵 및 대량살상무기의 확산을 적극적으로 차단하기 위해 PSI에 적극적으로 참여하는 것이었다. 대북조치의 대부분이 서해와 남해 해역을 주 무대로 이루어지는 것임을 알 수 있다.

중국은 서해상에서 자신들의 관할권을 확대하기 위하여 한국이 제시한 배타적 경제수역과 대륙붕 경계선에 협의를 하지 않고 있는 시점에서 서해를 주 무대로 한 군사조치에 대해 불만을 품고 적극적으로 대응 수준을 높인 것으로 평가된다. 특히, 남사군도와 센카쿠열도의 주권과 관할권 문제로 이슈화된 동아시아의 정치안보적 상황과 연계하여 한국과 미국이 추진하는 대북 군사조치들을 자신들의 문제와 연계하여 억지 주장을 통해 힘으로 대응하는 선택을 하였다. 먼저 한 · 미 연합해상훈련과 대잠수함 훈련에 대한 미 · 중 해양패권 경쟁과 세력전이의 모습을 살펴본다.

한 · 미 양국은 북한에 대하여 강력한 응징과 재발을 방지하기 위해 미국의 항공모함 조지워싱턴호와 이지스 구축함 등 제7함대 전력들, 그리고 한국의 구축함들이 참가하는 한 · 미 연합해상훈련을 서해에서 실시한다고 2011년 5월 21일 밝혔다.[118] 이에 중국은 연일 한국과 미국의 연합해상훈련은 북한뿐만 아니라 중국의 문제이기도 하다며 거세게 항의했다. 중국은 6월 말 류우익 주중 대사에게 항의의 뜻을 전달하고, 이에 대응하는 해상군사훈련을 동중국해 해상에서 실시하였다. 중국은 6월 30일부터 7월 6일까지 한국의 태안반도

118) "한 · 미 내달 항공모함 대잠훈련", 『조선일보』, 2010년 5월 21일자.

서쪽 해상으로부터 700~800km 떨어진 해역에서 해상 실탄 사격훈련을 감행하였다.[119] 이후 중국은 미국이 서해상에 진입하는 것은 중국의 관할구역에 무단 진입하는 것이며, 군사적 활동을 함으로써 유엔해양법에 위반하는 행동이라고 주장하면서, 미국의 항공모함이 서해상에 진입하면 살아 있는 표적이 될 것이라고 위협하였다. 마샤오텐 인민해방군 부총참모장은 홍콩 TV 인터뷰에서 "황해는 중국 근해와 너무 가까우며, 이곳에서 한 · 미 연합해상훈련을 실시하는 것은 중국의 안보에 지극히 위험한 수준"이라고 표명하였다.[120]

한 · 미 양국은 2010년 7월 25일부터 28일까지 동해에서 한미연합기동훈련(훈련명: 불굴의 의지, Invincible Spirit)을 실시했다. 이 훈련을 위해서 한국은 수상함, 잠수함, 해상초계기, 작전헬기, F-15k · F-16 · F-4 전투기 등이 참가했으며, 미국에서는 조지워싱턴 항공모함, 핵잠수함, 구축함, 순양함, 해상초계기, 대잠헬기와 F-15 · F-16 전투기들이 참가하였다.[121]

다음으로 중국이 보는 서해상에서의 PSI 정책이다. 중국은 현재 PSI에 참가하지 않고 있다. 2009년 6월 중국 외교부 대변인 친강은 기자회견에서 PSI에 대한 중국의 입장을 다음과 같이 밝힌 바 있다.[122]

119) 나영주, "한 · 미 연합훈련과 미 · 중 관계", 『국제문제』 8월호(서울: 한국국제문제연구원, 2010), pp. 16-20.

120) "中 한 · 미 서해훈련 반대 공식표명", 『한국일보』, 2010년 7월 9일자.

121) 대한민국 정부, 『천안함 피격사건 백서』, p. 170.

122) "외교부 중국 PSI 보류키로", http://builder.hufs.ac.kr/user/broadList, 검색일: 2011년 7월 16일.

중국은 PSI의 참가국들이 핵 확산에 대해 주의를 기울이는 것을 이해하고 PSI의 핵확산 방지 이념에도 찬성한다. 그러나 PSI가 국제법과 유엔헌장의 틀 밖에 있기 때문에 중국은 PSI 참여를 보류하고 있는 입장이다. 북한의 대량살상무기 확산에 대해서는 국제협력을 강화하고, 외교적 수단을 강구하여 문제를 해결해야 한다.

미 정부의 북한 핵 및 미사일 개발에 대한 강경 대응방안 중에 하나가 해안 봉쇄라고 할 수 있다. PSI는 해안 봉쇄 또는 해양 차단의 뜻을 내포하고 있다. 북한이 미국의 해안 봉쇄조치에 순응하면 대대적인 군사충돌이 일어나지 않지만, 북한이 불복하고 도전을 해온다면 대대적인 전쟁 또는 국지전 상황이 일어날 수 있다.[123] 이런 상황이 오면 중국은 서해상에서 북한을 지원하는 해상활동을 전개할 가능성이 농후하다. 중국이 미국을 중심으로 한 PSI에 참여하지 않고 외교적 수단을 통하여 대량살상무기 확산문제를 해결해야 한다고 주장하는 것은 PSI를 시행하는 해역이 남중국해와 동중국해 해역 전체를 포함한 전 세계적 해역이기 때문이다. 중국이 동아시아 해역에서 미국의 해상통제권에 도전하기 위해서는 미국을 중심으로 한 PSI 정책이 결코 바람직한 정책이 될 수 없다. 특히 서해상에서 대량살상무기 확산을 저지하기 위해 미국을 중심으로 한 타국의 군함들이 진입할 경우 중국은 이를 안보 취약 요소로 인식할 수 있다. 따라서 중국은 천안함 피격사건 이후 한국이 취한 PSI 정책에 대해 경계를 하는

---

123) 김상태, "국제정치이론과 한국안보: 주요 정책결정자들의 심리 상황을 중심으로", 한남대학교 인문 · 사회 논문집 제33집, 2003, p. 12.

것이다.

위에서 살펴보았듯이 천안함 피격사건 이후 서해는 과거와 달리 미국과 중국의 해양패권 경쟁의 무대로 전환되었다. 경제 · 외교적인 측면이 강하게 나타나던 해역이 안보군사적인 국면이 강조되고 있는 해역으로 바뀐 것이다. 이는 중국이 남중국해와 동중국해의 영토주권과 해양관할권 문제를 서해까지 연결하여 미국의 동아시아 해양패권에 도전장을 내밀고 있는 데에서 기인하고 있다. 천안함 피격사건에서 중국이 미국에게 맞대응하는 상황은 쿠글러와 제이거의 5단계 세력전이와 억지이론 중 3단계(지배국과 도전국 상호 억지 또는 전쟁 가능)에 해당한다고 평가할 수 있다. 문제는 중국의 이러한 정치 · 군사적 태도가 쉽사리 수그러질 가능성이 희박하다는 것이다. 따라서 서해에서 미 · 중 해상패권 경쟁은 새로운 시대로 접어들었다고 평가된다.

3. 소결론

최근 중국은 한국의 이어도와 서해상 배타적 경제수역 및 대륙붕 관할권에 대해 그 어느 때보다도 억지 주장을 하고 있다. 이는 2000년 이후 동중국해에서 미국과 일본을 대상으로 한 센카쿠 열도 마찰과 남중국해에서 미국과 해양패권 경쟁을 하고 있는 것과 관계가 있다. 중국은 미국이 남중국해의 도서 영토주권과 센카쿠 열도에 대해 개입해 오는 것과 한국의 이어도 및 서해상 해양관할권을 연계하고 있다. 따라서 중국은 미 · 중 해양패권 경쟁이라는 인식하에서 이어도와 서해상 관할권 문제를 보고 있다. 그러므로 천안함 피격사건은 동아시아 해양패권 경쟁구도 속에서 미 · 중 해양패권의 촉발제 역할을 하였으며, 동아시아에서 미 · 중 해양패권 경쟁이 과거 어느 때보다도 치열하게 진행되는 와중에 발생된 것으로 중국은 이를 자신들의 해양패권 구축의 좋은 기회로 인식하고 있다.

현재 중국은 이미 근해방어 해양전략을 추구하고 있고, 동아시아 해역을 자신들의 내해로 생각하고 있기 때문에 미국의 해상훈련을 적극적으로 반대하고 있다. 이는 과거와 달리 중국이 이어도와 서해상 관할권 문제를 경제적 가치보다는 군사적 가치로 보기 시작했기 때문이다. 최근의 사례로 보아 이어도와 서해상 관할권 문제가 경제적 관점에서 안보적 관점으로 이동되고 있다. 따라서 한국은 이어도와 서해 배타적 경제수역에 대한 중국의 관할권 인식이 경제적인 측면에서 안보적인 측면으로 전환되고 있는 점에 주의할 필요가 있다.

향후 중국은 천안함 피격사건 이후 취한 일련의 해양패권적 도전의 모습을 그대로 유지해 나갈 가능성이 있다. 반면 미국은 천안함 피격사건 이후 동아시아에서 위축된 군사적 역량을 강화함으로써 동아시아 동맹 및 우방 국가들에게 안보적 확신을 심으려 할 것이다. 그러므로 천안함 이후 이어도 주변과 서해는 미 · 중 해양패권 경쟁의 촉발제로 재등장할 가능성이 많다.

미국은 2010년 「4개년 국방검토보고서(QDR)」에서 공해전투(Air-Sea Battle) 개념을 강조하고 있는데, 그 요지는 미래 잠정 적성국가(중국, 북한, 이란 등)들이 동아시아 해역과 같은 일부 해역에서 미국의 군사력을 거부하는 접근차단전략(Anti-Access Strategy)을 시행하는 데에 대한 대응 전략의 핵심내용들로 구성되어 있다. 미국은 공해전투 개념의 전략을 추진하는 데 있어 2가지를 강조하고 있는데, 그 2가지는 압도적인 미국의 군사력 투사능력과 지역 동맹 및 안보협력 국가들과의 통합 안보체계 구축이다.[124)]

동아시아에서 미국의 공해전투 개념을 고려할 때 한국은 향후 미국과 해양안보 동맹을 더욱 강화할 필요가 있다. 왜냐하면 중국이 천안함 피격사건 이후 군사적으로 북한을 적극적으로 지원하고 있으며, 한국을 미국과 함께 군사적으로 경계할 대상으로 보고 있기 때문이다. 동아시아 해양질서 구도는 미국을 중심으로 하는 해양패권 구도와 중국이 미국에 도전하는 이분법적 구도가 대세를 이루고 있다.

미 · 중 해양패권 경쟁이 가시화되면서 동북아에서 중국과 일본은 이미 자국의 국가이익을 위하여 본토로부터 외해로 확장된 근해까지 군사력을 투사하고, 해군력을 운용하는 근해방어전략을 적극적으로 시행 중에 있다. 남중국해에서는 중국의 해 · 공군력이 강화되고 있는 점을 우려한 베트남, 말레이시아, 필리핀 등 여러 국가가 미국과 함께 소규모의 해군력으로 본토와 수백 km 떨어진 도서 영유권을 지키고자 근해방어전략을 구사하고 있다. 그리고 최근 북한은 중국과 러시아에게 동해 나진항과 청진항 사용권을 넘기고 있어 중국과 러시아가 한반도 주변 해역으로 해군력의 활동범위를 넓히는 계

124) U.S. Department of Defense, 2010 Quadrennial Defense Review Report, pp. 31-33.

기를 제공하고 있다.

한국이 천안함 피격사건과 연평도 포격사건으로 국가의 이익이 산재해 있는 도서와 근해에 대한 안보정책을 등한시할 경우 향후 중국, 일본, 러시아 등 강대국들이 한국의 국가이익을 훼손할 때 적절한 대응을 할 수 없게 될 가능성이 크다. 일본은 냉전 시 소련의 남진 정책에 따른 해양안보의 취약점을 보완하면서 동시에 미래 위협국인 중국을 견제하기 위하여 1,000해리 해상교통로 방어전략을 추진해 나갔다. 물론 여기에는 미국의 협조가 동반되었다. 중국 역시 소련과 국경문제로 군사적 충돌 가능성이 있는 시기에 중국 연안을 보호하기 위하여 연안방어전략을 추진했고, 탈냉전 후 제1도련선으로 진출을 도모하기 위해 타이완 해협을 감시하면서 남중국해와 동중국해에 있는 국가이익을 위해 근해방어전략을 적극적으로 추진했다.

한국의 안보 상황도 이들 국가와 큰 차이가 없다. 한국은 휴전선과 북방한계선(NLL)을 경계로 북한이라는 적대세력과 대치하고 있는 동시에 일본 · 중국과 독도 영유권과 이어도 및 서해 · 남해상 배타적 경제수역(EEZ) 관할권 문제를 안고 있다. 중국은 이미 미국과 동아시아 해역에서 해양패권 경쟁을 추구하면서 자신들이 주장하는 도서 영유권과 EEZ 관할권에 대해 한 치의 양보도 없이 정치 · 군사적으로 대응하고 있다. 한국은 천안함 피격사건 이후 NLL에만 집중하는 전략을 구사하고, NLL 방어를 위한 전력을 보강하는 데 초점을 맞추고 있다. 즉, 시급한 문제로 인식하고 있는 내부 문제에만 집중하고 있는 것이다. 이 때문에 현재 동아시아에서 진행 중인 미 · 중 해양패권 경쟁 상황하에서 주변국들이 자국의 국가이익을 위해 적극적인 노력을 취하고 있는 상황에 대한 대처가 미흡한 실정이다. 따라서 이에 대한 전략 수정이 절실히 필요한 시점에 있다.

한국 국방에 최우선순위를 차지하기 위한 해양전략은 북한의 해상 도발을 억지하고 유사시 북한의 전력을 무력화시킬 수 있는 공격력을 갖추면서, 중국과 일본의 해양력에 대응할 수 있는 해·공군력을 증강시켜야 한다. 이를 위해 동아시아 국가들이 본토와 이격되어 있는 도서들에 대해 정찰 및 탐색 레이더 기지를 구축하고 통신거리를 확대하기 위한 시설 등을 건설하고 있는 것처럼 한국도 동해의 울릉도와 독도, 서해의 어청도, 남해의 제주도, 이어도 등 근해 도서들에 군사력을 강화할 필요가 있다.

도서들을 전략적 기지로 구축하기 위해서는 미사일과 해상 및 공중 정찰 수단들을 배치하고, 최소한 구축함급이 정박할 수 있는 항구를 확보하고 있어야 한다. 과학기지로 사용하고 있는 이어도는 수상 및 수중 탐색 기능을 강화하여 주변국들의 해상 및 해저 움직임을 관측할 수 있는 능력을 갖추어야 한다. 그리고 서해상에서 중국 어선들의 불법조업을 방지하기 위해 서해 도서들을 최대한 활용하여 해양경찰과 해군을 위한 기지를 추가적으로 건설해야 한다.

이는 장보고가 해상통제권을 행사하기 위하여 완도를 거점으로 주변 도서들을 적극적으로 활용한 역사적 사실과 일치한다. 현재 한국은 북한 때문에 근해로부터 점점 연안으로 축소되는 해양전략에 중점을 두고 있다. 반면에 동아시아는 미·중 해양패권 경쟁 속에서 자국의 국가이익을 최대한 유지하기 위한 해양전략과 해군력을 증강시키고 있다. 따라서 한국은 NLL선을 확고히 통제함과 아울러 국가이익이 있는 해양을 수호하기 위한 근해방어전략과 이에 부합된 합동군사력을 준비해 나가야만 한다.

제 5 장
결론

『동아시아 미 · 중 해양패권 쟁탈전』은 동아시아 해역에서 미국과 중국의 해양패권 경쟁을 오간스키와 쿠글러 · 제이거의 세력전이이론과 지역패권이론인 렘키의 다중위계체제론을 적용하여 분석한 것으로 해양패권 경쟁을 세력전이이론과 지역패권이론을 적용한 연구이다. 세력전이와 지역패권이론을 적용하여 연구한 결과를 간략히 제시해 보면 다음과 같다.

첫째, 미 · 중 간 국방예산과 해군력 격차가 빠른 속도로 좁혀지고 있으며, 특정 분야의 전력에서는 역전 또는 대등한 수준으로 세력전이가 이루어지고 있다. 먼저 미 · 중 국방예산을 보면, 1990년대에는 97 대 3의 비율이었으나 2009년에는 87 대 13으로 그 격차가 현저히 줄어들었다. 그러나 중국의 사회주의 특성상 공식 발표한 예산보다도 더 많은 예산이 국방예산으로 투입된다는 점을 고려할 때 미국과 중국의 국방예산 격차는 60 대 40 정도로 예측하고 있다. 특히 중국의 경제력이 미국보다 빠른 속도로 성장하고 있음을 감안할 때 국방예산의 격차는 급속히 좁혀질 것으로 전망된다.

다음으로 해양패권 경쟁에서 가장 중요한 수단인 미 · 중 해군력 격차가 확연히 좁혀지고 있다는 것이다. 동아시아 해역에서 해양패권 경쟁을 현실화할 수 있는 주요 해군전력으로는 해군 인력, 잠수함, 수상함, 상륙함과 보급 군수 지원함, 함대함 및 지대함 미사일 등을 들 수 있다. 1970년 미국과 중국 해군인력은 98만 대 14만으로 상대가 되지 않았으나, 2010년에는 45.5만 대 25만으로 그 격차가 현저히 줄어들었다. 이 인력규모는 단순 수치로 비교해서는 안 된다. 왜냐하면 미국은 전 세계를 상대로 해군 인력을 운영하는 반면 중국은 동아시아 해역에 집중하여 해군 인력을 운영하고 있기 때문이다.

중국이 상륙군 인력을 1970년대 3,000명 규모에서 2010년 1만 명 규모로 늘인 것은 남사군도에 대한 신속기동군 운영을 목표로 하기 위한 것이고, 센카쿠 열도 분쟁에 강력히 대처하겠다는 의지를 표명하기 위한 것이다. 미국 상륙군 인력이 18여만 명으로 중국에 비해 월등하나, 상륙 지점들 크기가 대규모 병력보다는 적절한 인력이 더 효과적일 수 있다는 점을 고려할 때 중국의 상륙군 병력이 적다고 해서 불리한 것만은 아니다. 중국은 2000년대에 들어서면서 동아시아 해역 특성을 고려한 1,000톤급 이상 상륙함과 보급지원함 전력을 급증시키고 있다. 중국은 1,000톤급 이상의 상륙함을 기준으로 볼 때 대형 톤수 위주의 미국 전력보다 더 많은 척수를 보유하고 있다.

해군력에서 1,000톤급 이상 미사일 탑재 구축함과 호위함들은 동아시아 해역에서 충분히 해상 전투에 운영될 수 있는 전력이다. 미국은 자국에서 멀리 떨어져 있는 동아시아 해역에 접근하기 위하여 대형 톤수의 전투함을 보유해야 하나, 중국은 본토에서 바로 출항하고 복귀할 수 있는 지리적 이점을 갖고 있기 때문에 1,000톤급 이상 미사일 전투함은 매우 중요한 전력이라 할 수 있다. 그리고 반폐쇄적인 동아시아 해역 특성상 해군력을 운영하는 데 있어 지리적 이점은 미국보다 중국이 더 많이 갖고 있다.

2010년 미 · 중 1,000톤급 이상 미사일 구축함과 전투함은 114척 대 80척으로 미국이 우세하나 그 활동 범위를 볼 때 중국의 전력이 크게 열세적이라고 할 수 없다. 중국 잠수함 세력도 2010년 77척 대 65척으로 수적으로 대등한 위치에 접근하고 있으며 미사일 탑재 잠수함도 그 격차가 좁혀지고 있다.

종합적으로 해군인력을 포함한 해군력을 기준으로 비교해볼 때 그 격차는 급격히 좁혀지고 있다. 그리고 동아시아 해역을 놓고 보면 결코 중국이 미국에 뒤지지 않는 전력을 보유하고 있다. 그러므로 국방예산과 해군력을 기준으로 할 때 세력전이는 쿠글러와 제이거의 5단계 세력전이와 억지이론 중 2단계에서 3단계(지배국과 도전국 상호 억지 또는 전쟁 가능)로 진입하고 있다고 평가된다.

둘째, 1980년대 이전까지 중국은 경제적으로 성장하는 속도가 느리고 그 힘이 약한 관계로 본토 중심의 군사전략을 채택하고 있었다. 이 때문에 중국은 동아시아 해역에서 미국의 해양질서체계에 대해 도전을 하지 못하고 순응하는 길을 걷고 있었다. 반면 미국은 중국과 해군력 격차에서 월등한 위치에 있었기 때문에 동아시아에서 동맹국들의 해양안보를 전담하면서 패권적 위치를 고수하고 있었다.

그러나 중국은 1980년대에 들어와 경제발전의 힘을 배경으로 연안방어전략에서 근해방어전략으로 해양전략의 개념을 전환시켰다. 그리고 류화칭 제독이 제안한 제1도련과 제2도련의 개념을 설정하면서 미국의 근접해상활동에 대해 적극적인 항의 의지를 표시하기 시작하였다. 이후 중국은 남중국해 대부분을 자신의 관할권으로 하는 해양법을 제정하고, 신속대응군과 원해 군수지원 능력을 강화하는 등 자국의 위상을 높여 나가기 시작했다. 그리고 2000년 이후부터는 동아시아 도서 영토주권과 관할권에 대한 미국의 개입을 공식적으로 거부하고 미국 함정과 항공기, 잠수함이 자국의 근해에서 활동하는 것에 대해 공세적인 군사조치를 강구하기 시작했다. 이러한 중국의 조치들은 미국과 대등한 위치에서 벌이는 도전 국면으로 쿠글러와 제이거의 5단계 세력전이와 억지이론 중 3단계에 도달해 있다고 평가된다. 향후 중국은 원해로 진출하는 해양전략을 강화할 것이고 미국은 이를 억제하기 위하여 태평양사령부 함대를 중국 근해로 진출시키려 할 것이기 때문에 동아시아 해역에서 미국과 중국의 해양 마찰이 증가할 것이다.

셋째, 해양전략을 수립하고 해군력을 건설하는 데 있어 중요하게 고려할 사항은 바로 에너지 해상교통로의 안전을 확보하는 것이다. 미국과 중국은 현재뿐만 아니라 미래에 에너지의 안정적 확보와 이를 본토로 운송해 오는 해상교통로를 유지하는 것이 국가전략에 있어 대단히 중요하다고 판단하고 있다. 현재 중국은 그동안 미국이 전 세계적으로 구축해 놓은 에너지 시장과 해상교통로에 대해 공세적으로 도전하고 있다. 아프리카, 중동 등 주요 산유지에서 국가의 사활적 이익을 놓고 격렬하게 미국과 대결하고 있다. 이 과정에서 중국은 아프리카와 중동 국가들에게 경제와 군사적 원조를 병행하면서 미국을 견제하는 전략을 구사하고 있다.

중국은 남중국해와 동중국해로 집결된 에너지 해상교통로를 인도양에서 중국 본토로 직접 들어오는 단축된 에너지 교통로를 확보하려 하고 있으며, 미국이 유지하고 있는 동아시아 해상교통로에 대한 해군력 운영을 원해로 확대하고 있다. 이러한 중국의 도전은 쿠글러와 제이거의 5단계 세력전이이론 중 3단계에 와 있다고 평가된다. 향후 중국은 에너지 자원 추가 확보와 해상교통로 안전에 대해 더 많은 노력을 기울일 것이다. 반면 미국은 중국이 미국 중심의 에너지 질서에 위협을 가하는 데 대해 강력한 대응을 할 가능성이 크다. 이런 점에서 향후 미국과 중국은 국가산업발전에 필수적으로 요구되는 에너지 자원 확보를 두고 군사적 충돌도 일어날 수 있는 상황을 맞게 될 것이다.

넷째, 동아시아에서 중국은 도서 영토주권, 배타적 경제수역 및 대륙붕 관할권 문제와 관련하여 미국과 해양패권 경쟁을 진행하고 있다. 중국은 남중국해에서 미국이 과거 중립적인 입장에서 적극적으로 개입하고 있는 문제에 대해 강력하고 공격적인 외교적 대응과 군사적 조치를 취하고 있다. 중국과 미국은 남중국해가 동아시아 해양질서를 주도하는 데 가장 중요한 해역임을 인식하고 상호 공격적으로 해군력을 운영하고 있다. 특히 미국은 중국이 U자형 관할해역을 주장하며 이 해역에서 미국을 비롯한 주변국의 해군력 운영과 해상교통로 사용에 대해 제한을 가해 오고 있는 점을 매우 우려하고 있다. 미국은 남중국해가 미국뿐만 아니라 동아시아 동맹국들에게 중요한 해역임을 고려하여 중국에 대해 적극적인 봉쇄전략을 구사하고 있다.

반면 중국은 전략적 군사력 투사능력을 증강하면서 원해 해상훈련을 강화하고 있다. 중국은 이미 제1도련선을 넘어 제2도련선으로 해군력 운영을 확대하고 있다. 이에 따라 2000년대 이후 미국과 중국의 해군 충돌 횟수가 증가하고 있으며, 중국의 영향력이 미국보다 더 우세한 경우도 나타나고 있다. 이 때문에 남중국해에서 미 · 중 해양패권 경쟁은 쿠글러와 제이거의 5단계 세력전이이론 중 3단계에 와 있다고 평가된다.

다섯째, 동중국해에서 중국은 타이완 해협에 대한 미국의 해상통제권에 강력한 패권적 도전을 하고 있다. 특히 최근 미국의 타이완에 대한 무기판매와 관련하여 중국은 미국에 대해 정치 · 군사적으로 매우 공격적인 대응을 하고 있다. 이는 중국의 최우선적인 국가목표, 즉 '하나의 중국'을 완성하려는 의지를 실현하려는 것과 연관되어 있다. 군사적으로 타이완 해협은 미국의 중국에 대한 '근접해상 봉쇄'와 중국의 적극적 군사력 투사정책인 '근해방어전략'과 상충되는 측면을 갖고 있어 양국은 결코 타이완 해협의 해상통제권을 포기할 수 없는 상황에 처해 있다.

중국은 센카쿠 열도가 2차 세계대전 종전 이후 미국에 의해 일본으로 넘어간 사실에 대해 자존심까지 훼손된 치욕적인 역사로 기억하고 있다. 중국은 1980년대까지 경제성장을 고려하여 센카쿠 열도 분쟁에 적극적으로 대처하지 않았다. 그러나 2000년대부터 센카쿠 열도가 원해로 나가는 길목임을 고려하고 해저에 매장되어 있는 자원에 대한 소유권을 강화하면서, 본토수복이라는 자존심을 내세워 공세적으로 대처하고 있다.

특히 일본이 미국에게 센카쿠 열도에 대한 연합 동맹을 요청하고 있는 데에 대해 중국은 조금도 주저하지 않고 공격적인 외교적 대응과 군사적 조치를 강화하고 있다. 최근 미국의 주요 인사들이 미 · 일 상호방위조약에 센카쿠 열도를 포함시켜야 한다는 발언에 대해서 중국은 센카쿠 열도 근해에서 해상기동훈련을 실시하는 등 공세적인 조치를 강구한 바 있다. 그리고 중국은 센카쿠 열도에 대한 영토주권과 관할권 문제가 남중국해 남사군도 영토분쟁과 연결되어 있다고 인식하고 있다.

센카쿠 열도 분쟁의 정점은 2010년 9월에 있은 중국의 어선과 일본 순시선의 충돌 사건이다. 이 사건에서 중국은 미·일 동맹전략에 대해 공세적인 입장을 취하였다. 이를 종합해볼 때 타이완 해협과 센카쿠 열도가 포함된 동중국해에서 미·중 해양패권 경쟁은 쿠글러와 제이거의 5단계 세력전이이론 중 3단계에 와 있다고 평가된다.

향후 센카쿠 열도 분쟁은 남중국해의 도서 영토주권 문제와 연결되어 그 문제가 심각성을 더해갈 것이다. 이에 따라 중국은 미국의 개입이 강해질수록 공격적인 군사조치를 추진하게 될 것이다. 따라서 미국과 중국은 상호 억지보다 국지전 규모의 해상충돌로 이어질 가능성이 더 많다고 평가된다.

2010년 3월 서해상에서 발생한 천안함 피격사건은 상기의 미·중·일 센카쿠 열도 분쟁과 남사군도에서의 미·중 해양패권 경쟁 구도 속에서 발생한 사건이다. 천안함 피격사건 이전까지 중국은 서해와 남해상에서의 한·미 연합해상훈련에 대해 직접적으로 외교적 대응과 군사적 조치를 하지 않았다.

그러나 천안함 피격사건 이후 중국은 미국의 항공모함을 비롯한 해상훈련 참가 전력들이 서해와 남해에 진입하는 것에 대해 이례적으로 군사적 조치를 단행하면서 외교적 대응도 강화하였다. 이는 중국이 동아시아에서 미국의 해양패권 구도에 도전하는 의지를 명백하게 표시하였다고 평가된다. 이는 이어도가 포함된 남해와 중국 북해함대사령부와 주요 산업도시들이 위치해 있는 서해를 중국이 군사적으로 중요시하고 있다는 의지를 표명한 것이다.

천안함 피격사건에서 나타난 미 · 중 해양패권 경쟁은 쿠글러와 제이거의 5단계 세력전이이론 중 3단계에 와 있다고 평가된다. 향후 미국은 서해와 남해에서 중국의 해양관할권을 저지하기 위하여 한국, 일본과 동맹을 강화할 것이다. 반면 중국은 한 · 미 연합해상훈련에 대해 공세적인 외교 및 군사조치를 강화해 나갈 것이다.

결론적으로 동아시아에서 미 · 중 해양패권 경쟁을 연구한 결과 첫째, 향후 동아시아 해역에서 미국과 중국의 해양 마찰이 증가할 것이고, 그 형태는 전면적인 전쟁이 아닌 국지전의 형태로 이루어질 것으로 보인다. 그 이유는 과거에는 중국이 남중국해, 동중국해, 서해 등 각 해역별로 외교 및 군사적 대응 수준을 달리하였으나, 2010년 천안함 피격사건 이후부터는 3개 주요 해역을 통합하여 영토주권과 해양관할권을 적극 주장하고 있기 때문이다.

둘째, 미국은 동아시아 해역에서 중국에게 밀리면 미래 해상주도권을 장악할 수 없게 되고, 중국의 해군력이 급성장하는 관계로 해역 통제가 어렵게 전개될 것이라는 인식을 갖고 있다. 이 때문에 중국에 대해 군사적으로 적극적인 봉쇄정책을 고려할 것이며, 인근 동맹국들과 안보 유대를 강화해 나갈 것이다. 반면, 중국은 미국의 근접 봉쇄전략을 거부하기 위하여 지속적으로 본토 방어의 범위를 원해로 확장하고 동아시아 국가들과 유대관계를 강화해 나갈 것이다.

셋째, 중국은 동아시아에서 도서 영토주권, 배타적 경제수역 및 대륙붕 관할권을 적극적으로 주장하고, 미국의 간섭을 배제하기 위해 외교적 조치를 강화하면서 적극적인 군사적 조치를 병행해 나갈 것이다. 특히 국가의 위상을 고려하여 남중국해, 동중국해 및 서해와 남해 해역에서의 해양 마찰들을 통합 연결하여 공세적인 군사적 조치를 강화할 것이다. 넷째, 향후 중국과 미국의 세력전이 속도는 더욱 빨라질 것이다. 중국은 원해작전이 가능한 항공모함을 추가 건조하고, 미사일 장착 수상함과 핵 잠수함의 전력을 집중적으로 추진하는 등 첨단과학기술로 무장한 함정들을 확보하여 미국과의 해군력 격차를 더욱 좁혀 나갈 것이다. 특히 중국 지도자들과 해군 수뇌부의 공격적 해양전략이 미 · 중 해양력 세력전이를 더욱 촉진할 것이다.

이러한 미 · 중 해양패권 경쟁 상황하에서 한국의 해양안보환경은 새로운 국면을 맞이하고 있다. 한국의 해양안보환경은 천안함 피격사건을 기점으로 급격한 변화를 가져왔다. 현재 한국의 해양안보환경은 천안함 피격사건 이전의 안보환경보다 더욱 경직되어 있다. 한국은 동 · 서 · 남해에서 북한과 중국 그리고 일본 등과 영토주권과 배타적 경제수역에 대한 관할권 등 여러 해양안보문제를 가지고 있다. 중국 어선들은 갈수록 대담하게 한국의 해역을 넘나들고 있으며, 북한은 NLL에 대한 도전을 획책하고 있다. 천안함 피격사건이 말해주고 있는 것처럼 한국 해역에서의 안보문제는 한국과 북한 양자간의 문제가 아니라 주변국들과의 안보문제로 확대될 가능성이 크다는 것이다. 이러한 점들을 고려해볼 때 한국은 북한뿐만 아니라 중국의 해양정책을 고려하여 미국과 해양안보 동맹을 더욱 강화해 나가야 한다. 이미 미국과 중국은 서해와 남해를 포함한 동아시아 해역에서의 패권 경쟁을 본격화하고 있다. 또한 중국은 지속적인 경제성장을 토대로 날이 갈수록 원해로 해군력을 확장하고 있다. 따라서 한국은 본토 연안 위주의 해양전략 개념에서 탈피해야 한다. 이를 위해서는 우선적으로 NLL을 사수하면서 독도, 이어도, EEZ 등 국가해양이익이 산재해 있는 근해로 눈을 넓혀 근해방어전략을 준비해 가야 한다. 또한 이를 실현할 수 있도록 도서를 중심으로 한 군사기지를 단계적으로 구축하고, 합동전력 건설의 소요 기간을 고려하여 미래 필요한 군사력들을 적시에 확보할 수 있도록 획득전략을 치밀하게 추진해 나가야 한다.

참고문헌

1. 국내 문헌

① 단행본

권대영 외,『동북아 전략균형』, 서울: 한국전략문제연구소, 2009.

김덕기,『21세기 중국 해군』, 서울: 한국해양전략연구소, 2000.

김영구,『이어도 문제의 해양법적 해결방법』, 서울: 동북아역사재단, 2008.

김우상,『신한국 책략 II』, 서울: 나남, 2007.

김우상 외 편역,『국제관계론 강의』, 서울: 도서출판 한울, 1997.

김정현,『대륙국가의 해군력 증강』, 서울: 한국학술정보(주), 2005.

김종하 · 김재엽,『군사혁신(RMA)과 한국군』, 서울: 북코리아, 2008.

김종하,『무기획득 의사결정』, 서울: 책이된나무, 2000.

김종헌,『해양과 국제정치』, 서울: 부산외국어대학교 출판부, 2004.

김현수,『해양법규』, 대전: 해군대학, 2006.

대한민국 정부,『천안함 피격사건 백서』, 서울: 인쇄의 창, 2011.

리처드 아미티지 · 조지프 나이 지음, 홍순식 옮김,『스마트 파워』, 서울: 삼인, 2009.

마이클 T. 클레어 지음, 이춘근 옮김,『21세기 국제자원 쟁탈전: 에너지의 새로운 지정학』, 서울: 한국해양전략연구소, 2008.

문정인,『중국의 내일을 묻다』, 서울: 삼성경제연구소, 2010.

박병구,『중국의 해양자원 개발 연구: 해양에너지 자원을 중심으로』, 서울: 한국해양수산개발원, 2008.

박호섭, 『해양전략의 이론과 실제』, 대전: 해군대학, 2004.

세르게이 고르시코프 지음, 임인수 옮김, 『국가의 해양력』, 서울: 책세상, 1999.

알프레드 세이어 마한 지음, 김주식 옮김, 『해양력이 역사에 미치는 영향』, 서울: 책세상, 1999.

이상우, 『국제관계이론』, 서울: 박영사, 1999.

장원무 지음, 주재우 옮김, 『中國 海權에 관한 論議』, 서울: 국방대학교 국가안전보장문제연구소, 2010.

전기원, 『미국과 국제정치경제』, 서울: 세종출판사, 2000.

전웅 편역, 『지정학과 해양세력이론』, 서울: 한국해양전략연구소, 1999.

조지 W. 베어 지음, 김주식 옮김, 『미국 해군 100년사』, 서울: 한국해양전략연구소, 2005.

조지프 나이 지음, 양준희 · 이종삼 옮김, 『국제분쟁의 이해: 이론과 역사』, 서울: 한울, 2009.

KIDA, 『2007-2008 동북아 군사력』, 서울: KIDA, 2008.

콘돌리자 라이스 지음, 장성민 옮김, 『부시 행정부의 한반도 리포트』, 서울: 김영사, 2001.

콜린스 바르톨로뮤 지음, 디자인하우스 옮김, 『The Times Atlas of the World』, 서울: 디자인하우스, 2007.

프레드릭 벨루치 주니어, 『중국의 해군전략과 발전전망: 제1방어선 확대』, 서울: 한국해양전략연구소, 2009.

한국전략문제연구소, 『동북아 전략균형』, 서울: 한국전략연구문제소, 2010.

② 논문 및 저널

강영훈, "군함의 통항제도연구", 서울대학교 박사학위논문, 1984.

김기정 · 정진문, "다오위다오/센카쿠 제도 분쟁에 대한 중국의 정책결정 구조 분석: 군부의 영향력을 중심으로", 『중소연구』 제34권 2호(2010년 여름호).

김달중, "동북아 해상교통로를 위한 4강의 해상전략", 『한국과 해양안보』, 서울: 법문사, 1988.

김상태, "국제정치이론과 한국안보: 주요 전책결정자들의 심리 상황을 중심으로", 한남대학교 인문 · 사회 논문집 제33집, 2003.

———, "동북아 국제관계와 북핵문제", 『사회과학연구』 제13집, 한남대 사회과학연구소, 2004.

김연철, "21세기를 향한 미국의 안보 및 군사전략", 『21세기 미국의 국방전략』, 서울: 한국학술정보(주), 2008.

김재두, "21세기 국제질서와 에너지 안보", 『협력과 갈등의 동북아 에너지 안보』, 인간사랑, 2008.

김종원, “국가에너지 안보를 위한 해군의 역할”, 『해양연구논총』, 진해: 해군사관학교, 2010.

김중섭, “미중관계의 정상화와 타이완”, 제주평화연구원, JPI정책포럼, 2011년 3월, No. 2011-9.

김태호, “천안함 사태 이후 동북아 안보 정세와 해군의 역할”, 『STRATEGY 21』 통권 제26호, 2010.

김택기 외, “한 · 중 · 일 대륙붕전쟁 이미 시작됐다”, 제225회 정기국회국정감사.

김현기, “동북아의 해양 분쟁과 한국 해군의 대응 전략”, 『전략논단』 제12호, 해병대전략연구소, 2010.

나영주, “한 · 미 연합훈련과 미 · 중관계”, 『국제문제』 8월호, 서울: 한국국제문제연구원, 2010.

마크 E. 로젠, “중국의 해양관할권 주장과 미국의 입장”, 『중국 해군의 증강과 한미 해군 협력』, 서울: 한국해양전략연구소, 2007.

박강수, “탈냉전시대의 미 국방정책에 관한 청사진”, 『立法調査月報』 3월호, 국회사무처, 1994.

박병광, “중국의 동아시아 전략: 인식, 내용, 전망을 중심으로”, 『국가전략』 제16권 2호(통권 제5호), 2010.

박창희, “북한 급변사태와 중국의 군사개입 전망”, 『국가전략』 제16권 1호, 2010.

박호섭, “제2차 세계대전 이후 미국 해양전략의 변화와 결정요인”, 충남대학교 국제 정치 및 외교안보전공 박사학위논문, 2005.

손혜현, “지역패권국과 지역통합: 브라질과 중미-카리브지역 에너지 통합을 중심으로”, 『중남미연구』 제29권 1호, 2011.

심경욱, “한반도 근해 해양안보 위협에 따른 국제 공조 방안: 에너지 해상교통로의 중요성을 중심으로”, 『제10회 해양안보 심포지엄 발표집』, 2010.

옌쉐퉁, “중국굴기의 길, 왕도인가 패도인가”, 『중국의 내일을 묻다』, 서울: 삼성경제연구소, 2010.

이근수, “동북아 해양안보환경과 주변국의 국방계획”, 『국방개혁 2020과 한국의 해양안보』, 제11회 함상토론회, 2006. 5.

이나사카 코우이치, “중국의 억지적인 해양진출”, 『軍事硏究』, 제45권 8호, 2010.

이동률, “중국의 영토분쟁과 해결: 쟁점과 요인”, 『중국의 영토분쟁』, 서울: 동북아역사재단, 2008.

이상현, “중국의 부상과 미국의 대응: 한국에 대한 안보적 함의”, 『국가전략』 제17권 1호, 2011년 봄(통권 제55호),

———, “천안함 사태 이후 동북아 정세 변화 전망과 한국의 대응”, 『국방정책연구』 제26권 제3호(통권 89호), 2010.

———, “중국의 부상과 미국의 대응: 한국에 대한 안보적 함의”, 『국가전략』 제17권 1호(통권 제55호), 2011.

이서항, "동북아 해양안보 강화와 협력방안 연구", 『정책연구시리즈 2003-10』, 외교 안보연구원, 2003.

———, "동아시아 해로 안보와 해군의 역할", 『STRATEGY 21』 제25호, 2010년 봄 · 여름호.

이지용, "미 · 중 관계를 중심으로 본 동북아 안보환경 변화와 협력요인 분석", 외교안보연구원 2010년 정책연구과제 1, 2011.

이태환, "미국, 중국과 한반도 평화체제 구축", 『세종정책연구』 제5권 1호, 2009.

———, "2011년 중국 정세 전망", 『정세와 정책』 2011년 1월호(통권 177호).

이필중, "국방재원과 국방비", 『국방정책의 이론과 실제』, 서울: 도서출판 오름, 2009.

이홍표, "다오위다오(釣漁島) 영유권분쟁과 중 · 일 관계: 에너지 안보와 민족주의 측면", 『STRATEGY 21』, Vol. 8, No. 1, Summer, 2005.

———, "일본의 해군력 증강과 중국의 안보전략", 『일본의 해양전략과 21세기 동북아 안보』, 서울: 한국해양전략연구소, 2002.

전황수, "중국과 ASEAN의 스프래틀리군도(南沙群島) 분쟁: 갈등양상과 해결노력", 『국제정치논총』 제39집 1호, 1999.

정영철, "21세기 중국의 동아시아 패권전략과 한반도적 함의", 한남대학교 박사학위논문, 2011.

조성렬, "미국의 해양전략과 미 · 일 안보협력", 『미국의 해양전략과 동아시아 안보』, 서울: 한국해양전략연구소, 2005.

조윤영, "미국 해양전략의 변화와 한국의 해군력", 『동서연구』 제21권 2호, 2009.

최명해, "동아시아 지역에 대한 중국의 전략사고", 외교안보연구원 2010년 정책연구과제 1, 2011.

황규득, "중국과 미국의 대아프리카 에너지 안보 전략과 향후 전망", 『주요국제문제분석』, 2008. 9.

히데아키 카데다, "일본의 동아시아 해로안보 전략", 『동아시아 해로안보』, 서울: 한국해양전략연구소, 2007.

③ 신문

김기홍, "中 견제, 미, 괌에 초대형 군 기지 짓는다", 『세계일보』, 2010년 10월 27일자.

김순배, "돌돌핍인: 기세가 등등하다", 『한겨레21』, 2010년 10월 11일자.

임민혁, "美 7년 만에 군사전략 개정……, 中 · 印 부상, 북핵에 亞 · 太서 큰 도전 직면", 『조선일보』, 2011년 2월 10일자.

서승욱 · 정용환, "러 핵잠, '돌고루키' 동해 배치……, 중국, 항모전단 창설", 『중앙일보』, 2011년 9월 9일자.

신정록, "日, 타이완 인접 섬에 육상자위대 200명 주둔하기로", 『조선일보』, 2010년 11월 10일자.

———, "日, '기동방위'로 전환……. 해상 · 항공 자위대 증강", 『조선일보』, 2010년 12월 14일자.

지해범, "서해는 우리가 잠자는 침대 옆……, 안마당에서 소란 피우지 마라, 속내는 미국 배제한 아시아 패권", 『주간조선』, 2010년 8월 2일자.

조운찬, "중국 · 인도 손 맞잡나", 『경향신문』, 2010년 12월 15일자.

조운찬 · 조홍민, " '中' 항모 건조 계획, 첫 확인", 『경향신문』, 2010년 12월 17일자.

조홍민, "다른 나라 실효지배 남중국해 섬, 中, 상륙작전 계획 세웠다", 『경향신문』, 2010년 12월 31일자.

———, "중 · 일 동 · 남중국해 주도권 다툼 '긴장 재고조'", 『경향신문』, 2010년 12월 20일자.

④ 인터넷

"주강 삼각주, 정유시설 확대로 2010년 공급 개선 전망", http://blog.daum.net/siliyoon/14355635.

"중국, 미얀마 종단 송유관 건설 착수", http://www.yiwunews.com/zeroboard/zboard?id.

"후진타오의 중국, 어디로 가고 있나", http://blog.naver.com/jatty54/sipri.

2. 국외 문헌

① 단행본

Clausewitz, Carl Von. *On War*. New Jersey: Princeton University Press, 1976.

Commodore Saunders, Stephen. *Jane's Fighting Ships 2007-2008*. Cambridge University Press, 2008.

Cottam, Richard and Gerald Gallucci. *The Rehabilitation of Power in International Relations*. University of Pittsburgh, 1978.

Friedman, Norman. *Seapower as Strategy*. Annapolis: Naval Institute Press, 2001.

Gilpin, Robert. U.S. P*ower and the Multinational Corporation*. New York: Basic Books, 1975.

Gordon, Andrew. *The Admiralty and Imperial Overstretch*. Annapolis: Naval Institute Press, 1987.

Hattendorf, Jhon. B. *Classics of Sea Power*. Annapolis: Naval Institute Press, 1991.

Kasperson, Roger E. and Julian Minghi(eds). *The Struture of Political Geography*. Chicago: Aldine, 1969.

Keohane, Robert O. and Joseph S. Nye. *Power and Interdependence*. Boston: Little, Brownand Company, 1977.

———. *After Hegemony*. Princeton: Princeton University Press, 1984.

Kindleberger, Charles P. *Power and Money/The Economics of International Politics and the Politics of International Economics*. New York: Basic Books, 1970.

Lemke, Douglas. *Regions of War and Peace*. Cambridge: Cambridge University Press, 2002.

Modelski, George & Thompson, William R. *Seapower in Global Politics 1494-1993*. Plymouth: The Macmillan Press, 1988.

Organski, A.F.K. *World Politics*. New York: Alfred A. Knopf, Inc., 1968.

Organski, A.F.K. & Jacek Kugler, *The War Ledger*, University Chicago Press, 1980.

Porter, E. B. *Sea Power*. Annapolis: Naval Institute Press, 1987.

Spykman, Nicholas John. *The Geography of the Peace*. New York: Harcourt & Brace, 1944.

Thucydides. Trans by Rex Warner. *The Peloponnesian War*. Haranomols: Penguin Books, 1954.

Waltz, Kenneth N. *Theory of International Politics*. Reading Mass: Addison-Weslesy, 1979.

日本防衛研究所, 『東アシア 戰略稙觀』, 2008.

② 논문 및 저널

Admiral Willard, Robert F. "Regional Maritime Security Engagements: A US Perspective", *Realilsing Safe and Secure Seas for All International Maritime Security Conference* 2009.

Brannen, Kate and Minnick, Wendell. "White House to Give Congress Taiwan F-16 Decision", *Defence News*, Vol. 16, Sep 2011.

Erickson, Andrew S. and Collins, Gabriel B. "China's Oil Security Pipe dream", *Naval War College Review*, Vol. 63, No. 2, 2010.

Feignbaum, Evan A. "China's Military Posture and the New Economic Geopolitics", *Survival The IISS Quarterly*. summer 1999.

Friedman, Edward, "Power Transition Theory-A Challenge to the Peaceful Rise of World Power China, China's Rise-Threat or Opportunity?" *Routledge Security in Asia Series*, 2011.

Goldstein, Avery and Mansfield, Edward D. "Peace & Prosperity in East Asia when Fighting Ends", *Global Asia,* Vol. 6, No. 2, Summer.

Hagt, Eric and Durin, Matthew. "Chian's Antiship Ballistic Missle", *Naval War College Review*, Autumn 2009.

Hoyler, Marshall. "China's Antiaccess Ballistic Missles and Active Defense", *Naval War College Review*, Autumn 2010.

Ji, Guoxing. "SLOC Security in the Asia Pacific", Center Occasional Paper, Honolulu: Asia-Pacific Center For Security Studies, February 2000.

Kaplan, Robert D. "Center Stage for the Twenty-first Century: Power plays in the Indian Ocean", *Foreign Affairs*, March/ April 2009.

______. "The Geography of Chinese Power: How far can Beijing Reach on Lance and at Sea", *Foreign Affairs*, May/June 2010.

Kissinger, Henry. "China's Rise and China-US Relations", *Routledge Security in Asia Series*, 2011.

Kostecka, Daniel J. "The Chinese Navy's Emerging Support Network in the Indian Ocean", *Naval War College Review*, Winter 2011.

Lieutenant Colonel Kostecka, Daniel J. "A Bogus Asian Pearl", *Proceedings*, April 2011.

Lieutenant Marsh, Douglas L. "Our Lethal Dependence on Oil", *Proceedings*, June 2010.

Metz, Steven, "American Strategy: Issues and alternatives for the Quadrennial Defense Review", *Strategic Studies Institute*, 2000.

Nye Jr, Joseph S. "The Future of American Power: Dominance and Decline in Perspective", *Foreign Affairs*, November/December 2010.

______. "U.S. Security Policy: Challenges for the 21st Century", *UAIA Electronic Journals* 3(3), July 1998.

Rear Admiral Wang Xian Jing, "Regional Maritime Security Engagements: A Chinese Perspective", *Realising Safe and Secure Seas for All International Maritime Security Conference* 2009.

Lemke, Duglas, and William Reed. "Power is not Satisfaction: A Comment on de Soysa, Oneal and Park." *Journal of Conflict Resolution* 42(5), 1998.

Lemke, Duglas, and Suzanne Werner. "Power Parity, Commitment to Change, and War." *International Studies Quarterly*. 40, 1996.

Ross, Michael L. "Blood Barrels-Why Oil Wealth Fuels Emflict", *Foreign Affairs*, May/June 2008.

Sayers, Eric. "Japan's Area-Denial Strategy", *New Leader Forum*, 19, May 2011.

Tammen, Ronald L. and Kugler, Jacek. "Power Transition and China-US Conflicts", *The Chinese Journal of Internationals Politics*, Summer 2011.

Till, Geoffrey, "Maritime Strategy and the Twenty-First Century", *Seapower Theory and Practice*, Vol. 17, Issue 1, Portland: Frank Cass & Co. Ltd, 1994.

Tuosheng, Zhang. "Territorial Disputes: Compromise, Cooperate, and Keep Conversing", *Global Asia*. Vol. 6, Summer 2011.

Wells, Anthony, "A Strategy in East Asia that can endure", *Proceedings*, May 2011.

Yoshiharh, Thosi. "Chinese Missle Strategy and the U.S Naval Base in Japan", *Naval War College Review*, Summer 2010.

Zhang, Shengjun, "Cooperation or Competition Between China and USA in Northeast Asia, East Asia: Comparative Perspective", *The Institute for East Asian Studies Dong-A university*, Vol. 8, No. 2, 2009.

Zhang, Tuosheng, "Territorial Disputes: Compromise, Cooperate, and Keep Conversing", *Global Asia*, Vol. 6, No. 2, Summer 2011.

③ 신문

Asia Pacific News, US worries over China's naval power expansion, 25 August 2011.

Sinodefence(今日中國防務), 20 September 2011.

The Mainichi Daily News, Chinese patrol boat enter Japanese water off Senkaku Islands, September 23, 2011.

④ 인터넷

Avoiding a Tempest in the South China Sea, http://www.cfr.org/publication/22858.

China's harbor, http: //www. google.co.kr. China's South China Sea Claim, Bilateral or Multilateral? Internationalization or deinternationalisation?, http://www.asiasentinel.com/index.php?option.

China's three - point naval strategy, http://www.iiss.org/publications/strategic comments/ pars=iisues Fourth Plenary Session- General Liang Guenglie, http://www.iiss.drg/conference/the-shangri-La-dialogue 2011.

Senkaku/Diaoyutai, http://www.globalsecurity.org/military/word/war/senkaku.htm.

Japan, China & Senkaku Islands: Bitter Fight Over oil & Natural Gas, http://www.beinformedjournal/2011/3/8 . Shipping and World Trade, Value of volume of world trade by sea, http://www.marisec.org/shippingfacts. String of Pearls(China), http://en.wikipedia.org/wiki/string-of-pearls.

US warships head for South China Sea after standoff, http://www.timesonline.co.uk/tol/ news/world/us.

Vietnam begins navy drills in South China Sea, Aljazeera, http://english. aljazeera.net/ news/asia-pasific.

찾아보기

차도회

1957년 출생
국제정치학 박사
현 한남대학교 국방전략대학원 초빙교수
초계함(PCC) 및 호위함(FF) 함장 역임
제2함대 전비 전대장 역임
해군대학 해양전략 교관 역임
국방대학교 안보정책과정 졸업
미국 해군대학(Naval War College) 졸업
미국 구축함 부서장 과정 수료

역서 및 주요논문
『군사사(軍事史) 연구 및 활용지침서』(해군대학, 2010)
「지구화 시대 한국의 해상교통로 보호방안」
「미래 전략환경 변화와 복합적 위협에 대한 대응방향」
「미 · 중 해양패권 경쟁 분석」
「부시 정부의 동북아전략과 한국의 군사전략 발전방안」